全国普通高等教育师范类地理系列教材

遥感原理与应用实验教程

陈晓玲　主　编

赵红梅　黄家柱　杨　波　潘建平　副主编

科　学　出　版　社

北　京

内 容 简 介

遥感实验是遥感科学发展及其应用的基础和重要支撑。本书介绍了遥感实验的基本原理和方法：其中包括特征参数的实测实验原理和方法，如地面特征参数和水体光学特性参数的测量；遥感数据预处理的原理和方法，如遥感数据准备、辐射校正、影像增强等；遥感解译原理与方法，如遥感目视解译与计算机分类；遥感应用的概念、方法、技术规范和流程，如植被遥感、土地遥感、水色遥感、生态环境与灾害遥感应用等。全书结合实验案例介绍了遥感及相关非遥感仪器设备的原理及使用方法，以及遥感影像处理软件在遥感实验中的具体应用。

本书可作为遥感专业本科生、研究生教材，也可供广大遥感应用研究工作者使用。

图书在版编目(CIP)数据

遥感原理与应用实验教程/陈晓玲主编. —北京：科学出版社，2013.3
全国普通高等教育师范类地理系列教材
ISBN 978-7-03-036781-5

I. ①遥… II. ①陈… III. ①遥感技术-师范大学-教材 IV. ①TP7

中国版本图书馆 CIP 数据核字(2013)第 036486 号

责任编辑：许 健/责任校对：宣 慧
责任印制：刘 学/封面设计：殷 靓

科学出版社出版
北京东黄城根北街 16 号
邮政编码：100717
http://www.sciencep.com
江苏省句容市排印厂印刷
科学出版社发行 各地新华书店经销
*
2013 年 3 月第 一 版 开本：889 × 1194 1/16
2013 年 3 月第一次印刷 印张：13 3/4
字数：412 000

定价：38.00 元

(如有印装质量问题，我社负责调换)

《遥感原理与应用实验教程》编委会名单

主　编　陈晓玲

副主编　赵红梅　黄家柱　杨　波　潘建平

编　委　(按姓氏笔画排序)

于之锋　王鹏新　方朝阳　代侦勇
齐述华　李先华　杨　波　张　伟
张　琍　陈莉琼　胡德勇　曾　群

《全国普通高等教育师范类地理系列教材》专家委员会

序

正值中国地理学会在北京人民大会堂举行百年庆典之际，欣闻科学出版社组织全国高等师范院校共同编写地理科学类系列精编教材，以适应我国高等师范院校教学改革和综合化发展的需要，我作为教育部地球科学教学指导委员会主任委员感到由衷地高兴和鼓舞。

众所周知，高等师范院校的设置和发展可以说是中国高等教育在世界上的特色之一，为我国开展基础教育、提高国民素质教育作出了杰出贡献。地理科学类专业最早于1921年在东南大学(今南京大学的前身)设立了我国大学中的第一个地理学系，随后清华大学、金陵大学、北平师范大学纷纷增设地理学或地学系，因此地理科学类专业教育迄今已有七十余年的历史，培养了一大批服务于地理、环境与社会经济的地理科学人才。现今随着日益凸显的全球性的资源环境问题与人地关系矛盾的加剧和地理信息技术的迅速兴起、发展和应用，地理科学新的快速发展与扩展，地理科学类专业由原较单一的地理教育专业发展为地理科学、地理信息系统、资源环境与城乡规划管理三个本科专业，并在综合性大学、高等师范院校、农林类高校等都有广泛开办。其中，高等师范院校较完整地设立了三个专业。在培养地理科学类的地理教学师资、地理信息系统、资源环境和城乡规划管理等人才方面发挥了主力军的作用，成为了我国培养这一类型人才的重要阵地，多被誉为“教师的摇篮”；与此同时，高等师范院校根据我国师范院校的性质和发展战略方向，以及我国高等教育改革的趋势，依托各区域的地理特点和文化沉淀，针对社会的迫切需求，办出了不同于综合性大学的立足本土与本身的基础教育师资和区域性应用人才的特色。

由高等师范院校的资源环境与地理科学类的学院联合撰编系列精品教材，可紧密结合高等师范院校地理科学类专业的特点，量体裁衣，因校制宜，形成高等师范院校不同于综合性大学的自己系列精品教材；同时，可充分发挥师范院校教师们在师范院校地理科学类专业教学经验丰富和服务基础教育及地方社会经济发展等的优势，将多年来精品课程建设、实践(实验)教学、专业建设、教学研究与教学成果等成果融入其中，形成真正的精品教材；再者，高等师范院校共同搭建系列精品教材编写平台，每本教材以1~2校为主编单位，多家院校参与、相互学习、相互交流、相互借鉴，取长补短，优势互补，共同提高，不仅利于每本教材编写水平的提升，也可促进师范院校专业建设和整体教学水平的提高，将提高本科教学质量、培养高素质人才、服务于地方基础教育和社会经济发展落到实处，推动我国高等教育的改革和发展。

Preface

我相信，科学出版社和高等师范院校精诚团结，真诚合作，各院校相互交流与协作，一定能编出适合中国国情与需要，适应我国高等教育发展，适合高等师范院校的系列精品教材。

中国科学院院士
教育部高等学校地球科学教学指导委员会主任委员

前言

遥感科学与技术是在空间科学、电子科学、地球科学、计算机科学以及其他学科相互渗透、相互融合的基础上发展的交叉学科。相关技术的迅速发展，使遥感形成了多层次、立体、多角度、全方位和全天候对地观测技术体系，并逐步发展形成坚实的理论体系、灵活实用的数据接收和处理体系以及完整的组织结构体系。遥感作为地球空间信息的一种快速获取技术手段，已在资源调查、生态环境保护、灾害监测、国防建设及重大工程建设中发挥着重要作用。当前，遥感科学与技术正向着天地一体化的快速信息流形成、航天航空与地面台站多级平台互联的传感网建立、海量数据的全数字流程和图像图形的宽带网络传输、地球各圈层的动态监测等方向发展，其中的许多关键问题都需要依赖遥感技术的系统学科体系来解决。

遥感原理建立在电磁波理论及其与目标相互作用机制的基础上。从遥感传感器瞬时观测获取的信息，基本上是以影像形式作为表征向我们展示的。从遥感影像中提取定性或定量信息，需要计算机、图形图像、数学建模等技术的支撑。遥感对地观测应用，需要通过地物波谱特征、大气传输规律、地表信息机理等的实验研究，掌握遥感信息形成的机理，通过对地物属性的调查，了解不同地物或地理过程与波谱特征的关系，从而有效地获取目标信息。因此，遥感是一门建立在实验基础上的科学技术，遥感实验是遥感应用研究的必经途径。

根据应用领域与目标的不同，目标物所需进行的属性观测内容也有很大差异。因此，遥感实验不仅需要掌握电磁辐射的基础理论、遥感影像处理软件的算法原理和使用方法，还要针对不同领域和行业的需要，掌握相关的专业知识和实验规范，以及相应的仪器设备观测原理和使用规范。

注重遥感实验和动手能力的培养与训练，是培养遥感专业人才的关键环节。目前，有关遥感实验的原理、方法与遥感实验配套的相关软件、仪器设备、观测规范等的介绍等还处于零星分布状态，缺乏系统的介绍。因此，我们编著出版本书，旨在对遥感实验的原理、基本方法、一般流程和技术规范进行较全面系统的介绍，以作为遥感实验教学的主干教材。同时,也是一部遥感实验的实用性工具书，试图弥补目前已有遥感原理与方法、遥感概论等遥感教材在遥感实验内容方面的欠缺，让读者深入了解遥感实验的原理、方法和规范，为读者的研究工作提供有关实验设计、仪器设备的选择、观测规程的制订等方面的借鉴。

本书共分五篇十三章，第一篇导论，分为两章，第一章介绍遥感实验基础，第二章介绍遥感影像处理软件；第二篇地面遥感数据采集，分为两章，第三章介绍地面主要特征参数测量，第四章介绍水体光学特性测量；第三篇遥感影像预处理，分为两章，第五章介绍数据准备，第六章介绍辐射校正；

第四篇遥感影像解译，分为三章，第七章介绍影像增强，第八章介绍遥感目视解译，第九章介绍计算机遥感分类；第五篇遥感应用，分为四章，第十章介绍植被遥感，第十一章介绍土地利用与土地覆盖变化遥感监测，第十二章介绍水色遥感应用，第十三章介绍环境与灾害遥感应用。每章选用了若干实验案例，并附有实验与练习，以及建议阅读的书籍。

黄家柱负责第一章的编写；张琍、方朝阳负责第二章的编写；赵红梅、陈晓玲负责第三章的编写；陈晓玲、陈莉琼、于之锋负责第四章的编写；代侦勇、胡德勇、赵红梅负责第五章的编写；胡德勇、赵红梅、李先华负责第六章的编写；方朝阳、赵红梅、齐述华负责第七章的编写；潘建平负责第八章的编写；潘建平、曾群负责第九章的编写；杨波负责第十章的编写；王鹏新、张超负责第十一章的编写；陈晓玲、张伟、李先华、陈莉琼负责第十二章的编写；陈晓玲、杨波、方朝阳负责第十三章的编写。张琍负责全书的插图、表格整饰，陈晓玲、黄家柱、赵红梅、张琍负责全书统稿，袁小红、朱凤凤负责收集整理初稿。

由于时间与水平所限，本书在编撰过程中难免有不妥之处，尚与预期目标存在差距，需要在教学与研究实践中不断补充完善，欢迎广大读者不吝赐教。

目录

Contents

目录

Contents

第一篇 导 论

第一章 遥感实验基础

本章导读

本章系统分析遥感实验的原理，概述遥感应用与原理之间的关系，介绍目前常用的主被动传感器和数据产品、遥感实验体系以及对学生的培养目标及其拓展意义。重点强调遥感应用流程及其应用的遥感基础。

第一节 遥感物理基础

遥感是利用各种物体具有反射或辐射不同波长电磁波信息的特性，通过探测目标的电磁波信息，获取目标信息，进行远距离物体识别的技术。地表目标反射、发射的电磁辐射能，经与大气、地表相互作用后，被各种传感器所接收并记录下来，成为解释目标性质和现象的原始信息。遥感原理就是建立在电磁波理论及其与物体相互作用机制的基础上的。

一、电磁辐射与物体的相互作用

当电磁辐射能量入射到地物表面上，将会出现三种过程：一部分入射能量被地物反射；一部分入射能量被地物吸收，成为地物本身内能或部分再发射出来，还有一部分入射能量被地物透射。

根据能量守恒定律可得

$$E_0 = E_\rho + E_\alpha + E_\tau \tag{1-1}$$

式中，E_0为入射的总能量；E_ρ为地物的反射能量；E_α为地物的吸收能量；E_τ为地物的透射能量。

式(1-1)两端同除以E_0，得

$$\frac{E_\rho}{E_0}+\frac{E_\alpha}{E_0}+\frac{E_\tau}{E_0}=1 \tag{1-2}$$

令$\rho = E_\rho/E_0 \times 100\%$，即地物反射能量与入射总能量的百分率，称之为反射率；

$\alpha = E_\alpha/E_0 \times 100\%$，即地物吸收能量与入射总能量的百分率，称之为吸收率；

$\tau = E_\tau/E_0 \times 100\%$，即地物透射的能量与入射总能量的百分率，称之为透射率。

则式(1-2)可写成：

$$\rho + \alpha + \tau = 1 \tag{1-3}$$

对于不透明的地物，透射率$\tau = 0$，则式(1-3)可改写成为

$$\rho + \alpha = 1 \tag{1-4}$$

式(1-4)表明，对于某一波段反射率高的地物，其吸收率就低，即为弱辐射体；反之，吸收率高的地物，其反射率就低。

二、地物波谱特性

自然界中任何地物都具有其自身的电磁辐射规律，如具有反射，吸收外来的紫外线、可见光、红外线和微波的某些波段的特性；它们又都具有发射某些红外线、微波的特性；少数地物还具有透射电

磁波的特性，这种特性称为地物的光谱特性。

1. 地物的反射光谱特性

不同地物对入射电磁波的反射能力是不一样的，通常采用反射率来表示。当电磁辐射能到达两种不同介质的分界面时，入射能量的一部分或全部返回原介质的现象，称之为反射。反射的特征可以通过反射率表示，它是波长的函数，故称为光谱反射率 $\rho(\lambda)$，被定义为

$$\rho(\lambda) = E_R(\lambda)/E_I(\lambda) \tag{1-5}$$

式中，$E_R(\lambda)$为反射能；$E_I(\lambda)$为入射能；反射率 $\rho(\lambda)$以百分数表示，其值为 0~1。

反射率不仅是波长的函数，同时也是入射角、物体的电学性质(电导、介电、磁学性质等)以及表面粗糙度、质地等的函数。一般来说，当入射电磁波波长一定时，反射能力强的地物，反射率大，在黑白遥感影像上呈现的色调就浅。反之，反射入射光能力弱的地物，反射率小，在黑白遥感影像上呈现的色调加深。在遥感影像上色调的差异是判读遥感影像的重要标志。

2. 地物的发射光谱特性

(1) 发射率　任何地物当温度高于绝对温度 0K 时，组成物质的原子、分子等微粒，在不停地做热运动，都有向周围空间辐射红外线和微波的能力。通常地物发射电磁辐射的能力是以发射率作为衡量标准。地物的发射率是以黑体辐射作为基准。

斯特藩-玻耳兹曼定律、维恩位移定律只适用黑体辐射，但是，在自然界中，黑体辐射是不存在的，一般地物辐射能量总要比黑体辐射能量小。如果利用黑体辐射有关公式，则需要增加一个因子，这个因子就是发射率(ε_λ)，或称“比辐射率”。

对于某一波长来说，发射率定义如下：

$$\varepsilon_\lambda = M' / M \tag{1-6}$$

式中，M'为单位面积上观测地物发射的某一波长的辐射通量密度；M为与观测地物同温度下黑体的辐射通量密度。

发射率根据物质的介电常数、表面的粗糙度、温度、波长、观测方向等条件而变化，取 0~1 的值。地物发射率的差异也是遥感探测的基础和出发点。

(2) 地物发射光谱　地物的发射率随波长变化的规律，称为地物的发射光谱。按地物发射率与波长间的关系绘成的曲线(横坐标为波长，纵坐标为发射率)称为地物发射光谱曲线。

3. 地物的透射光谱特性

当电磁波入射到两种介质的分界面时，部分入射能穿越两介质的分界面的现象称为透射。透射的能量穿越介质时，往往部分被介质吸收并转换成热能再发射。

透射能量的能力用透射率τ来表示。透射率就是入射光透射过地物的能量与入射总能量的百分比。地物的透射率随着电磁波的波长和地物的性质而不同。例如，水体对 0.45~0.56μm 的蓝绿光波具有一定的透射能力，较混浊水体的透射深度为 1~2 m，一般水体的透射深度可达 10~20 m。又例如，波长大于 1 mm 的微波对冰体具有透射能力。

一般情况下，绝大多数地物对可见光都没有透射能力。红外线只对具有半导体特征的地物，才有一定的透射能力。微波对地物具有明显的透射能力，这种透射能力主要由入射波的波长而定。因此，在遥感技术中，可以根据它们的特性，选择适当的传感器来探测水下、冰下某些地物的信息。

4. 典型地物波谱特性

地物波谱——地物的反射、发射、透射电磁波的特征是随波长而变化的，即是波长的函数。因此，往往以波谱曲线的形式表示，简称地物波谱。

地物波谱和许多因素密切相关，如果忽略了对其他环境因子的相关研究，地物波谱研究也就失去实用价值。地物波谱特性是随时间、地点、环境背景等的变化而变化，影响因素很多，是一种综合作用的结果。那么，对于任一特定的地表特征(或覆盖类型)就不可能存在一种唯一的、不变的“光谱标志”——标准光谱值。因此，除了需要了解各类地物一般的波谱特性，即典型地物波谱特性外(图 1-1~图 1-3)，在实际工作中，还需要有针对性地进行地物波谱测量。地物波谱可以通过各种光谱测量仪器，

如分光光度计、光谱仪、摄谱仪、光谱辐射计等，经实验室或野外测量获得。

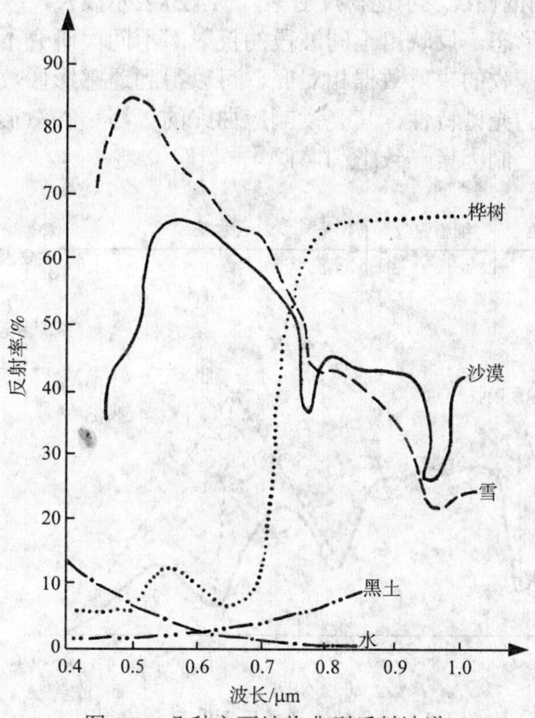

图 1-1　几种主要地物典型反射波谱

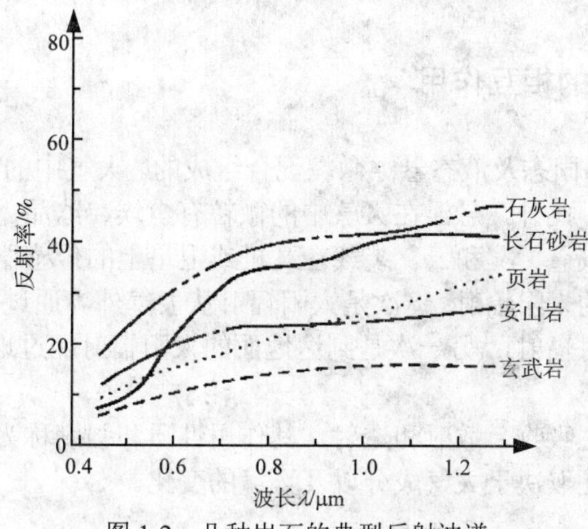

图 1-2　几种岩石的典型反射波谱

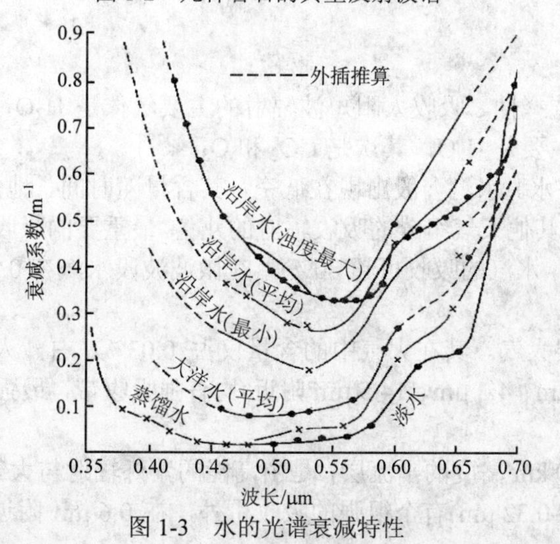

图 1-3　水的光谱衰减特性

地物的反射波谱是研究地面物体反射率随波长变化的规律。利用反射率随波长变化的差别可以区分物体。通常用二维几何空间内的曲线表示地物反射率，横坐标表示波长，纵坐标表示反射率。

同一物体的反射率曲线形态，反映出不同波段的反射率不同。研究不同波段的反射率并以此与遥感传感器的相同波段和角度接收的辐射数据相对照，可以得到遥感影像数据和对应地物的识别规律。例如，绿色植物均具有基本的光谱特性，其光谱响应曲线的"峰一谷"形态变化是基本相似的，这是因为影响其波谱特性的主导控制因素一致(图 1-4)。

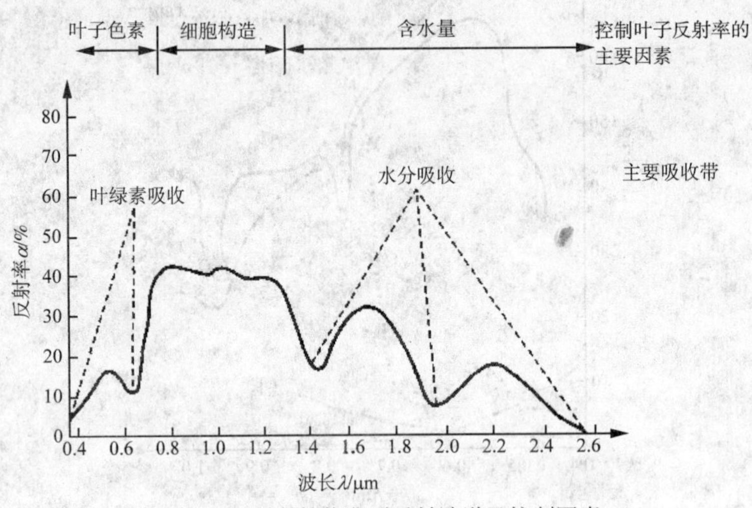

图 1-4 绿色植物典型反射波谱及控制因素

三、电磁辐射与大气的相互作用

地球大气是由多种气体、固态及液态悬浮微粒混合组成的。大气中的主要气体包括 N_2、O_2、H_2O、CO、CO_2、N_2O、CH_4 及 O_3。此外，悬浮在大气中的微粒有尘埃、冰晶、水滴等，这些弥散在大气中的悬浮物统称为气溶胶，形成霾、雾和云。装载在飞机或卫星上的传感器在天底方向所接收到的辐射是两次通过大气而受到衰减的太阳辐射：一次是太阳辐射从大气外界通过倾斜路径到达地面(包括太阳直接辐射和天空光形式的散射辐射)；另一次是到达地面的太阳辐射经过地物的反射，垂直向上又一次经过大气。

大气对通过的电磁波产生吸收、散射和透射，其作用性质和强度称为大气传输特性，这种特性除了取决于电磁波的波长外，还取决于大气成分以及环境的变化。

(一) 大气吸收

大气吸收具有显著的选择性。吸收太阳短波辐射的主要气体是 H_2O，其次是 O_2 和 O_3，CO_2 吸收的不多。吸收长波辐射的主要是 H_2O，其次是 CO_2 和 O_3。

H_2O：这里不包括固态水。水汽一般出现在低空，其含量随时间、地点的变化很大(0.1%~3%)，而且,水汽的吸收辐射是所有其他大气组分的吸收辐射的几倍。最重要的吸收带在 2.5~3.0 μm，5.5~7.0 μm 和＞27.0 μm (在这些区段，水汽的吸收可超 80%)。在微波波段水汽在 0.94 mm、1.63 mm 及 1.35 mm 外有三个吸收峰。

CO_2：主要分布于低层大气。其在大气中的含量仅占 0.03%左右，人类活动使之含量有所增加。CO_2 在中-远红外区段(2.7 μm、4.3 μm、14.5 μm 附近)均有强吸收带，最强的吸收带出现在 13~17.5 μm 的远红外段。

O_3：主要集中于 20~30 km 高度的平流层，是由高能的紫外辐射与大气中的氧分子(O_2)相互作用生成的。O_3 除了在紫外(0.22~0.32 μm)有个很强的吸收带外，在 0.6 μm 附近有一宽的弱吸收带，在远红外 9.6 μm 附近也有个强吸收带。虽然 O_3 在大气中含量很低，只占 0.01%~0.1%，但 O_3 对地球能量平衡起重要作用，O_3 的吸收阻碍了低层大气的辐射传输。

从图 1-5 的整层大气吸收率可看出，大气中的 O_2 和 O_3 将太阳辐射中小于 0.29μm 的紫外辐射几乎全部都吸收了。在可见光区，大气的吸收很少，只有不强的吸收带。在红外区，主要是水汽的吸收，其次有 CO_2 和 CH_4 的吸收。在 14μm 以外，大气可以看成是近于黑体，地面发射的大于 14μm 的远红外辐射全部被吸收，不能透过大气传向空间。

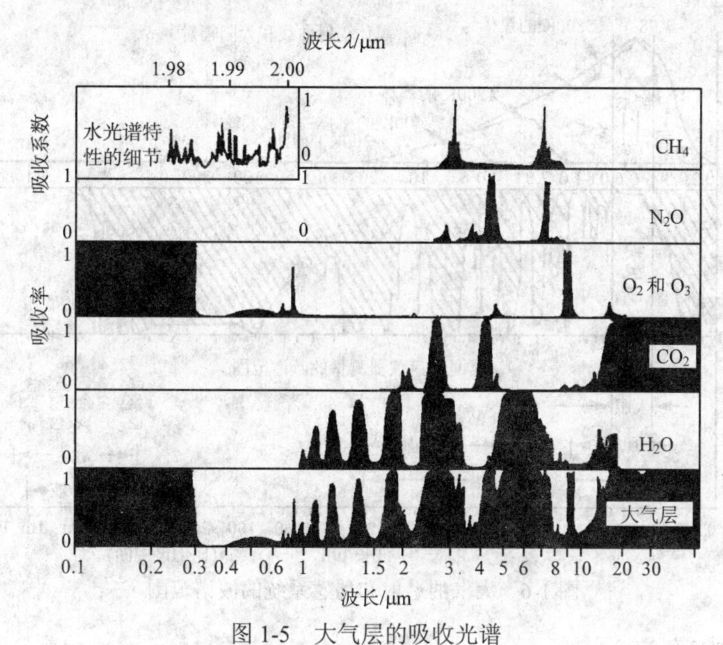

图 1-5 大气层的吸收光谱

(二) 大气散射

大气散射是电磁辐射能受到大气中微粒(悬浮粒子及大的分子——大气分子或气溶胶等)的影响，而改变传播方向的现象，其散射强度依赖于微粒大小、微粒含量、辐射波长和能量传播穿过大气的厚度。

当引起散射的大气粒子直径远小于入射电磁波波长时，出现瑞利散射。大气中的气体分子 O_2、N_2 等对可见光的散射属此类。它的散射强度与波长的 4 次方成反比。波长越短，散射越强，且前向散射与后向散射强度相同。瑞利散射多在 9~10 km 的晴朗高空发生。“蓝天”正是瑞利散射的一种表现。

当引起散射的大气粒子的直径近于入射波长时，出现米氏散射。大气中的悬浮微粒——水滴、尘埃、烟、花粉、微生物、海上盐粒、火山灰等气溶胶的散射属此类，其前向散射大于后向散射。米氏散射多在大气低层 0~5 km，其强度受气象条件影响较大。

当引起散射的大气粒子的直径远大于入射波长时，出现无选择性散射，其散射强度与波长无关。大气中水滴、尘埃的散射属此类，它们一般直径为 5~100 μm，大约同等地散射所有可见光、近红外波段。正因为此类散射对所有可见光区段蓝、绿、红光的散射是等量的，因而，我们观察云、雾呈白色、灰白色。

散射对遥感获取数据的影响极大。大气散射降低了太阳光直射的强度，改变了太阳辐射的方向，削弱了到达地面或地面向外的辐射，产生了天空散射光，增强了地面的辐照和大气层本身的“亮度”。它是造成遥感影像辐射畸变、影像模糊的主要原因。

(三) 大气透射和大气窗口

太阳的电磁辐射经过大气时，经过大气的各种衰减，到达地面后比例很小。就可见光和近红外而言，被云层或其他粒子反射回去的部分约占30%，其次为散射作用约占22%，占第三位的是吸收约占17%，这样，透过大气到达地面的能量仅占入射总能量的31%。

大气的散射、吸收及透射的程度随波长而变化。图 1-6 表示与大气垂直方向吸收有关的透射率与波长的关系曲线(大气的光谱透射率曲线)。它是用大气的垂直方向的透射率来表示主要大气分子的吸收特性的。通常把通过大气而较少被反射、吸收或散射的透射率较高的电磁辐射波段称为大气窗口。

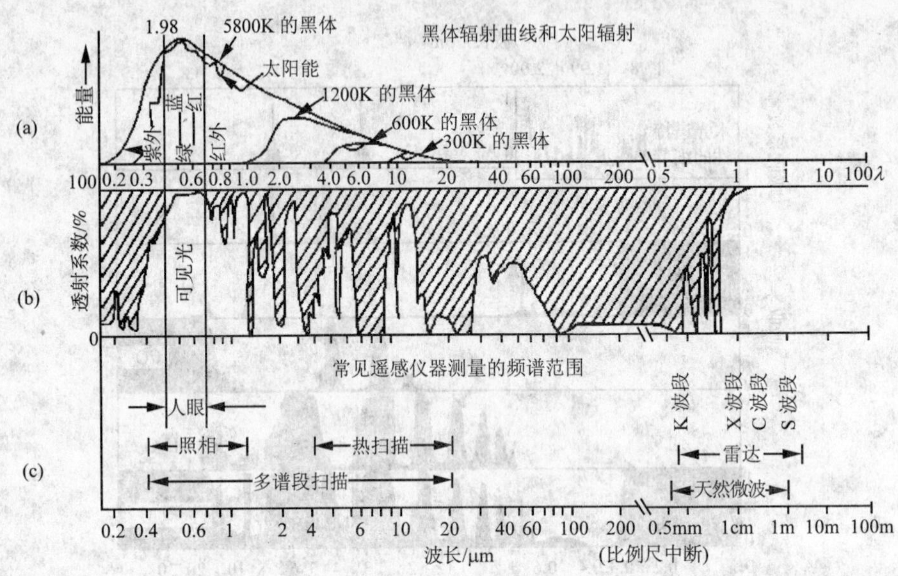

图 1-6　大气的透射和遥感系统的波谱范围

大气窗口主要有五个部分。

0.3~1.3μm，即紫外、可见光、近红外波段。这一波段是摄影成像的最佳波段，也是许多卫星传感器扫描成像的常用波段。例如，Landsat 卫星的 TM 的 1~4 波段，SPOT 卫星的 HRV 波段等。

1.5~1.8μm，2.0~3.5μm，即近、中红外波段，在白昼日照条件好的时候扫描成像常用这些波段，如 TM 的 5、7 波段等用以探测植物含水量以及云、雪或用于地质制图等。

3.5~5.5μm，即中红外波段，物体的热辐射较强。这一区间除了地面物体反射太阳辐射外，地面物体也有自身的发射能量。例如，NOAA 卫星的 AVHRR 传感器用 3.55~3.93μm 探测海面温度，获得昼夜云图。

8~14μm，即远红外波段。主要来自物体热辐射的能量，适于夜间成像，测量探测目标的地物温度。

0.8~2.5 cm，即微波波段，由于微波穿云透雾的能力，这一区间可以全天候工作，而且由其他窗口区间的被动遥感工作方式过渡到主动遥感的工作方式。例如，侧视雷达影像，Radarsat 的卫星雷达影像等。其常用波段为 0.8 cm、3 cm、5 cm 和 10 cm，有时也可将该窗口扩展为 0.05 ~300 cm。

第二节　遥感信息源

随着组成遥感技术系统的遥感平台和传感器的发展，使遥感信息源形成多平台、多传感器、多波段、多分辨率、多时相、多角度、多极化(雷达遥感)等特点，它们构成了一个对地球表面的立体观测系统，为遥感应用提供了多种多样的信息源。

一、遥感信息源的基本属性

1. 空间分辨率　　又称地面分辨率。地面分辨率是针对地面而言，指可以识别的最小地面距离或最小目标物的大小。空间分辨率是针对遥感器或影像而言的，指影像上能够详细区分的最小单元的尺寸或大小，或指遥感器区分两个目标的最小角度或线性距离的度量。它们均反映对两个非常靠近的目标物的识别、区分能力，有时也称分辨力或解像力。一般可有三种表示法：

像元(pixel)：指单个采样点所对应的地面面积大小，单位为米(m)或千米(km)。像元是扫描影像的基本单元，是成像过程中或用计算机处理时的基本采样点，由亮度值表示。

线对数(line pairs)：对于摄影系统而言，影像最小单元常通过 1 mm 间隔包含的线对数确定，单位为线对/mm。所谓线对是指一对同等大小的明暗条纹或规则间隔的明暗条对。

瞬时视场(IFOV)：指遥感器内单个探测元件的受光角度或观测视野，单位为毫弧度(mrad)。IFOV 越小最小分辨单元(可分像素)越小，空间分辨率越高。IFOV 取决于遥感光学系统和探测器大小，一个瞬时视场内的信息，表示一个像元。

2. 光谱分辨率　指传感器所选用的波段数量的多少、各波段的波长位置及波长间隔的大小。即选择的通道数、每个通道的中心波长和带宽，这三个因素共同决定光谱分辨率。

3. 时间分辨率　是关于遥感影像间隔时间的一项性能指标。遥感探测器按一定的时间周期重复采集数据，这种重复周期，又称回归周期。它是由飞行器的轨道高度、轨道倾角、运行周期、轨道间隔、偏移系数等参数所决定。这种重复观测的最小时间间隔称为时间分辨率。

4. 辐射分辨率　指传感器对光谱信号强弱的敏感程度、区分能力，即探测器的灵敏度——传感器感测元件在接收光谱信号时能分辨的最小辐射度差，或指对两个不同辐射源的辐射量的分辨能力。一般用灰度的分级数来表示，即由最暗到最亮灰度值(亮度值)间分级的数目——量化级数。

二、常用遥感信息源

随着遥感技术的发展，已逐渐形成多星种、多传感器、多分辨率共存的局面。包括资源卫星、环境卫星、海洋卫星、气象卫星等遥感卫星所获取的遥感信息具有厘米到千米级的多种尺度，重访周期从 1 天到 40~50 天不等，不同光谱分辨率与辐射分辨率的互补，极大地提升了对地物的精准识别和地物参数的定量获取能力。

(一) Landsat 卫星系列及其 TM/ETM+传感器

Landsat 卫星系列属于太阳同步极轨卫星，其运行轨道高度和倾角分别为 750 km 和 98.2°。自 1972 年发射第一颗 Landsat 卫星后，美国 NASA 共发射了 7 颗 Landsat 系列卫星，已连续观测地球 35 年。Landsat 系列卫星搭载的传感器有四种：RBV、MSS、TM 和 ETM＋。目前广泛应用的传感器 TM/ETM＋的波段设置见表 1-1。

表 1-1　TM/ETM＋传感器波段分布及其空间分辨率

波段	波段范围/μm	空间分辨率 TM/ETM+/m
蓝	0.450~0.515	30×30/30×30
绿	0.525~0.605	30×30/30×30
红	0.630~0.690	30×30/30×30
红外	0.750~0.900	30×30/30×30
近红外	1.55~1.75	30×30/30×30
热红外	10.40~12.50	120×120/60×60
短波红外	2.08~2.35	30×30/30×30
全色	0.52~0.90	—/15×15

不同的波段，在实际应用中往往会有不同的用途，因 TM/ETM+波段分布基本相同，这里仅就 TM 的各个波段简述如下(表 1-2)。

表 1-2　Landsat-4、5 TM 各光谱波段的特征及其相关应用

第 1 波段：0.45~0.52 μm(蓝光)。位于水体衰减系数最小、散射最弱区(0.45~0.55 μm)，对水体的穿透能力较强，同时，可以支持土地利用、土壤和植被特征的分析。该波段也是绿色植物叶绿素的吸收区(0.45~0.52 μm)，对叶绿素及其浓度变化反应敏感，有利于常绿与落叶植被的识别、土壤与植被的区分、植物胁迫的探测
第 2 波段：0.52~0.60 μm(绿光)。跨蓝光和红光两个叶绿素吸收波段之间的区域，对健康植物的绿光反射敏感，可用于识别植物类别和评价植物生产力；对水体仍有一定的穿透能力
第 3 波段：0.63~0.69 μm(红光)。健康绿色植被叶绿素吸收波段，可以用于区分植被，也可用于提取土壤和地质边界信息。由于该波段的大气衰减效应较低，为可见光最佳波段。与第 1、2 波段相比，表现出更强的反差。该波段对水体穿透能力较弱
第 4 波段：0.76~0.90 μm(近红外)。该波段的低端正好在 0.75 μm 以上，对植被的类别、密度、病虫害等有很好的响应，为植被探测通用波段，可用于植物识别分类、生物量调查及作物长势测定。水体吸收很强，可用于区分土壤湿度、寻找地下水等
第 5 波段：1.55~1.75 μm(近红外)。位于水汽吸收区 1.4~1.9 μm，受两个吸收带控制，对植物水分含量很敏感。能区分云、雪和冰。信息量较大，利用率较高
第 6 波段：10.4~12.5 μm(热红外)。主要用于探测热辐射差异，对于确定地热活动、地质调查中的热惯量制图、植被分类、植被胁迫分析和土壤湿度研究都很有用。常常能捕获到山区坡向的差异信息
第 7 波段：2.08~2.35 μm(近红外)。位于水汽的两个吸收波区 1.9~2.7 μm，对植物水分敏感。包含了黏土化蚀变矿物吸收谷(2.2 μm 附近)及碳酸盐化蚀变矿物吸收谷(2.35 μm 附近)，是区分地质岩层的重要波段，对鉴别岩石中的水热蚀变带很有效

(二) CBERS、HJ 及其 CCD 传感器

1. CBERS 卫星　中巴地球资源卫星是 1988 年中国和巴西两国政府联合议定书批准，由中国、巴西两国共同投资、联合研制的卫星(代号 CBERS)。1999 年 10 月 14 日，中巴地球资源卫星 01 星(CBERS-01)成功发射，在轨运行 3 年 10 个月；02 星(CBERS-02)于 2003 年 10 月 21 日发射升空。星上搭载了 CCD 传感器、IRMSS 红外扫描仪、广角成像仪，提供了从 20~256 m 分辨率的 11 个波段不同幅宽的遥感数据。2007 年 9 月 19 日，CBERS-02B 星发射，与 CBERS-1 和 CBERS-2 不同的是，星上搭载了全色波段高分辨率 HR 传感器，替代了 IMRSS 传感器。CBERS-01/02 CCD 数据分辨率是 20 m；CBERS-02B HR 数据分辨率是 2.36 m。CBERS 卫星系列详细参数见附录 1 表 5、表 6。

2. HJ 卫星　2008 年 9 月 6 日上午 11 点 25 分，中国环境与灾害监测预报小卫星星座 A、B 星(HJ-1A /1B 星)发射成功。HJ-1-A 星搭载了 CCD 相机和超光谱成像仪(HSI)，HJ-1-B 星搭载了 CCD 相机和红外相机(IRS)。CCD 相机以完全相同的设计原理分别搭载在 HJ-1-A 卫星和 HJ-1-B 卫星上，以星下点对称放置，平分视场、并行观测，联合完成对地刈幅宽度为 700 km、地面像元分辨率为 30 m、4 个谱段的推扫成像。由于 HJ-1-A 卫星和 HJ-1-B 卫星的轨道完全相同，相位相差 180°(表 1-9)，两台 CCD 相机组网后重访周期仅为 2 天。超光谱成像仪完成对地刈宽为 50 km、地面像元分辨率为 100 m、110~128 个光谱谱段的推扫成像，具有±30°侧视能力和星上定标功能。红外相机完成对地幅宽 720 km、地面像元分辨率 150 m/300 m、近短中长 4 个光谱谱段的成像。各载荷的主要参数见附录 1 表 7、表 8。

HJ-1-A、B 卫星研制星载超光谱成像仪。该设备主要用于环境与灾害的监测、评估及定量化分析等，可为实现“多谱段、高谱段分辨率、大视场和快速重复探测能力”的环境与灾害监测预报提供及时、可靠的科学信息支持。

(三) 气象卫星系列及其传感器

1. NOAA 卫星系列及其 AVHRR 传感器　NOAA 是美国海洋大气局第三代太阳同步极轨环境业务卫星(POES)系列，采用双星运行体制，其中一颗星的降交点地方时为上午，另一颗星为下午。例如，采用一颗星，其地面重复观测周期为 1 天；采用双星制后，可缩短至 0.5 天(12 h)；它们与地球静止轨道环境业务卫星(GOES)相配合，则构成完整的气象监测卫星系统。

1960 年美国发射第一颗实验型气象卫星，近 40 年以来，已经有多颗实验型或业务型气象卫星进入不同的观测轨道。自 1970 年 12 月第一颗 NOAA(NOAA-1)发射成功之后，NOAA 卫星的发展历时 30 多年，已经历了三代，发射了 18 颗 NOAA 气象监测卫星。第三代业务卫星极轨气象卫星系列的第一颗卫星为 1979 年 6 月发射的 NOAA-6(运行前称 NOAA-A)，NOAA-18(N)于 2003 年 10 月 17 日发射。

下午轨道卫星NOAA-N′于2008年发射。

高级甚高分辨率辐射计(AVHRR)是甚高分辨率辐射计的改进型，是搭载在NOAA业务气象卫星系列上的传感器。它的主要特点是：观测的波段数有五个(NOAA-6、8、10卫星的AVHRR传感器只有4个波段，见附录1表12)，AVHRR传感器的星下点空间分辨为1.1 km，刈幅宽度为2 700 km。从NOAA-15开始，AVHRR波段数从5个增加到6个，波段范围也略有变化。该传感器主要用以接收地表、云层等对不同波长辐射的反射，表11为各个通道对应的波长及其用途。观测波段的增加，扩大了资料的信息和应用范围，使气象卫星不再局限于气象领域的应用，在农业、水文、林业、海洋、地质、地理等领域的应用也越来越广泛。

2. 风云系列卫星 风云一号(FY-1)是我国自行设计和发射的极轨气象卫星。FY-lA、1B分别于1988年9月和1990年9月发射升空。FY-lC于1998年5月发射，FY-lD于2002年5月15日发射。卫星上载有2台甚高分辨率扫描辐射仪VHRSR，瞬时视场角IFOV为1.2 mrad，星下点分辨率为1.1 km，总扫描宽度约3 000 km。

风云二号(FY-2)是我国自行研制的静止气象卫星。FY-2A、2B分别于1997年6月10日和2000年6月25日发射，2001年1月1日，中央电视台在“气象预报”节目中开始使用FY-2B的气象卫星云图。“风云2号”轨道高度约35 800 km，为地球准同步轨道——即卫星的公转角速度与地球自转角速度相等，故对地相对静止，定位于东经l05°的赤道上。FY-2携带多种仪器，其中主要为3通道扫描辐射计，即可见光、红外、水汽自旋扫描辐射计(VIWSSR)，可获得白天的可见光云图、昼夜红外云图和水汽影像。可见光—近红外通道为0.55~1.05μm，星下点分辨率为1.25 km；水汽通道为6.2~7.6μm，用于获得对流层中上部水汽分布影像；红外通道为10.5~12.5μm，用于获得昼夜云和下垫面辐射信息。后两者星下点分辨率为5 km。星上还带有3个卫星云图转发器；数据收集系统可提供133通道的数据传输，用于收集地球表面监测台站的气象、水文、海洋等数据；空间环境监测器用于监测太阳活动和空间环境，并具有对地观测、广播，通信功能。

风云三号(FY-3)气象卫星是我国的第二代极轨气象卫星，它是在FY-1气象卫星技术基础上的发展和提高，在功能和技术上向前跨进了一大步，具有质的变化，具体要求是解决三维大气探测，大幅度提高全球资料获取能力，进一步提高云区和地表特征遥感能力，从而能够获取全球、全天候、三维、定量、多光谱的大气、地表和海表特性参数。FY-3的研制和生产分为二个批次，01批共两颗卫星，FY-3A已经于2008年5月7日成功发射，02批星的发射计划在2010年以后，并对部分遥感仪器作增加、更换和性能改进FY-3 (01批)星上有11种探测仪器，各仪器主要性能指标和探测目的见附录1表15。

(四) SeaStar卫星及其SeaWiFS传感器

SeaStar卫星与上述卫星相同，属于太阳同步极轨卫星，轨道高度为705 km，轨道倾角98.2°，经过降交点的当地时间为12：00，覆盖宽度可达2800 km，扫描倾角为±20°。SeaStar于1997年8月1日发射成功，因为上面搭载有第二代海洋水色传感器 —— 宽视场海洋观测传感器(sea-viewing wide field-of-view sensor，SeaWiFS)而享誉世界水色遥感研究领域。SeaStar卫星具有正常工作模式(数据)、应急工作模式(遥测)、日光校准模式以及月光校准模式四种工作模式。

SeaWiFS由美国Hughes/SBRC公司制造，是美国继海岸带水色扫描仪(CZCS)之后发射的第二代海洋水色传感器，波段的设置和参数主要是根据海水的光谱吸收特性、大气圈外的辐照度、大气成分的穿透系数和CZCS水色遥感的经验，其主要参数与特性见附录1表20。SeaWiFS是对地观测系统(earth observing system，EOS)计划的组成部分之一，主要用于探测水色要素和大气成分，其主要科学目的有：

1) 调查影响全球变化的海洋因素，评价海洋在全球碳循环中的作用，以及在其他生物地球化学循环中的作用；

2) 弄清全球海洋浮游植物所生产的初级生产力和叶绿素浓度及其变化，确定春季浮游植物大量繁殖的时空分布；

3) 积累海洋水色探测的科学和技术经验，为EOS今后探测发展提供借鉴。

SeaWiFS 资料广泛用于海洋研究和应用，主要体现在全球变化、海洋环境监测、海洋生物资源开发、海岸带应用研究、海洋科学研究等方面。为了有针对性地对 SeaWiFS 数据资料进行处理，SeaWiFS 项目组开发了 SeaDAS(SeaWiFS data analysis system)、SeaBASS(SeaWiFS bio-optical archive and storage system)等软件。

(五) EOS 卫星系列及其主要传感器

对地观测系统(EOS)是美国行星地球使命计划(MTPE)的核心部分，它由一系列对陆地表面、生物圈、大气层和海洋进行长期观测的极轨卫星组成(附录 1 表 17)。Terra(EOS-AM1)和 Aqua(EOS-PM1)都是 EOS 系统中的卫星(附录 1 表 18)。

1. Terra Terra(EOS-AM1)卫星发射于 1999 年 12 月 18 日，是美国国家宇航局(NASA)对 EOS 计划中总数为 15 颗卫星的第一颗卫星，也是第一个对地球过程进行整体观测的系统，是美国、日本和加拿大联合实施的。其主要目标是实现从单系列极轨空间平台上对太阳辐射、大气、海洋和陆地的综合观测，获取有关海洋、陆地、冰雪圈和太阳动力系统等信息，进行土地利用/地面覆盖变化研究、气候季节和年际变化研究、自然灾害监测和分析研究、长期的气候及大气臭氧变化研究等，实现对地球环境变化的长期观测和研究，以便于从整体上了解地球气候与环境的相互作用。

Terra(EOS-AM1)卫星上共搭载有五个传感器装置，分别为云与地球辐射能量系统(CERES)、中分辨率成像光谱仪(MODIS)、多角度成像光谱仪(MISR)、先进星载热辐射与反射辐射计(ASTER)和对流层污染测量仪(MOPITT)。其中，卫星和 CERES、MISR、MODIS 三种传感器是美国制造的，ASTER 装置由日本的国际贸易和工业部门提供，MOPITT 装置由加拿大的多伦多大学生产。装载的这五种传感器能同时采集地球大气、陆地、海洋和太阳能量平衡信息。

CERES 为宽频带扫描辐射计，能提供较精确的海洋-大气能量关系模型的基本参数——云和辐射通量测量实验数据，有利于大范围天气预报，还可用于气候变化分析。MODIS 的工作波长范围为 400~1 440 nm，共分 36 个波段，空间分辨率为 0.25~1 km，是迄今光谱分辨率最高的星载传感器，对陆地、海洋温度场测量、海洋洋流、全球土壤湿度测量、全球植被填图及其变化监测有重大意义。MISR 由 9 个 CCD 摄像机组成，分别沿 9 个方向(9 个角度分别为 0°、±26.1°、±45.6°、±60.0°和±70.5°)探测，弥补了迄今的大多数卫星传感器只有垂直向下或侧向探测地表能力的不足，对于全球变化研究中需要采集自然条件下太阳光不同方向上的散射能量有实际意义。MOPITT 的主要功能是用于精确测量大气化学成分，主要是测量 CO 的廓线和 CH_4 的总量，其空间分辨率为 22 km，时间频率为 3 天。ASTER 在可见光与近红外波区(VNIR)的空间分辨率达 15 m，是迄今空间分辨率最高的多光谱数据，具有两个方向的立体成像能力，探测地表成分和制图综合的能力优于 TM 和 SPOT 数据。ASTER 具有变焦改变比例尺功能，该功能对于动态变化监测、匹配标定验证以及地面研究也很重要。

2. Aqua Aqua(EOS-PM1)卫星发射于 2002 年 5 月 4 日，是美国国家宇航局发射的第二颗 EOS 系列卫星。其主要使命是对地球海洋、大气层、陆地、冰雪覆盖区域以及植被等展开综合观测，搜集全球降雨、水蒸发、云层形成、洋流等水循环活动数据。这些数据有助于更深入地研究地球水循环和生态系统的变化规律，从而加深对地球生态系统与环境变化之间相互作用关系的理解。该卫星还可以对地球大气层温度和湿度、海洋表面温度、土壤湿度等变化进行更精确的测量，以提供更准确的天气预报。总的来看，Aqua 卫星任务与 Terra 相似，但增加了对大气的观测力度，特别适用于对地球季节性和跨年时间尺度气候变化的研究。此外，美国还陆续发射 EOS 后续观测卫星，如 2004 年 7 月 15 日发射的 Aura 等。未来的几年里，NASA 还会发射几颗其他卫星，利用遥感技术的新发展，对 Terra 采集的信息进行补充。

Aqua 卫星上搭载有 6 个传感器：云与地球辐射能量系统测量仪(CERES)、中分辨率成像光谱仪(MODIS)、大气红外探测器(AIRS)、高级微波探测元件(AMSU-A)、巴西湿度探测器(HSB)和地球观测系统高级微波扫描辐射计(AMSR-E)。

AIRS 噪声量级低(0.2K，70%的通道噪声小于 0.2K，20%的小于 0.1K)、光谱覆盖范围宽达 3.7~15.4μm，共有 2 047 个有效红外光谱通道，补充了 4 个可见光/近红外成像通道，主要测量大气温度和湿度、地表和洋面温度、云特性、辐射能量通量以及温室气体含量，可用于改进天气预报，判断全球水文循环是否加速，并且能探测温室气体效应，甚至可探测几乎全球的大气廓线。AMSU-A 由两个传感器 AMSU-A1 和 AMSU-A2 组成，共 15 个波段(15~89GHz)，空间分辨率为 50 km，用于探测大气中不同高度的温度、水分蒸发的状态、大气温度廓线、降水、海冰、雪盖和大气湿度廓线等。HSB 在 150~183GHz 有 5 个波段，其中 4 个是微波水汽探测通道，主要用于获取云和大气湿度数据。AMSR-E 在 6.9~89GHz 共有 6 个波段，用于探测降水量、蒸发量、海面风、洋面温度、陆地表层水汽含量等参数。该传感器最大的成功在于外部定标设计，已经证明适用于其他卫星微波仪器，有利于用来长期监测温度及其他变量的微小变化。AIRS、AMSU-A 和 HSB 代表了当今空间科学中最先进的探测系统，可揭示大气中天气系统的垂直结构问题。

3. MODIS　MODIS(中分辨率成像光谱仪)沿用的是传统的成像辐射计的设计思想，由横向扫描镜、光收集器件、一组线性探测器阵列和位于 4 个焦平面上的光谱干涉滤色镜所组成。这种光学设计可为地学应用提供 0.4~14.5μm 的 36 个离散波段的影像，星下点空间分辨率为 250 m、500 m 或 1 000 m，刈幅度为 2 330 km，其中 1~19 和 26 通道为可见光和近红外通道，其余 16 个通道为热红外通道，详细参数见附录 1 表 21。

MODIS 是海岸带水色扫描仪(CZCS)、宽视场海洋观测传感器(SeaWiFS)、甚高分辨率扫描辐射计(AVHRR)、高分辨率红外分光计(HIRS)和专题制图仪(TM)等的延续。具有较高的信噪比，可连续提供每两天地球上任何地方白天反射辐射和白天/昼夜的发射辐射数据，包括对地球陆地、海洋和大气观测的可见光和红外波谱数据，其主要用途是对地球的各个圈层(包括大气圈、水圈、土圈、生物圈以及人类活动等)进行 1 日 4 次的观测(上、下午和上、下半夜)，获取研究地球各个圈层的变化规律所需的科学数据。MODIS 的目标是构造包括大气、海洋和陆地三个方面的全球动力模型。

(1) *大气方面*　MODIS 可用于监测大气痕量气体、云量、云类型、太阳辐射和对流层气溶胶等大气特性的变化，从而提供对当前最重要的社会生态学问题之一——气候变化进行研究的数据。MODIS 在大气科学中的应用涉及大气可降水量、云粒子、云边界、云顶温度与高度、大气温度、O_3含量和气溶胶分布等多种大气参数。

(2) *海洋方面*　MODIS 作为 CZCS、SeaWiFS 等的延续，其海洋应用也很广泛，主要涉及海面温度(sea surface temperature，SST)、海表出射长波辐射、海表悬浮颗粒物浓度、海表叶绿素浓度等多种海洋水色信息、海洋物理生化信息和各种环境变量。

(3) *陆地方面*　MODIS 在陆地科学的应用涉及土地利用/地面覆盖变化、植被指数、地表温度、旱涝灾害监测、雪盖监测、荒漠化监测等，它可以提供三种类型的陆地产品：辐射收支变量(地表反射、地表温度(LST)和发射率、冰雪覆盖、二向性反射分布函数(BRDF)与反照率)、生态系统变量(植被指数(VI)、叶面积指数(LAI)和部分光合有效辐射(FPAR)、净初级生产力(NPP)、蒸发蒸腾与表面阻抗)、土地利用与地面覆盖变量(火点与热异常、地面覆盖、植被覆盖变化、土地利用变化)。

可见，MODIS 是一个真正的多学科综合观测传感器，利用它可获得对地球表面和低层大气全球动力过程的进一步认识；可获得地球科学、环境科学、生态学、气象学、海洋学、土地科学、自然资源学、自然灾害学、农学、林学、草地学等多学科创新研究、生态环境监测以及国家可持续发展研究与决策中重要的基础数据资源，是 EOS 卫星实施全球变化研究的基本工具。

4. ASTER　ASTER 传感器是搭载在 Terra 卫星上的一台宽波段扫描辐射计。ASTER 计划由日本发起，并与美国联合实施。ASTER 计划的主要应用目的有：

1) 进行详细的地貌制图，以促进地球表面构造地质现象和地质历史的研究；
2) 了解植被的分布和变化；
3) 通过表面温度制图进一步了解地球表面和大气之间的交互作用；
4) 通过对火山活动的监测，评价火山气体喷射对大气的影响；
5) 了解气溶胶特性对大气和云种类的作用；
6) 通过珊瑚礁全球分布制图和分类来了解珊瑚礁在氮循环中的作用。

ASTER 传感器有三个独立的子系统，分别覆盖可见光/近红外(VNIR)、短波红外(SWIR)、热红外(TIR)，共有 14 个波段，第 1~3 波段位于可见光/近红外部分，空间分辨率为 15 m，量化等级为 8 bit；

第4~9波段位于短波红外部分，空间分辨率为30 m，量化等级为8 bit；第10~14波段位于热红外部分，地面分辨率为90 m，量化等级为12 bit，主要技术参数见附录1表19。

ASTER数据的应用范围比较广泛，能提供地表和云的高分辨率多光谱影像，帮助我们了解影响气候变化的物理过程，主要用途是深入了解包括地表和大气的相互作用在内的地球表面或近地面以及较低大气层发生的各种局部和区域尺度过程。该类影像填补了MODIS和MISR野外观测数据之间的空白，还能用于长期观测地球表面、全球气候变化、土地利用/地面覆盖变化、沙漠化、湖泊和河滩的水面变化、植被变化、火山和冰雪等变化等。

第三节 遥感实验的主要类型和一般流程

一、遥感实验的主要类型

遥感实验的分类按照实验场地、实验仪器设备和实验内容大体可分为3类。

1) 基础数据采集实验：该类实验以采用各类仪器进行野外数据采集为特征，主要有地物波谱测量，地物光学参数测量，地面遥感特征参数采集，以及气象、地形、植被、土壤等环境背景数据采集和相应的数据库建设；

2) 遥感影像处理实验：该类实验为运用计算机和遥感影像处理软件为主要手段，主要有影像恢复、辐射校正、大气校正、地形校正、几何纠正、影像增强、融合、镶嵌等影像预处理实验；影像特征识别、目标提取和影像分类实验等；

3) 遥感应用综合实验：该类实验需综合运用计算机遥感影像处理和野外数据采集，以及数据处理综合分析等技术手段，遥感应用综合实验涉及的范围广泛，在本教程中主要选择了植被遥感(植被指数提取)实验、土地利用/土地覆盖遥感实验、水色遥感实验、环境与灾害(洪涝、干旱、台风、油污染等)遥感监测实验，以及遥感真实性检验等。

二、遥感实验的一般流程

遥感技术应用的技术流程有下面5种。

1. 传感器类型与波段选择 不同的观测和研究目的需要针对性选择合适的信息源。对于目前广泛开展的资源环境调查和研究来说，多采用光学传感器遥感数据，如包括MSS、TM和ETM+在内的Landsat系列，SPOT，NOAA的AVHRR，Terra的MODIS，CBERS的CCD，HJ系列等。对于数字城市、大比例尺资源环境调查、考古等空间分辨率要求很高的遥感监测，通常选择米级或厘米级的遥感数据作为主要信息源，如SPOT5、IRS、IKONOS、QuickBird等。

2. 选择遥感数据时相 由于许多资源环境要素具有自然节律特性，因此，在资源环境监测与研究中，往往需要针对地物的时间变化规律，针对性地选择合适时间的遥感数据，以提高地物识别精度。例如，在土地利用和地面覆盖研究中，一般需要了解地表自然植被和人工种植作物的信息，因而多选择植被生长旺期获取的遥感数据。为了提高分类精度并得到植被或作物的变化，还会要求相邻时相的遥感数据。针对大区域分析要求相邻景之间具有最接近的时相，检测不同年度变化需要选择相近似物候特征或季相的遥感数据，年内变化则需要选择不同时间的同种传感器数据。

3. 辐射校正、大气校正与几何纠正 针对资源环境监测与研究所获取的遥感数据，一般都已进行了初步的辐射纠正，进一步的大气校正和几何校正往往是根据需要自行处理，其目的主要是使遥感影像具备满足应用需求的地物目标辐射特征信息、坐标系统和投影参数。

辐射校正主要针对诸多时相变化要素(如大气状态、太阳-地面-卫星几何角度变化等)对遥感数据的影响，是提高变化检测精度的重要基础。

大气校正作为定量遥感的重要组成部分，其目的是消除大气和光照等因素的影响，从而获得地物反射率、辐射率等真实物理参数。

4. 影像解译 地物特征识别与提取、地物类型划分等，主要可以归纳为人机交互和计算机辅助分类与提取及其综合应用等三种定性信息的获取方式。

5. 定量信息的遥感获取　　从遥感数据到定量专题信息的获取以及基于经验、半经验和理论模型的遥感反演方式获取定量信息。

实验与练习

1. 简述地物的反射光谱特性。
2. 何谓“大气窗口”？遥感的主要大气窗口有哪些？
3. 简述遥感实验的一般流程，结合某项具体实验(如土地覆盖遥感调查、湖泊水色遥感等)叙述开展遥感实验的流程。

主要参考文献

陈述彭. 1990. 遥感大辞典. 北京：科学出版社.
李德仁. 2001. 摄影测量与遥感概论. 北京：测绘出版社.
孙家抦. 2003. 遥感原理与应用. 武汉：武汉大学出版社.
童庆禧. 1994. 遥感科学技术进展. 地理学报, 49(增刊).
王桥, 杨一鹏, 黄家柱. 2005.环境遥感. 北京：科学出版社.
赵英时. 2003. 遥感应用分析原理与方法. 北京：科学出版社.
中国科学院对地观测与数字地球科学中心. http://www.ceode.cas.cn/.
中国资源卫星应用中心. http://www.cresda.com/n16/index.html.
Sabins F F. 1986. Remote Sensing Principles and Interpretation. 2 nd ed. W. H. Freeman and Company.

建议阅读书目

梁顺林. 2009. 定量遥感. 北京：科学出版社.
梅安新. 2001. 遥感导论. 北京：高等教育出版社.
赵英时. 2003. 遥感应用分析原理与方法. 北京：科学出版社.
Jensen J R. 2007. 遥感数字影像处理导论(第三版). 陈晓玲, 龚威译. 北京：机械工业出版社.
Jensen J R. 2011. 环境遥感——地球资源视角(第二版). 陈晓玲, 黄珏译. 北京：科学出版社.

第二章 遥感影像处理软件

本章导读

本章主要分析遥感影像处理软件的特点及其基本功能，选择介绍目前较多使用的国内外主流软件：ERDAS、PCI、ENVI及eCognition等，以ERDAS IMAGINE软件为代表，较深入地解析其体系结构、主要功能及界面风格。

第一节 遥感影像处理软件简介

遥感影像处理软件可以为遥感数据处理以及相关应用领域的用户提供内容丰富而功能强大的影像处理工具，可以对遥感影像数据进行高效快速的基本影像处理、几何纠正、镶嵌、融合、分类、模型建模、三维仿真、制图等处理与分析。

目前国外的商用遥感影像处理软件主要包括：加拿大PCI公司开发的PCI Geomatica、美国 ERDAS LLC公司开发的ERDAS IMAGINE、美国Research System INC公司开发的ENVI、美国克拉克大学克拉克实验室开发的IDRISI以及德国Definiens Imaging公司开发eCognition等。国产遥感影像处理软件主要有原地矿部三联公司开发的RSIES、国家遥感应用技术研究中心开发的IRSA、中国林业科学院与北京大学遥感与地理信息系统研究所联合开发的SAR INFORS、中国测绘科学研究院与四维公司联合开发的CASM ImageInfo以及北京吉威数源信息技术有限公司开发的Geoway IS；武汉大学在已经开发了一个遥感影像处理软件GeoImager的基础上，又在组织开发一个开放式共享软件平台OpenRS。

上述软件各有特点，总体上，国外软件的商业化程度高，功能较强大，但价格较昂贵；国产软件具有界面友好、价格便宜、可定制性强、容易掌握等特点，但相比之下功能有待于进一步完善。目前，由于地理信息共享服务技术与云计算技术的飞速发展，国内外软件的新的开发亮点也转向了开放式共享服务平台，为用户提供数据及模块式功能共享服务，按需获取所需服务。

一、遥感影像处理软件的特点

遥感影像处理是计算机影像处理中针对遥感影像的一种特殊处理方式，卫星遥感影像数据与一般图像数据的差别主要有：卫星遥感影像数据的多波段性(有明确物理意义的几个至几百个波段)、空间性(投影和坐标)和时间性(数据获取瞬时的太阳高度角、方位角及大气环境)，由此而产生卫星遥感影像数据格式的多样性、多波段运算的复杂性、数据存储大容量性，以及影像的信息多样性(往往记录在头文件中)。

在处理目的方面，一般图像处理主要是可视化的效果，而卫星遥感影像处理的目的主要是信息提取。

因此，遥感软件的特点可归结为以下几方面：

1) 具有多种格式遥感数据的读、写能力；
2) 具有多波段数据运算(矩阵运算)能力；
3) 具有海量数据处理能力；
4) 具有空间数据处理能力；(投影转换、影像镶嵌等)
5) 具有多种参数提取能力；
6) 模块化结构分析能力；
7) 支持矢量数据、矢栅数据转换及与GIS集成。

二、遥感影像处理软件的主要功能

遥感影像处理软件主要分为通用和专业两种处理类型，其中，通用处理提供遥感影像处理的通用工具，包括视窗、基本影像处理、复原、几何纠正、镶嵌、融合、分类、三维仿真飞行、制图等功能，实现普通用户的一般业务需求，而专业处理主要针对特殊传感器和行业用户设计，功能包括高光谱数据分析、雷达数据分析、MODIS 数据应用、判读与整编等功能。

(一) 通用处理模块

根据用户的需求，通用处理主要满足遥感应用的日常工作流程，按功能属性又可分为处理子模块、显示子模块和辅助工具子模块。其中，遥感影像处理功能如图 2-1 所示。

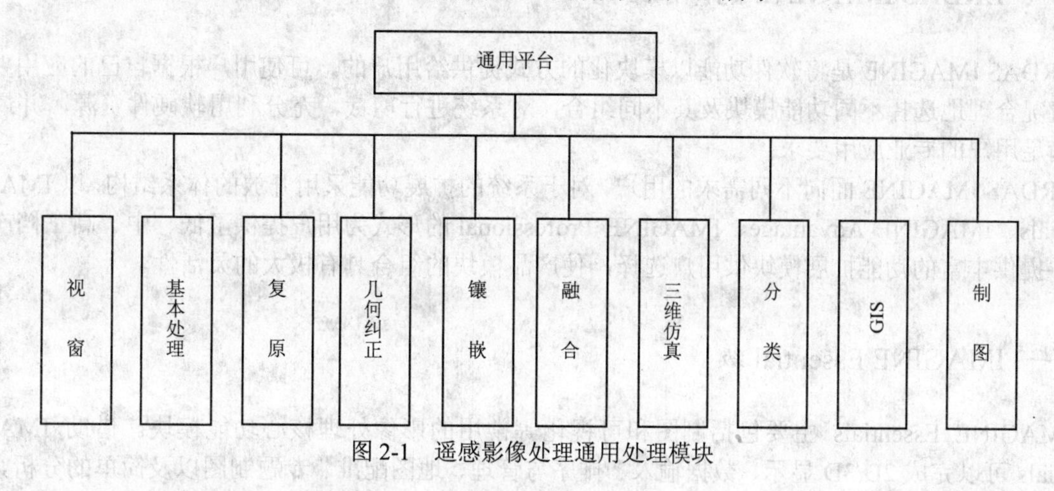

图 2-1 遥感影像处理通用处理模块

(二) 专用平台模块

专用平台主要针对特殊传感器和行业用户设计。特殊传感器包括高光谱传感器和合成孔径雷达传感器等。专用平台包括高光谱数据处理模块、合成孔径雷达模块和判断与整编模块(图 2-2)。

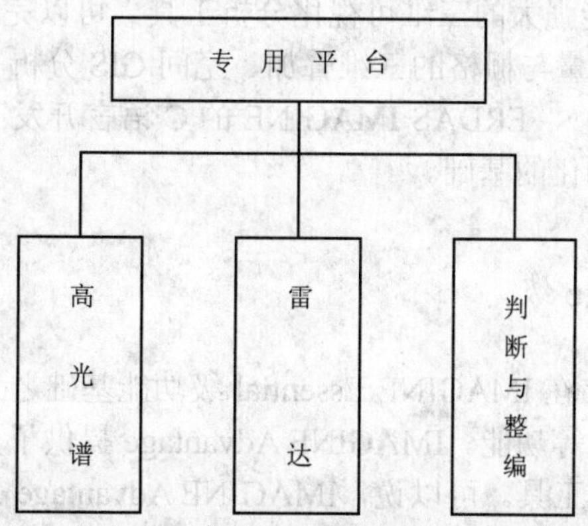

图 2-2 遥感影像处理专用处理模块

高光谱数据处理模块功能包括对高光谱卫星数据的仪器辐射定标、传输辐射定标等高光谱影像预处理；进行高光谱影像分类，如光谱角度填图和二值编码等分类法；可完成光谱参数化分析、光谱库分析、光谱匹配与滤波、混合光谱分解等高光谱数据分析。根据用户需求分析，高光谱影像处理需要以下专用功能模块或内容：高光谱影像预处理、光谱分析、匹配，混合光谱分解、高光谱影像分类、光谱库应用等。合成孔径雷达处理模块功能主要实现斑点噪声抑制。判读与整编模块则是为行业用户定制的一个模块，它既有遥感影像处理的特色，也有通用影像处理软件(如 Photoshop 和 Illustrator)的功能，为用户提供了从影像编辑、增强等处理到矢量编辑以及成果输出等完善的功能。

第二节 ERDAS IMAGINE 软件简介

ERDAS IMAGINE 是美国 ERDAS 公司开发(后被 Leica 公司收购)的遥感影像处理系统。它具有先进的影像处理功能，友好、灵活的用户界面和操作方式，面向广阔应用领域的产品模块，服务于不同层次用户的模型开发工具以及高度的 RS/GIS 集成功能。它是一个用于影像制图、影像可视化、影像处理和高级遥感技术的完整的产品系统。ERDAS IMAGINE 软件为遥感及相关应用领域的用户提供内容丰富而功能强大的影像处理工具。

一、ERDAS IMAGINE 的体系结构

ERDAS IMAGINE 是将软件功能以模块化的方式提供给用户的，可使用户根据自己的应用要求、资金情况合理地选择不同功能模块及其不同组合，对系统进行剪裁，充分利用软硬件资源，并最大限度地满足用户的专业应用要求。

ERDAS IMAGINE 面向不同需求的用户，对于系统的扩展功能采用开放的体系结构，以 IMAGINE Essentials、IMAGINE Advantage、IMAGINE Professional 的形式为用户提供了低、中、高三档产品架构，并提供丰富的功能扩展模块供用户选择，使产品模块的组合具有极大的灵活性。

(一) IMAGINE Essential 级

IMAGINE Essentials 主要包括制图和可视化等常用的影像处理核心功能模块。借助 IMAGINE Essentials 可以完成 2D/3D 显示、数据输入、排序与管理、地图配准、专题制图以及简单的分析，同时可以集成多种数据类型，并可在保持相同的界面下灵活升级到其他的 ERDAS 产品。

可扩充的模块有以下三个。

(1) Vector 模块　矢量功能直接采用 ESRI 的 ArcInfo 数据结构 Coverage，在 Vector 模块可以建立、显示、编辑和查询 Coverage，完成矢量数据拓朴关系的建立和修改，实现矢量图形和栅格影像的双向转换等功能。

(2) Virtual GIS 模块　功能强大的三维可视化分析工具，可以完成实时 3D 飞行模拟，建立虚拟世界进行空间视域分析，提供矢量与栅格的三维叠加、空间 GIS 分析等。

(3) Developer's Toolkit 模块　ERDAS IMAGINE 的 C 语言开发工具包，包含了几百个函数，是 ERDAS IMAGINE 客户行业定制化的基础。

(二) IMAGINE Advantage 级

IMAGINE Advantage 是建立在 IMAGINE Essential 级功能基础之上的，主要增加了更加丰富的栅格影像分析及单张航片正射校正等功能。IMAGINE Advantage 提供了灵活可靠的用于栅格分析、正射校正、地形编辑及影空像片拼接工具。可以说，IMAGINE Advantage 是一个完整的影像地理信息系统(Imaging G1S)。

可扩充模块有 7 个。

(1) Radar 模块　完成雷达影像的基本处理，包括亮度调整、斑点噪声消除、纹理分析、边缘提取等功能。

(2) OrthoMAX 模块　全功能、高性能的数字航测软件，依据立体象对进行正射校正、自动 DEM 提取、立体地形显示及浮动光标方式的 DEM 交互编辑等。

(3) OrthoBase 模块　　区域数字摄影测量模块，用于航空影像的空三测量和正射校正。
(4) OrthoRadar 模块　　可对 Radarsat、ERS 雷达影像进行地理编码、正射校正等处理。
(5) SterEOSAR DEM 模块　采用类似于立体测量的方法，从雷达影像数据中提取 DEM。
(6) IFSAR DEM 模块　　采用干涉方法，以像对为基础从雷达影像数据中提取 DEM。
(7) ATCOR 模块　　用于大气因子校正和雾霾消除。

(三) IMAGINE Professional 级

IMAGINE Professional 是面向从事复杂分析、需要最新和最全面处理工具、经验丰富的专业用户，功能完整丰富。除了 Essentials 和 Advantage 中包含的功能以外，IMAGINE Professional 还采用简单的图形化界面，提供轻松易用的空间建模工具，提供高级的参数/非参数分类器、知识工程师和专家分类器、分类优化和精度评定以及雷达影像分析工具等。

可扩充模块：

Subpixel Classifier 模块——子象元分类器对多光谱影像进行信息提取，可达到提取混合象元中 20%以上的地物目标。

(四) IMAGINE 动态链接库

ERDAS IMAGINE 具有支持动态链接库(DLL)的体系结构，它支持目标共享技术和面向目标的设计开发，提供一种无需对系统进行重新编译和连接而加入新功能的方式，还可以在特定的项目中裁剪这些扩充功能。

二、ERDAS IMAGINE 界面

目前，较新一代的 ERDAS 产品为 2009 年发布的 ERDAS IMAGINE 2010，是对许多解决方案的融合，结合了影像处理与分析、地理空间分析、Web 处理服务(WPS)发布、Web 覆盖服务(WCS)访问、Web 地图服务(WMS)访问、Web 目录服务(CS-W)访问等。其 Ribbon 风格用户界面(固定式工具栏)，使深藏的工具直观易用。该版本集成所有可视化窗口，使 3D 展示、制图过程和地图显示融合为一体，并能方便地自定义工作流。可以并行批处理过程、金字塔生成过程、统计计算过程等，充分发挥硬件资源的优势，提高数据处理和生产效率。从输入输出和镶嵌全方位优化改进，镶嵌速度提高 10 倍以上，输入影像可达 16 000 幅，输出可达 2.6TB。该工具还整合了 ER Mapper 的优势，能够打开已经生成的 ER Mapper 算法并生成结果，同时创建新的 2D 算法。在已有变化检测功能基础上，增强了区域变化检测功能，能检测两幅不同时相影像的正负变化，并指定检测某个多边形区域的变化、统计变化量、输出多边形属性，可以大大提高宗地管理、土地覆盖、森林资源管理等所需的监测效率。可以创建影像高程库管理高程数据，自动为处理提供高程数据等。

ERDAS IMAGINE v9.2 是目前广泛使用的版本，作为本书主要介绍软件版本，其主要界面(图 2-3)都是以模块的形式组成，共有 15 个主要功能图标。

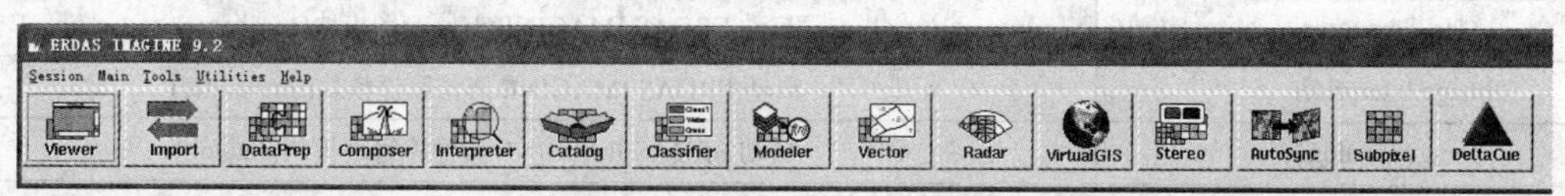

图 2-3　ERDAS 9.2 主界面

ERDAS IMAGINE 的图标面板包括菜单条：Session、Main、Tools、Utilities、Help 和工具条两部分。

ERDAS IMAGINE 的图标面板包括菜单条中的 5 项下拉菜单都由一系列命令或选择项组成，这些命令及其功能见表 2-1~表 2-7。

表 2-1 ERDAS IMAGINE 图标面板菜单条

菜单命令	菜单功能
Session Menu：综合菜单	完成系统设置、面板布局、日志管理，启动命令工具、批处理过程、实用功能、联机帮助等
Main Menu：主菜单	启动 ERDAS 图标面板中包括的所有功能模块
Tools Menu：工具菜单	完成文本编辑，矢量及栅格数据属性编辑，图形影像文件坐标变换，注记及字体管理，三维动画制作
Utility Menu：实用菜单	完成多种栅格数据格式的设置与转换，影像的比较
Help Menu：帮助菜单	启动关于图标面板的联机帮助，ERDAS IMAGINE 联机文档查看、动态连接库浏览等

表 2-2 Session 综合菜单命令及其功能

命令	功能
Preference	面向单个用户或全体用户，设置多数功能模块的系统确省值
Configuration	为 ERDAS IMAGINE 配置各种外围设备，如打印机、磁带机
Session Log	查看 ERDAS IMAGINE 提示、命令及运行过程中的实时记录
Active Process List	查看与取消 ERDAS IMAGINE 系统当前正在运行的处理操作
Commands	启动命令工具，进入命令菜单状态，通过命令执行处理操作
Enter Log Message	向系统综合日志(session log)输入文本信息
StartBatch Commands	启动或退出批处理工具，打工批处理向导，记录批处理命令
Open Batch File	打开批处理命令文件
View Batch Queue	打开批处理进程对话框，查看、编辑、删除批处理队列
View Batch Queue	确定图标面板(icon panel)的水平或垂直显示状态
Tile Viewers	平铺排列两个以上已经打开的视窗(viewer)
Close All Viewers	关闭当前打开的所有视窗(viewer)
Main	进入主菜单(main menu)，启动图标面板中包括的所有模块
Tools	进入工具菜单(tools menu)，显示和编辑文本及影像文件
Utilities	进入实用菜单(utility menu)，执行 ERDAS 的常用功能
Help	打开 ERDAS IMAGINE 联机帮助(on-line help)文档
Properties	打开 IMAGINE 系统特性对话框，查看和配置序列号与模块
Exit IMAGINE	退出 ERDAS IMAGINE 软件环境

表 2-3 Main 主菜单命令及其功能

命令	功能
IMAGINE Credits	查阅 ERDAS 信用卡(credits)
Start IMAGINE Viewer	启动 ERDAS IMAGINE 视窗(viewer)
Import/Export	启动 ERDAS IMAGINE 数据输入输出模块(import)
Data Preparation	启动 ERDAS IMAGINE 数据预处理模块(dataprep)
Map Composer	启动 ERDAS IMAGINE 专题制图模块(composer)
Image Interpreter	启动 ERDAS IMAGINE 影像解译模块(interpreter)
Image Catalog	启动 ERDAS IMAGINE 影像库管理模块(catalog)
Image Classification	启动 ERDAS IMAGINE 影像分类模块(classifier)
Spatial Modeler	启动 ERDAS IMAGINE 空间建模工具(modeler)
Vector	启动 ERDAS IMAGINE 矢量功能模块(vector)
Radar	启动 ERDAS IMAGINE 雷达影像处理模块(radar)
Virtual GIS	启动 ERDAS IMAGINE 虚拟 GIS 模块(virtual GIS)

表 2-4　Tools 工具菜单命令及其功能

命令	功能
Edit Text Files	编辑 ASCII 码文本文件
Edit Raster Attributes	编辑栅格文件属性数据
View Binary Data	查看二进制文件的内容
View HFA File Structure	查看 ERDAS IMAGINE 层次文件结构
Annotation Information	查看注记文件信息，包括元素数量与投影参数
Image Information	获取 ERDAS IMAGINE 栅格影像文件的所有信息
Vector Information	获取 ERDAS IMAGINE 矢量图形文件的所有信息
Image Commands Tool	打开影像命令对话框，进入 ERDAS 命令操作环境
Coordinate Calculator	将坐标系统从一种椭球体或参数转变为另外一种
Create/Display Movie Sequences	产生和显示一系列影像画面形成的动画
Create/Display Viewer Sequences	产生和显示一系列视窗画面组成的动画
Image Drape	以 DEM 为基础的三维影像显示与操作

表 2-5　Utilities 实用菜单命令及其功能

命令	功能
JPEG Compress Image	应用 JPEG 压缩技术对栅格影像进行压缩，以便保存
Decompress JPEG Image	将应用 JPEG 压缩技术所生成的栅格影像进行解压缩
Convert Pixels to ASCII	将栅格影像文件数据转换成 ASCII 码文件
Convert ASCII to Pixels	以 ASCII 码文件为基础产生栅格影像文件
Convert Images to Annotation	将栅格影像文件转换成 IMAGINE 的多边形注记数据
Convert Annotation to Raster	将 IMAGINE 的多边形注记数据转换成栅格影像文件
Create/Update Image Chips	产生或更新栅格影像分块尺寸，以便于显示管理
Create Font Tables	以特定的字体生成一幅专题地图
Compare Images	打开影像比较对话框，比较两幅影像之间的某种属性
Reconfigure Raster Formats	重新配置系统中的栅格影像数据格式
Reconfigure Vector Formats	重新配置系统中的树凉图形数据格式

表 2-6　Help 帮助菜单命令及其功能

命令	功能
Help for ICON Panel	显示 ERDAS IMAGINE 图标面板的联机帮助
IMAGINE Online Documentation	进入联机帮助目录，查看 IMAGINE 联机文档
IMAGINE Version	查看正在运行的 ERDAS　IMAGINE 软件版本
IMAGINE DLL Information	查看 IMAGINE 动态连接库的类型与常数信息

表 2-7 ERDAS IMAGINE 图标面板工具条

图标	命令	功能
ERDAS IMAGINE Credits	IMAGINE Credits	查阅 ERDAS 信用卡
Viewer	Start IMAGINE Viewer	打开 IMAGINE 视窗
Import	Import/Export	启动数据输入输出模块
DataPrep	Data Preparation	启动数据预处理模块
Composer	Map Composer	启动专题制图模块
Interpreter	Image Interpreter	启动影像解译模块
Catalog	Image Catalog	启动影像库管理模块
Classifier	Image Classification	启动影像分类模块
Modeler	Spatial Modeler	启动空间建模工具
Radar	Radar	启动雷达影像处理模块
Vector	Vector	启动矢量功能模块
VirtualGIS	Virtual GIS	启动虚拟 GIS 模块
OrthoBASE	Stereo	启动数字摄影测量模块
Subpixel	Subpixel	子像元分类器
DeltaCue	Deltacue	智能变化检测模块

三、ERDAS IMAGINE 功能体系

ERDAS IMAGINE 是一个功能完整的、集遥感与地理信息系统于一体的专业软件。根据 ERDAS IMAGINE 系统功能、常规遥感影像处理与遥感应用研究的工作内容，ERDAS IMAGINE 的功能体系如图 2-4 所示。

四、ERDAS IMAGINE 影像处理系统主要特点

1. 影像处理特点

1) 方便和直观的操作步骤使操作非常灵活。ERDAS IMAGINE 具有友好、方便的多窗口功能，将相关的多个窗口非常方便地组织起来，免去了开关、排列、组织窗口的麻烦，便于加快产品的生产速度。IMAGINE 的窗口提供了卷帘、闪烁、设置透明度以及根据坐标进行窗口联接的功能，为多个相关影像的比较提供了方便的工具。IMAGINE 的窗口还提供了整倍缩放、任意矩形缩放、实时交互式缩放、虚拟及类似动画游戏式漫游等工具，方便对影像进行各种形式的浏览与比较。

2) 为不同的应用提供了多种地图投影系统。支持用户添加自己定义的坐标系统。支持不同投影间的转换、不同投影影像的同时显示、对不同投影影像直接进行操作等，支持相对坐标的应用。另外有方便的坐标转换工具，如经纬度与大地坐标之间的转换。

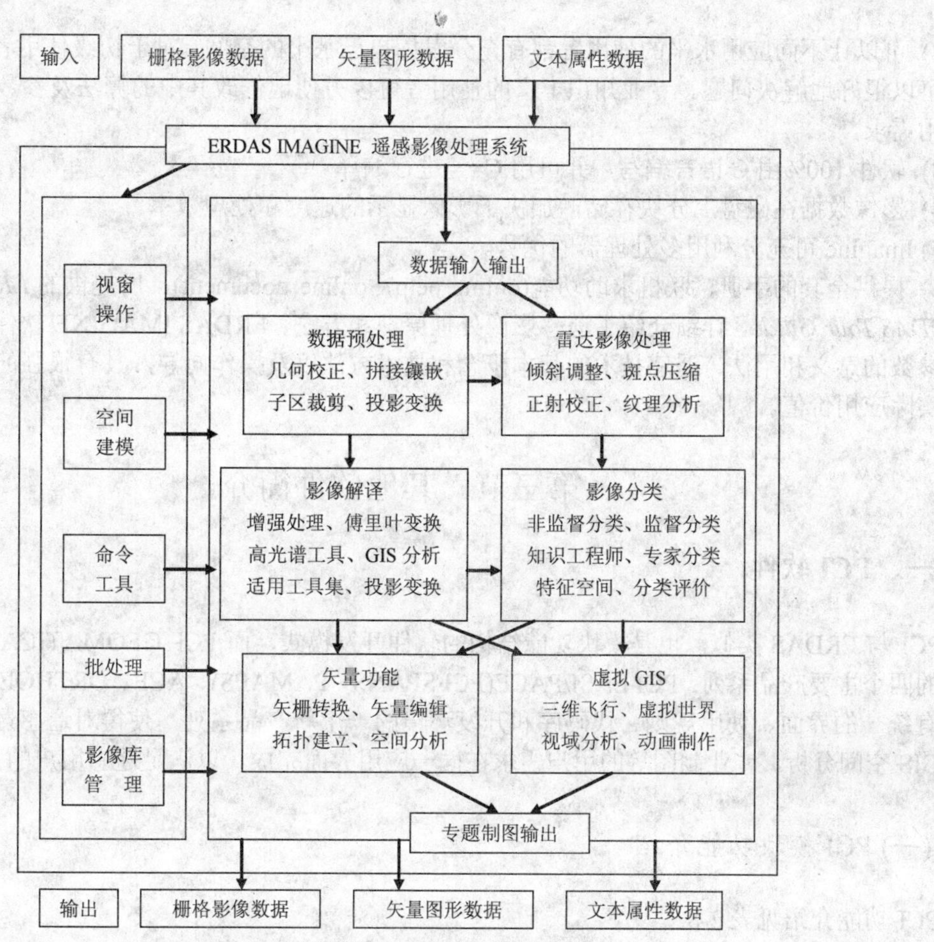

图 2-4　ERDAS IMAGINE 功能体系

3) 常用的影像处理算法都可用图形菜单驱动，用户也可指定批处理方式(batch)，使影像处理操作在指定的时刻开始执行。

4) 影像处理过程可以由影像属性信息控制，而上层属性信息可存在于本层或任何其他数据层次。

5) 影像处理过程可用于不同分辨率的影像数据，输出结果的分辨率可以自行指定。

6) 支持对不同影像数据源的交集、并集和补集的影像处理。

7) 图解空间建模语言、EML 和 C 语言开发包的应用使得解决应用问题更加容易与简单。使用者可以对 IMAGINE 本身应用的功能进行客户化编辑，满足自己的独特专业需求，还可以将自己多年探索、研究的成果及工作流程以模型的形式表现出来。模型既可以单独运行也可以和界面结合像其他功能一样运行，也可以利用 C Toolkit 进行新型算法及功能的开发。

8) 专家工程师及专家分类器工具，为高光谱、高分辨率影像的快速高精度分类提供了可能。知识库的可移动性为非专业人员进行分类以及成熟知识库的推广应用提供了方便易行的途径，为决策者提供了利用专家知识建立决策支持系统的工具。

2. 与地理信息系统的集成特点

ERDAS IMAGINE 系统内含了 ArcInfo Coverage 矢量数据模型，可以不经转换地读取、查询、检索其 COVERAGE、GRID、SHAPEFILE、SDE 矢量数据，并可以直接编辑 COVERAGE、SHAPEFILE 数据。如果 ERDAS IMAGINE 再加上扩展功能，还可实现建立拓扑关系、图形拼接、专题分类图与矢量二者相互转换，节省了工作流程中费时费力的数据转换工作，解决了信息丢失问题，可大大提高工作效率，使遥感定量化分析更完善。

3. 其他特色

1) 支持海量数据，如果操作系统及磁盘允许，其 img 影像大小可以达到 48TB。可以直接读取 MrSid 压缩影像以及 SDE 数据，为海量数据管理及应用提供了可能。

2) 可以让不同应用水平的使用者都有充分发挥自己水平的空间，对于初级使用者，其提供的缺省选项可以很好地解决问题。专业知识丰富的使用者可以方便地修改其中的算法及参数，更好地满足特殊应用需求。

3) 软件 100%由 C 语言编写，并可用 C++进行编译。

4) 影像数据在磁盘上分块存储，加快了影像显示的速度和处理效率。

5) Imagine 可充分利用多处理器的优势。

6) 提供全套的手册、联机求助功能(online help、online document)，所提供的 *ERDAS Field Guide* 和 *ERDAS Tour Guide*，详细介绍了遥感影像处理原理和方法、ERDAS IMAGINE 软件中的一些算法及相关参数的意义和用法、遥感技术的基本概念和技术方法以及操作向导，具有很强的理论方法指导意义与实际应用价值。

第三节 其他软件简介

一、PCI 软件

PCI 与 ERDAS 类似，也是模块功能结构的软件开发模式，而 PCI GEOMATICA 是 PCI 公司将其旗下的四个主要产品系列：PCI EASI/PACE(PCI SPANS，PAMAPS)、ACE、ORTHOENGINE 集成到一个具有统一的界面、使用规则、代码库和开发环境的一个新产品系列，使得对遥感影像处理、摄影测量、GIS 空间分析、专业制图等的用户需求在同一应用界面完成，以满足遥感用户的系列需求。

(一) PCI 模块功能介绍

PCI 功能介绍见表 2-8。

表 2-8 PCI 功能介绍

软件包描述	功能描述
核心模块——Geomatica Core	桌面平台环境，包括数据访问工具，数据管理工具，影像切割，重投影，矢量编辑，制图。在 OE 中提供了多项式校正、手动镶嵌功能
JPEG2000	支持 JPEG2000 文件格式的读写操作
Certified NITF (Pending Certification)	支持 NITF 文件格式的读写操作
光学模块——Optical (including ATCOR2 Atmospheric Correction)	Avhrr(NOAA)传感器、神经网络、影像锁定、数据融合、大气校正； ATCOR2——针对平坦地区采用新的云雾处理算法
针对 ATOR3 大气校正模块——Atmospheric Correction(ATCOR3)	ATCOR3——针对崎岖地带，需提供 DEM
雷达模块——Radar	具有各种雷达分析功能，增强了 SAR 可视化和分析； 增加了对 ENVISAT 传感器的支持，主要包括天线补偿校正、变化检测、各种滤波、飞行路径估计、斑点噪声去除、影像质量报告、入射角分析、雷达后向散射标定、DEM 模拟雷达影像、倾斜影像到地面影像的转换、配准、纹理分析等
高光谱模块——Hyperspectral	光谱角制图工具、光谱纪录的添加、光谱数据的算术运算、高到底的谱卷积和高斯卷积、光谱库报告、影像光谱到参考光谱的匹配； 支持用户对光谱库纪录的修改和光谱的归一化等； 提供新的数据浏览和分析工具，大大减少处理时间
高光谱影像压缩模块——Hyperspectral Image Compressor	矢量量化影像压缩
高光谱大气校正模块——Hyperspectral Atmospheric Correction	新增了 MODTRAN4 大气辐射变换模型，可以从影像数据中提取大气的水汽含量并制图；可以进行
全景锐化模块——Pan Sharpening	对高分辨率卫星采用最新的融合算法； 支持 8 bit，16 bit，32 bit 类型数据； 生成的高分辨率彩色影响保留原有的色彩信息
智能数字化模块——Smart Digitizer	自动跟踪线性特征和边界特征，矢量化区域边界和线状要素； 可根据道路的中心线智能矢量化道路线

续表

软件包描述	功能描述
桌面产品引擎模块——Desktop Production Engine	可视化的操作流程环境 Modler 基于命令行的脚本语言 Easi
桌面产品引擎附加模块——Desktop Production Engine Plus	桌面产品引擎的附加模块，提供有效的批处理能力
空间分析模块—Spatial Analysis	包括缓冲区分析、叠加分析、地形分析等
制图工具——Charting	添加图名、图例、比例尺和指北针等制图信息
自动采集工具——Auto Collection	控制点库管理器、控制点与同名点自动匹配
自动配准工具——Auto Registration	自动的影像对影像的配准
自动镶嵌工具——Auto Mosaic	影像自动镶嵌(颜色匹配与接边线自动提取)
航片模型——Airphoto Model	航片正射校正与镶嵌； 支持 GPS 与惯性导航参数输入、框标点自动采集
卫片模型——Satellite Models	卫片正射校正与镶嵌； 提供多种卫星的严格参数模型，可通过星历数据模拟新卫星轨道模型； 支持的传感器：ASAR、ASTER 1B、EROS、Hyperion EO-1、MERIS、MODIS、SPOT 5，Formosat
高分辨率卫片模型——High Resolution Models	针对 SPOT5、QuickBird、IKONOS、EROS 传感器模型，生成精确的正射校正图
RPC 和通用模型——Generic and RPC Models	卫星正射校正工具； 应用 RPC 参数执行影像整射校正
雷达 DEM 提取——Radar DEM Extraction	从 Radar SAT 影像上自动提取 DEM； 主要功能同上，支持 ASAR 的 DEM 提取
自动 DEM 提取——Automatic DEM Extraction	可从航片、SPOT、IRS、ASTER、EROS、IKONOS、QuickBird 影像上自动提取 DEM； 主要功能包括：核线影像生成、自动 DEM 提取、GEOCODE DEM、2D DEM 手工编辑、出错点消除及内插法
三维立体测图——3D Stereo	三维立体显示及特征提取； 支持新的输出格式：ESRI Shape Files (.shp)和 Auto Cad Format (.dxf)
GeoRaster for Oracle	支持 Oracle 10 g 空间地理栅格数据； 提供 ETL 工具，灵活提取、变换和加载超过 120 种数据格式； 支持影像的批处理 提供向导工具进行数据的转入转出操作
三维飞行浏览——FLY!	三维透视视场浏览和逼真的三维飞行
Polarmetric SAR Workstation	模拟多种类型的 PLOSAR 数据
网络地图服务——Web Map Server	WMS 应用 GIF，Jpeg，Pix 格式发布矢量和栅格信息； 支持要素的空间查询和属性查询
网络特征服务——Web Feature Server	WFS 发布要素的几何和非几何特征 支持的空间操作包括重叠、包含等，支持逻辑运算和比较运算
网络覆盖服务——Web Coverage Server (Available V10.0.1)	

(二) PCI Geomatica 软件优势及特点

PCI Geomatica 软件具有以下优势及特点：

1) 由加拿大政府和加拿大遥感中心直接支持，对最新发射的卫星提供最迅速的支持，如针对日本 ALOS 卫星的严格轨道模型；

2) 目前所有影像处理软件中正射处理效果最好、精度最高的遥感影像处理软件，由于取得了常见商用卫星的飞行轨道及传感器参数，因此，支持严格的卫星轨道模型，能获得高精度的正射校正结果；

3) 支持超过 100 种不同的栅格、矢量数据格式，并可对其直接读写；

4) 添加了强大的空间分析功能，将遥感、GIS、制图集成在同一界面下；

5) Pansharp 独具特色的融合方式是目前国际上公认的最好融合方法，能最大限度地保留多光谱影像的色彩信息和全色影像的空间信息，融合后的影像更加接近实际；

6) 提供一系列自动或批处理的操作选项作为高效的生产工具，包括自动镶嵌、控制点、同名点的自动匹配等，同时提供控制点库的控制点选取方式；

7) 与 oracle 数据库连接，对矢量和栅格进行读写操作；

8) 先进的大气校正算法，专门的 AVHRR 处理模块；

9) 独具特色的雷达影像处理功能，在主流遥感影像处理软件中功能最强，支持雷达原始信号的处理，实现了只有地面站才能实现的全部功能；

10) 提供强大的算法库，包括了数百种栅格和矢量影像的处理算法；

11) 多景影像的动态显示方法，能在同一视窗中同时动态显示不同的数据；

12) 支持影像的汉字标注，且标注可自动沿矢量线排列；

13) 热点记忆功能，使目标定位更加便捷；

14) 提供 5 种不同的二次开发方式，可调用算法库中的所有算法，便于专业人员开发的复杂处理流程，直观的可视化脚本环境能更好地满足实际应用需求；

15) 具有独特的文件组织方式，所采用的工程管理方式和正射校正流程化处理，方便快捷。

二、ENVI/IDL 软件

ENVI(the environment for visualizing images)是美国 ITT Visual Information Solutions 公司采用 IDL 开发的一套功能强大的遥感影像处理软件，它提供先进的、人性化的工具，方便影像分析与信息提取。ENVI 提供的功能主要包括影像预处理、影像探测、影像分析、数据分析和光谱分析等功能。2009 年 2 月发布的 ENVI/IDL 4.6，将更多主流的影像处理功能集成到了流程化影像处理工具中，进一步提高了自动流程化处理的效率，也加大了与 ArcGIS 的整合力度，在完全支持 ArcGIS 的 Geodatabase 的基础上发展了和 ArcGIS 的一体化集成方案。

ENVI 影像处理软件具有以下特点：

1) 支持各种类型航空和航天传感器的影像，包括全色、多光谱、高光谱、雷达、热红外、激光雷达等，可以读取超过 80 种的数据格式，包括 HDF、GeoTIFF 和 JITC 认证的 NITF 等。同时，ENVI 的企业级性能可以通过内部组织机构或互联网，快速访问 OGC 和 JPIP 兼容服务器上的影像；

2) 能简单地整合现有工作流，在任何环境中分享地图和报告。所处理的影像可以输出成常见的矢量格式和栅格影像便于协同和演示；

3) 软件系统基于一个强大的开发语言——IDL。IDL 允许对其特性和功能进行扩展或自定义，以符合具体要求。这个强大而灵活的平台，支持创建批处理、自定义菜单、添加自己的算法和分析工具，甚至可将 C++和 Java 代码集成到自定义的工具中等；

4) ENVI 4.6 新增或增强了一些功能：① 流程化影像处理工具(SPEAR)增强；② 新增目标探测向导；③新增的数据支持；④ 面向对象的空间特征提取扩展模块增强；⑤大气校正扩展模块增强；⑥新增正射校正扩展模块。

三、eCognition 软件

eCognition 是 PCI Geomatics 公司的第三方产品(由德国 Definiens Imaging 公司开发)。eCognition 是目前所有商用遥感软件中第一个基于目标的遥感信息提取软件，它采用决策专家系统支持的模糊分类算法，突破了传统商业遥感软件单纯基于光谱信息进行影像分类的局限性，提出了面向对象的分类方法，大大提高了高空间分辨率数据的自动识别精度。像元级常规信息提取方法过于着眼于局部而忽略了图斑的几何结构，从而严重制约了信息提取精度。eCognitions 所采用的面向对象信息提取方法，针对的是对象而不是传统意义上的像元，充分利用了影像对象的信息(色调、形状、纹理、层次)，类间信息(与邻近对象、子对象、父对象的相关特征)。

1. eCognition 提供的专业分类工具

(1) *多源数据融合* 可以用来融合不同分辨率的对地观测数据和 GIS 数据，如 QuickBird、Landsat、SPOT、IKONOS、SAR、LIDAR、航片等不同类型的影像数据和矢量数据同时参与对象分割与分类。

(2) *多尺度分割* 用来将任何类型的全色或多光谱数据以选定尺度(粗、中、细)分割为均匀影像对象，形成影像对象层次网络。

(3) 基于样本的监督分类　　是一个简单、快速强大的进行小尺度影像分割的分类工具，影像对象通过选择训练样本来定义，所以形象地称为“一点就分(click and classify)”。

(4) 基于知识的模糊分类　　运用继承机制、模糊逻辑概念和方法以及语义模型，进行中尺度影像分割，可以建立用于分类的知识库。

(5) 人工分类　　进行大尺度影像分割。

(6) 自动分类　　eCognition 允许用户定制宏，进行自动影像分析。

2. eCognition 的主要特点

1) 独特的面向对象分类方法，模拟人脑的认知过程，将计算机自动分类和人工信息提取相结合；

2) 针对不同的影像数据和分类任务，进行不同尺度的影像分割，快速简单的监督分类，可以分析纹理和低对比度数据；

3) 容易表达和分析复杂的语义任务；

4) 模糊逻辑分类算法——eCognition 可以进行基于样本的监督分类或基于知识的模糊分类、二者结合分类及人工分类，影像对象和分类结果易于导出成常用 GIS 数据格式，可以用于集成分析或 GIS 数据库更新。

实验与练习

1. 遥感影像处理软件有哪些特点？
2. 遥感影像处理软件的主要功能有哪些？
3. eCognition 软件的主要特色？

主要参考文献

党安荣，王晓栋，陈晓峰，等. 2003. ERDAS IMAGINE 遥感图像处理方法. 北京：清华大学出版社.

郭德方. 1987. 遥感图像的计算机处理和模式识别. 北京：电子工业出版社.

李小娟，刘晓萌，胡德勇，等. 2007. ENVI 遥感影像处理教程(升级版). 北京：中国环境科学出版社.

杨昕，汤国安. 2009. ERDAS 遥感数字图像处理实验教程，北京：科学出版社.

张永生. 2000. 遥感图像信息系统. 北京：科学出版社.

章孝灿，黄智才，赵元洪. 1997. 遥感数字图像处理. 杭州：浙江大学出版社.

Definiens developer 7.0. 2009. 软件使用手册.

ERDAS IMAGINE 官方网站. http://www.erdas.com/.

PCI Geomatics 官方网站. http://www.pcigeomatics.com/.

建议阅读书目

杨昕，汤国安. 2008. ERDAS 遥感数字图像处理实验教程. 北京：科学出版社.

Definiens developer 7.0 Reference Book. 2009. 易康软件参考手册.

John R. 2007. 遥感数字影像处理导论(第三版). 陈晓玲，龚威译. 北京：机械工业出版社.

第二篇　地面遥感数据采集

第三章　地面主要特征参数测量

本章导读

遥感信息是空间、时间、波长的多变量函数。从遥感传感器的瞬时观测数据提取地表过程或现象信息，需要了解不同地物或地理过程与波谱特征的关系，掌握遥感信息形成的机理。因此，地物光谱特征及地表过程机理方面的地面遥感实验，是制约遥感发展的主要因素之一。本章首先对常用的地面实测实验中常用的光学仪器进行简要介绍，然后，系统介绍各种常用地面特征参数的实测方法和步骤等。这些实验的开展，为揭示遥感中对应地物物理光学特性、生物、化学特性等奠定了基础，成为遥感科学发展不可或缺的一部分。

第一节　遥感常用仪器简介

一、可见光近红外光谱仪(SVC HR-1024)

SVC HR-1024 是 Spectra Vista 公司根据 20 年在遥测领域方面的经验，进一步提高便携式分光辐射计的技术水平，开发的能够在 VIS-NIR-SWIR 波谱范围内获取较高的光谱分辨率的光谱辐射仪。其光谱范围为 350~2 500 nm：其中 350~1050 nm 波段光谱分辨率为 1.5 nm，950~1 950 nm 光谱分辨率为 3 nm，1 950~2 500 nm 光谱分辨率为 2.4 nm，视场角为 23°。支持蓝牙技术无线连接 PDA，实现地表反射率数据的采集；可为多光谱、甚至超光谱成像仪的在轨辐射定标提供地面反射率数据；为环境调查和监测提供切实可信的地物光谱特征，其中包括岩石、土壤、植被、水质等各个领域(图 3-1)。

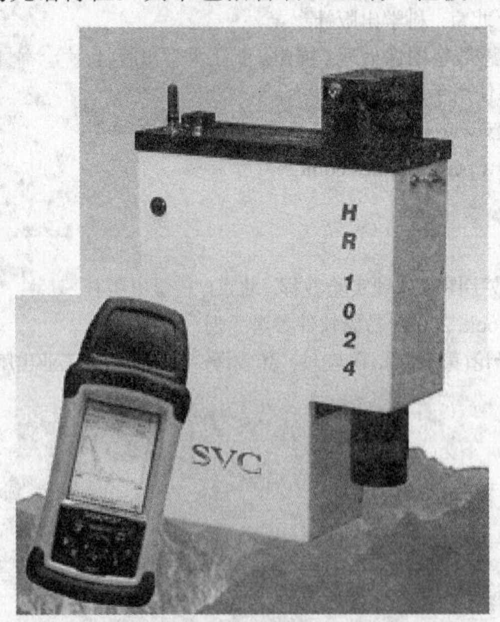

图 3-1　SVC HR-1024 可见光近红外光谱仪

SVC HR-1024 的每一个设计元素均反映了对于野外数据采集的需求：

1) 固定的前置光学和牢固安装的内置分光计元件提供了一个坚固的光路。在保证 SVC HR-1024 可以获得最稳定可靠数据的同时，也保证了机器的坚固性。

2) 特有的“独立工作模式”可以让操作者通过内置的 CPU 存储一整天的观测数据，为在野外环境下的操作提供极大便利。

3) 仅为 3 kg 的超轻重量，多角度光学镜头和不同的光纤长度的方便选择，满足了不同距离、不同光照条件下光谱实测的需要；人性化背包，大大减轻野外实测的工作负担。

4) 坚固、轻便的 PDA 通过无线蓝牙技术可以使观测者在观测时实时查看和处理分析数据。并可通过内置 GPS 接收器自动记录每次光谱测量的经度、纬度和时间。为后续分析提供极大便利。

除了上述优点外，HR-1024 还配送两个版本 SVC 版权的软件。第一种是可以与普通电脑兼容的基于 XP 操作系统应用软件。第二种是支持 PDA 运行工业标准的用于小型电脑的 Windows Mobile 2003 软件。该软件用户界面友好，操作简单，功能丰富，方便进行数据后处理。

二、102F 便携式傅里叶变换热红外光谱仪

FT-IR 102F 便携式傅里叶变换热红外光谱仪是美国 D&P 公司基于其独特的专利技术，产品结构坚固紧凑、便携、扫描速度快，特别适合野外遥感和工业应用。其产品主要用于军事、地质学应用、大气污染测量及工业在线监测等热红外光谱分布测量、温度测量和发射率测量等。

FT-IR 102F 的光谱范围为 2~16 μm，光谱分辨率为 4 cm^{-1}、8 cm^{-1}、16 cm^{-1} 可调，可选 2 cm^{-1}。该仪器配有 1″口径镜头(视场角 4.8°)，可选 2″(2.4°)、4″(1.2°)镜头，以及相应的冷热校准黑体。因此，该光谱仪具有较高的热红外辐射发射信息探测精度，在地热探测、地震预报以及石油管道的探测等方面发挥了很大的作用。

三、红外测温仪(FLUCK 576)

在自然界中，当物体的温度高于绝对零度(−273℃)时，由于它内部分子或原子无规则热运动的存在，就会不断地向空间辐射电磁波，其中就包括波段位于 0.76~1 000 μm 的红外线。红外测温仪正是利用这一原理制作而成的，因其具有非接触测量的特性，在对有一些距离、运动的或有危险性的物体进行温度测量时，具有安全、快速、可靠、方便等优势，无论在军事方面，还是在其他国民经济领域里，均具有举足轻重的意义。

红外测温仪是根据物体的红外辐射特性，依靠其内部光学系统将物体的红外辐射能量汇聚到探测器(传感器)，并转换成电信号，再通过放大电路、补偿电路及线性处理后，在显示终端显示被测物体的温度。

红外测温仪，按成像特性分望远型、一般型(1~5 m 距离下测量)和显微型(对微小目标进行测量)三种，按结构分为可调发射率和固定发射率两种，按显示方式分指针和数字两种，还可分带有激光瞄准器和不带激光瞄准器两种不同的测温仪。使用方法：确定温度范围；确定目标尺寸；确定距离系数(光学分辨率)；确定波长范围；确定响应时间；环境条件考虑等。

本章第二节中，以带有望远型、可调发射率且激光瞄准器的数字式红外测温仪(FLUCK 576)为例，简述其相关测量规则。

四、红外热像仪(NEC H2640)

红外热像仪为实时表面温度测量提供了有效、快速的方法。与其他测温方法相比，热像仪在以下两种情况下具有明显的优势：① 温度分布不均匀的大面积目标表面温度场测量；② 在有限区域内快速确定过热点或过热区域。该技术发展迅猛，已经在节能、电力系统、土木工程、电子、汽车、冶金、石化、医疗、安保等诸多行业得到广泛应用。红外成像仪可以在被测物发生故障之前快速、准确地发现故障，因此，成为预防维护需求的最有效检测工具。本章第二节仅以 NEC H2640 为例，简要介绍红外成像技术在地学及环境监测中的应用。

NEC H2640 红外热像仪具有 640×480 像素探测器，温度分辨率为 0.03℃(30℃，∑64)，该热像仪

可满足测试目标温差小的需求，为探测地球表面不同下垫面类型间的微小温度差异提供便利，成为红外遥感研究与工程应用必不可少的工具。该仪器带130万像素彩色可见光数码镜头，具有红外影像与可见光影像组合观测功能。另外，其自带的浏览软件和报告生成软件 NS9200，为快速探测和发现温度异常区提供方便。具体使用和操作方法在本章第二节具体介绍。

五、AccuPAR LP-80 植物冠层分析仪

AccuPAR 植物冠层分析仪是通过菜单操作的线性光合有效辐射测量仪，用于植物冠层光学特性观测，可以同时测量光合有效辐射(PAR)和叶面积指数(LAI)。PAR 表示有多少光能可被植物光合作用利用；LAI 可用于估测冠层密度和生物量，是植物冠层结构的一个重要表征参数。AccuPAR 主要由数据采集器和探杆组成，探杆上包括 80 个独立的传感器，间隔为 1 cm 的 PAR 光量子传感器，测量400~700 nm 波段内的光合有效辐射强度，其单位是μmol/($m^2 \cdot s$)。仪器配备有外置 PAR 传感器，使得冠层上下 PAR 值的同步测量成为可能，也是探杆上 80 个独立 PAR 传感器校正的标准，同时，可在仪器保持不动的情况下，使用外置 PAR 传感器并行观测光线条件变化的下部冠层 PAR 值。

需要注意的是，PAR 既可用光合有效辐射中单位时间单位面积上入射的光量子数，即光量子通量密集度(photosynthesis photon flux density, PPFD)，单位μmol/($m^2 \cdot s$)来表示，也可用辐射能量(单位 W/m^2)来表示，PPFD 与辐射能量换算公式为 1W/m^2 = 4.6μmol/($m^2 \cdot s$)。其中，辐照度(W/m^2)，主要用于辐射、气象、气候等领域；量子通量密度，主要用于农学、生态学和大气化学等领域。

仪器内置部分参数，只需输入研究区域的经纬度和时间，仪器可自动计算出天顶角，通过设置叶角分布参数(X)和测量冠层上、下 PAR 的比率，可以计算出植物冠层的 LAI 值。该仪器所测量的数据组织结构为：

1) 记录类型(record type)：分为和值(SUM)、上层值(ABV)、下层值(BLW)；
2) 测量日期和时间；
3) 备注；
4) 上层 PAR 均值(average above PAR)；
5) 下层 PAR 均值(average below PAR)；
6) Tau：下层 PAR 与上层 PAR 比值；
7) 叶面积指数(LAI) ；
8) 叶面分布函数(χ)：平均冠层要素水平面投影和垂直投影的比值；
9) 束分数(beam fraction)：太阳直接辐射和环境辐射的比值；
10) 太阳天顶角(zenith angle)。

六、叶绿素测量仪(SPAD-502)

叶绿素吸收峰是蓝光和红光区域，在绿光区域是吸收低谷，近红外区域几乎没有吸收。因此，SPAD 选择使用红光区域(波长中心 650 nm)和近红外区域(940 nm)，通过测量这两种波长范围内(650 nm 和 940 nm)的透光系数来确定叶片当前叶绿素的相对数量。SPAD-502 是由发光二极管(light-emitting diodes)发射红光(峰值波长大约 650 nm)和近红外光(峰值大约在 940 nm)透过样本叶的发射光到达接收器，将透射光转换成为相似的电信号，经过放大器的放大，然后通过 A/D 转换器转换为数字信号，微处理器利用这些数字信号计算 SPAD 值，显示并自动存储。计算 SPAD 值的步骤如下：

1) 标准状态下(无被测样本)，2 个光源依次发光，并转变成为电信号，计算强度比；
2) 插入样本叶片之后，2 个光源再次发光，叶片的透射光转换成为电信号，计算透射光强度比值；
3) 利用以上两个步骤的计算结果，计算 SPAD 值。SPAD-502 结构图如图 3-2 所示。

便携式叶绿素仪(SPAD-502)可以即时测量植物叶片的叶绿素相对含量或“绿色程度”，从而了解植物真实的硝基需求量并且帮助了解土壤硝基的缺乏程度或是否过多地施加了氮肥。因此，该仪器广泛应用于氮肥管理、除草剂应用、叶衰老研究、环境胁迫研究等。

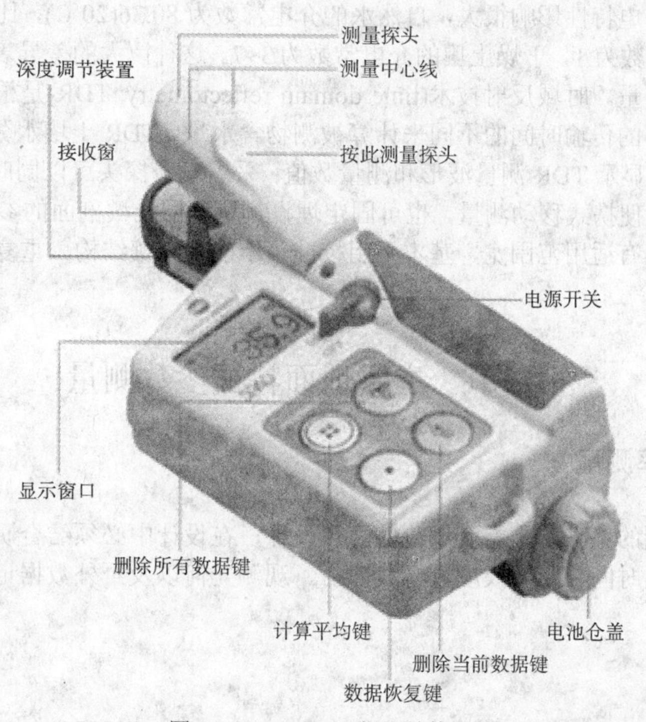

图 3-2　SPAD-502 仪器结构图

七、TDR 土壤水分/温度/电导率速测仪

土壤温度、含水量和电导率(electrical conductivity, EC)是土壤的三个重要参数，通过这三个参数的计算和分析，可以获取土壤的特征参数(图 3-3)。

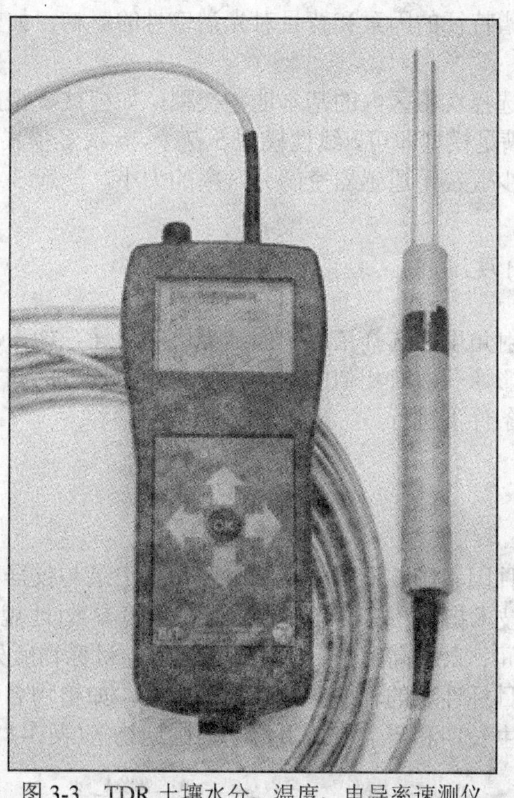

图 3-3　TDR 土壤水分、温度、电导率速测仪

土壤水分对土壤介电特性影响很大，自然水的介电常数为 80.36(20℃)，比空气或土壤的介电常数大得多，空气的介电常数为 1，干燥土壤的介电常数为 3~7。这种巨大的差异表明，可通过测量土壤介电特性来推测土壤含水量。时域反射技术(time domain reflectometry, TDR)是根据探测器发出的电磁波在不同介电常数物质中的传输时间的不同来计算被测物含水量。TDR 土壤水分、温度、电导率速测仪自带微处理器，可现场显示 TDR 测量波形和测量数值；采用一个探头可以同时测量出土壤水分、盐分和温度，且探头即可以便携式移动测量，也可固定埋设测量不同土壤剖面的参数。因此，TDR 方法在土壤参数测量方面，具有适用范围宽、基本不用校准、不破坏土壤结构、重复性好、可长时间连续采集和检测等优点。

第二节　主要地面特征参数测量

一、地物反射率测量

进行野外光谱测量的第一步是整个试验的总体设计，在设计中必须结合研究目标和对象的具体特性，综合考虑数据采集时间、空间尺度、光线照射、观测几何以及野外数据记录等问题。

(一) 时间选择

如果采集光谱的目的是传感器辐射定标或高光谱影像解译，则需要在与影像采集相似的光照条件下进行；如果野外光谱用来与成像光谱影像转换出的反射率做比较，则需要在影像获取的同时进行同步野外光谱测量。

(二) 采样方法

如果是为了观测目标物的光谱特性，则需要针对不同目标在不同背景下进行样品光谱测量；必须考虑所有可能影响目标物光谱特征的因素和背景对光谱信号的影响，如光照、地形、地貌、目标物表面结构等。

野外光谱测量中，需要选择实验区内的基本地物类型，如植被、裸露土壤、水体等，采集足够数量的样点。测点数量理论上满足模型即可，线性模型 5~7 个，n 次多项式模型测点数$\geqslant (n+1)(n+2)/2$。每个测点内选样的样点数多少取决于遥感器空间分辨率的大小，一般 3~5 次即可。

(三) 观测光线照射角度

仪器观测角度和光线照射角度的选择依赖于所测光谱的用途，如果所测光谱数据是为了满足影像解译的需要，则需要保持与影像获取时相似的观测角度和光照角度；如果为了可行性研究，则需要在实验室内固定的观测和光照条件下进行。

(四) 辅助数据

野外光谱数据会受到各种因素影响，野外观测时要注意记录与仪器状态、观测环境和目标状态有关的各种参数。例如，仪器技术指标，标准参考板参数，环境参数(地貌描述、坡度坡向；观测时刻大气和光照状况描述如观测时间、太阳高度角、风速、风向等；目标物所处的经纬度等)，测量单位和测量时间等。另外，描述观测目标性质的辅助参数也至关重要，如植物名称、土壤和植被等的含水量、土壤质地和松紧度、植被的生长期和覆盖度、目标物周围地物等(表 3-1)。

表 3-1 野外光谱测量用表格

项目	记录	项目	记录	项目	记录
测点编号		能见度		松紧度	
测量日期		气压		土壤含水量	
测量时间		风速		土壤表面状况	
测点海拔		风向		地貌类型	
测点坡度		测点经度		植物名称	
测点坡向		测点纬度		植被覆盖度	
太阳高度角		样品编号		生长状况	
云量		土壤类型		取样深度	
相对湿度		颜色		数据文件名	
气温		质地		目标照片号	

(五) 测量方法及步骤

测量之前先开启光谱仪预热 15~30 min，而且测量前均需进行光谱仪优化，对白板进行标定后测量目标物光谱。每个样点采集光谱 3~5 次，每次测定 10 条光谱曲线，以其平均值作为该样点的光谱反射值，每次测量前后进行标准白板校正。测量时间一般为 9:30~15:30。

二、地物发射率测量

发射率是实际物体与同温度黑体在相同条件下的辐射功率之比。根据波长范围，发射率可分为全发射率、光谱发射率和波段发射率；根据测量方向，可分为半球发射率和方向发射率。不同的发射率定义有不同的应用场合。研究辐射传输问题时，采用半球全发射率，一般用量热法测量。而对于红外成像测温、热红外伪装设计等，一般采用热像仪工作波段发射率。

目前，波段发射率的测量方法主要有两种：一种是采用热像仪测量波段发射率；另一种是采用红外光谱仪测量光谱发射率，再求出波段发射率。

(一) 红外成像仪测量光谱发射率

由辐射温度与真实温度的关系式(3-1)，可推导出热像仪所测目标物发射率计算式(3-2)。

$$T_r^n = \varepsilon T_0^n + (1-\varepsilon) T_u^n \tag{3-1}$$

$$\varepsilon = \frac{T_r^n - T_u^n}{T_0^n - T_u^n} \tag{3-2}$$

式中，ε 为样品表面发射率；T_r 为辐射温度(K)；T_0 为真实温度(K)；T_u 为环境温度(K)；n 为指数；热像仪工作波段 8~14μm 时约为 4。

其中，真实温度测量是该实验的重点所在，实验中可采用已知发射率的标准样品，根据式(3-3)推算样品表面真实温度：

$$T_0 = \left[\frac{T_r^n + (1-\varepsilon) T_u^n}{\varepsilon}\right]^{\frac{1}{n}} \tag{3-3}$$

具体测量步骤为：

1) 恒温水浴槽加热到高于室温 20℃以上并恒温；

2) 用薄双面胶将标准样品与待测样品粘贴在水浴槽侧面，位置在水面以下且靠近中心，热平衡 10 min；

3) 打开热像仪，设置发射率为 1，启动自动拍摄功能记录热图，拍摄时操作人员离开房间，避免人体辐射的影响；

4) 用接触式点温计测量室内墙壁温度；

5) 利用热像仪附带软件读出样品表面的辐射温度，并根据式(3-1)与式(3-2)计算样品表面发射率。

(二) 红外光谱仪测量光谱发射率

本教材以 Model 102F 型傅里叶变换红外光谱仪为例，介绍物体的光谱发射率观测方法。为了减少环境温度对测试样品的影响，样品可固定于恒温水箱侧面，采用 D&P 公司提供的黑体发射率作为参考标准。由于下行辐射成分的影响，室内测量得到的发射率值一般接近 1.0，且发射率光谱曲线中的目标光谱特征不明显。这里主要介绍野外地物发射光谱特征的测量。

1. 野外观测原则

在冠层尺度上测量植物叶片的发射率时，随着仪器视场内叶片数目的增加，样品温度变异加大，表现为非同温混合像元问题，这主要由各个叶片角度的不同、阴影效应、辐射背景以及叶片气孔开闭等造成；植被冠层内的反射和再辐射行为削弱了有用的光谱信息。因此，进行植物野外发射率测量时，必须选择无风、无积云的天气，同时缩短仪器与植物的测量距离，使植物叶片充满视场。

2. 观测角度和视场角的选择

地面辐射测量和卫星观测具有很大的视场差别。如果地面像元大小为 20 m(如中巴地球资源卫星、SPOT 等)，卫星高度为 800 km，那么像元对应的瞬间视场为 5″。如果缩小地面像元到 1 m(如 IKONOS)，那么，在同样的卫星高度下，像元对应的瞬间视场为 0.25″；在地面测量中，假如测量高度为 2 m，目标尺寸为 1 m，对应的视场角则为 28°。由于地面目标的空间不均匀性，测量地面辐射时往往采用较大尺寸的空间观测，大尺寸的空间观测一般需要采用大视场角观测。由于目标三维空间的不均匀性，大视场角观测会与理想的卫星遥感观测(特窄视场)产生很大的差别。这种由于地物三维结构的不均匀性而造成的宽视场地面辐射测量与卫星特窄视场地面等效观测值的差异带来视场效应。因此，在地面辐射测量中，要根据所验证遥感数据的不同，采用相对固定的观测角度和高度，以避免引入较大误差。

3. 发射率测量方法和步骤

Model 102F 型傅里叶变换红外光谱仪野外光谱发射率测量的方法及流程如下面 4 部分。

(1) 仪器定标　在野外测量过程中，可先使用一个便携式红外辐射测温仪测出地物目标的表面亮温，然后，根据测量目标的表面亮温确定 2 个定标黑体合适的设置温度。通常将高温黑体温度设置为比测量目标的表面亮温高 10℃，低温黑体温度则比测量目标的表面亮温低 10℃。低温黑体表面不能有凝结的小水珠或霜，否则，将影响定标精度。

(2) 目标辐射亮度测量　目标辐射亮度测量时，为减少大气环境的影响、提高信噪比以及保持仪器内部温度的稳定，通常需要将光谱仪的光学探头保持在距离地面目标 1 m 以内的高度，并且用最短时间(2~3 s)对目标进行 8 次或 16 次扫描获得目标物的光谱曲线。

目标辐射亮度测量中需要设定的参数如下：

1) 冷、热黑体的自动温度标定：通常设置为 10℃、40℃。也可根据环境温度和样品温度设置冷、热黑体温度，冷黑体比环境温度稍低、热黑体比样品温度稍高；

2) 冷热黑体数据采集完成后，关闭自动获取功能，望远镜对准样品，采集样品数据；

3) 冷、热黑体和样品的数据采集完毕后，通常用自动普朗克拟合方式对所测得的辐射亮度曲线进行拟合，得到拟合的普朗克曲线和辐射温度。

(3) 大气下行辐射测量　将望远镜转向对准漫反射金板(漫反射金板须放在与被测样品相同的位置)，获取下行辐射值。金板并非理想的反射体，其发射率约为 0.04，具有较小的热辐射贡献，因而，在测量天空背景辐射亮度时，必须修正由金板自身的发射辐射引起的误差，剔除金板热辐射的贡献。因此，测金板漫反射的同时，必须同步测量金板的温度。

需要注意的是，室外下行辐射较弱，所以发射率最好在室外测。在室内测时，下行辐射会淹没样品辐射，除非加热样品温度到室温以上。

(4) 地物目标发射率提取　冷、热黑体和大气下行辐射及样品的数据采集完毕后，通常用自动普朗克拟合方式对所测得的发射率曲线进行拟合，得到拟合的普朗克曲线和样品温度。

计算发射率所使用的公式如下：

$$\varepsilon(\lambda)=\frac{L_{\text{object}}(\lambda,T)-\overline{L_{\text{atm}}\downarrow}}{L_{\text{bb}}(\lambda,T)-\overline{L_{\text{atm}}\downarrow}} \tag{3-4}$$

式中，$\varepsilon(\lambda)$为被测样品表面发射率，波长的函数；$L_{\text{object}}(\lambda,T)$为经标定的样品辐射；$\overline{L_{\text{atm}}\downarrow}$为经标定的标准体辐射；$L_{\text{bb}}(\lambda,T)$为样品温度下的普朗克函数。

三、地面温度测量

(一) 红外测温仪(FLUCK 576)的观测原则及方法

观测时，手持测温仪，将测温仪探测窗口对准被测目标物，使探测窗口和被测目标物之间保持 1.5 m 左右的高度，按住“功能按键”并进入准备测量阶段；在目标物边缘以大约和目标物表面呈 30°角瞄准目标样区中部测定，从显示屏幕上读取测量结果并保留其读数。对每个目标样区测定宜重复 4 次以上。

红外测温仪的观测中需注意以下几点：

1) 视场角响应：在测量某一目标物时，要求所测部位辐射的红外线能全部进入探测器；

2) 仪器对温差的适应：为了避免温差的影响，要有一个适应的过程，夏季避免太阳暴晒，冬季气温很低时应使用保温套；

3) 用红外测温仪进行远距离测量：在用红外测温仪进行远距离测量时，应注意目标是否充满视场，否则，将会严重影响观测精度。

(二) 红外热像仪(NEC H2640)的观测原则及方法

被测表面的发射率、反射率、环境温度、大气温度、测量距离和大气衰减(大气吸收)等因素，直接影响红外热像仪测温的准确性，也影响热像仪在一些领域的应用。因此，利用红外热像仪进行地面温度测量时，需遵循以下规则：

1) 在室外进行红外测温时，应在无雨、无雾，空气湿度最好低于 75%的空气清新的环境条件下进行，否则，就应该进行大气模式补偿；

2) 在测温时，应事先选择好热成像仪的工作波段。对于地表常规温度的观测，主要使用工作波段在 8~14μm 的热成像仪；

3) 辐射率设定不准会造成一定的测量误差，因此，对辐射率的设定更要尽可能准确；

4) 应选择正确的测试角度和位置，或设置必要的屏蔽措施才能消除反射干扰的影响；

5) 进行红外测温时，要满足仪器本身距离系数的要求。针对同一物体或可比的同相物体，其检测位置和角度相对固定，才能保证测温准确可靠和较好的可比性。

四、地物光合有效辐射与叶面积指数测量

光合有效辐射(PAR)在农学、林学、生态学和大气化学等领域都是具有重要意义的参数。利用 ACCUPAR LP-80 可以方便快捷地获取森林和农作物的光合有效辐射。通过测定不同生长期的叶面积

指数和光合有效辐射监测作物的长势。通过测量不同高度作物的光合有效辐射，可研究三维空间上作物冠层内的光分布规律，为农作物合理配置提供科学依据。因此，光合有效辐射(PAR)和叶面积指数(LAI)是评估植物健康状况和植物冠层结构的重要指标。光合有效辐射和叶面积指数的同步地面观测可为定量遥感的发展提供可靠的验证数据。这里仅介绍 ACCUPAR LP-80 的野外观测步骤如下。

1. 开机

开机时将首先出现 PAR sampling 菜单。在屏幕中心为实时的 PAR 数据，如果连接了外置 PAR 传感器，也可以看到其数据显示(冠层上部 PAR 值)。任何情况下，可以按 MENU 键在四个菜单之间切换。菜单的右侧是当前的电池状态和时间。

2. 参数设置

(1) 日期、时间设定　一日内首次开机时，需对开机日期时间进行设定，以便于后面测量数据存储使用；

(2) 位置信息设置　根据实验样方的具体位置，设置仪器系统的 Location 信息，尽量使系统位置参数的设置与试验场所在位置接近；

(3) 叶片分布函数设置　根据所测作物类型及叶面投影分布模式的不同，设置叶片分布函数 x；若对该参数不确定，也可采用默认模式，于测定后实验改正。

3. 仪器校正

连接外置 PAR 传感器，固定在水平气泡处，于开阔处对仪器进行校正。

4. 测量

在 PAR 菜单下，进行植物上部冠层 PAR 测量时，选择上箭头，结果将显示在屏幕的右上部分。测量冠层下部数据，选择向下的箭头。获取上部冠层和下部冠层数据后，其他相关数据显示在屏幕底部。

当前计算的 Tau (T), LAI value (L) beam fraction (Fb), leaf distribution parameter (x) and zenith angle (z)显示在屏幕底部。如果连接了外部传感器，上部和下部数据的计算，每次选择下箭头更新。选择 ENTER 键保存测量值，ESC 键忽略测量值，两个操作都将清屏并显示新数据。每次上下部冠层测量，一个数字出现在 PAR 值的左边，表明测量的次数，显示的 PAR 值是测量的平均值。因此，在上个屏幕显示中，根据冠层上部和下部分别进行的 8 次观测，计算各自的平均值。另外，根据作物种植方式和类型的不同，观测方法亦有所不同。

(1) 水稻田的 PAR 实测　在选好的水稻田样方中，找几个长势不同的点依次测量。将传感器杆放置在离水稻植株约 10 cm 的上方，端平仪器使气泡居中，保持水平连续按向上箭头几次。然后，测下行数据，将传感器杆完全插入水稻植株茎叶的下方，同样端平仪器按向下箭头同样次数，最后选择 Enter 保存数据，若要取消键入 Esc。用同样的方法，在选好的水稻田样方中，找几个长势不同的点测量。最后将这个样方所测点的编号报给记录员。

(2) 芝麻地的 PAR 实测　方法过程类似水稻田的 PAR 实测。

(3) 矮草和高草的 PAR 实测　测下行有效光合辐射的时候尽量让传感器杆贴近地表，以保证测下行的时候草的枝叶在传感器杆的上方。

(4) 灌丛和油茶树的 PAR 实测　先端平仪器在植物上方一定高度连续几次操作向上箭头，然后将传感器杆插入植物下方，由里向外连续移动并操作向下箭头，键入次数与上行测量次数相同，这样保证一棵植株在水平方向上不同的枝叶部分获得有效光合辐射值，操作 Enter 键，仪器自动求平均值并保存。在样方中找几个长势不同的点，用同样的方法多测几次，并让记录员记录。

(5) 松树林、乔灌混交林(自然林)、竹林的 PAR 实测　在离植被有一定距离的空地上(传感器杆不受遮挡)，先测好上行辐射，连续操作向下箭头多次，然手再快速进入树林测下行辐射，在枝叶繁茂程度不一样的地方选择向下箭头，当操作次数和上行辐射测得次数相同时，键入 Enter 键保存数据。为保证精度，可以重复上面的操作，取平均值。

5. 数据保存与检查

选择菜单 File 下的 View 子项，查看数据是否正确保存；并检查所获取数据的正确性，如果数据有误，马上进行下一步检查。数据检查无误后，尽快导出并保存。

6. 仪器保养

观测完成后，关闭电源，用纸巾清除仪器上的杂物和水分，将仪器装入仪器箱中妥善保管。

五、叶绿素含量测定

叶绿素含量的传统测量方法为化学分析方法，但该方法破坏性大，且费时、费工、分析成本高，难以快速和简单应用。叶绿素测量仪(SPAD-502)为叶绿素的测定提供了大面积快速无损检测新技术。叶片大小影响到 SPAD 值的测量精度，特别是叶片较小时，测定 SPAD 值时易取到叶脉部位，影响测定结果。叶色是许多因素综合影响的结果，当植株缺 N、P 和微量元素时都会引起叶色发生变化，因此,. 在用 SPAD 值估测叶绿素含量时，应选择叶片已完全展开且进入功能盛期的叶片。同时，作为遥感验证辅助参数之一，需要在典型地块中选取具有代表性的多个样点多次测量多叶片的叶绿素值，然后计算每个点的 SPAD 均值。采用叶绿素测量仪(SPAD-502)的具体观测步骤如下：

1) 取出仪器，安装电池；

2) 打开电源开关，使电源开关对准“ON”；

3) 合上测量探头，待仪器发出“嘀嘀嘀”的响声且 LED 显示屏上出现“———”符号时，松开测量探头，开始测量；

4) 测量时，将待测叶子放在两测量探头之间，合上探头且发出“嘀嘀嘀”的响声，测量即完成，显示屏上会显示测量物的叶绿素含量和编号(注：测量时待测叶片应对准测量探头上的测量中心线和接收窗)；

5) 对一种植物进行测量时，一般应测量多次，后取平均值(仪器上一共 4 个按键，取平均按键位于左上位置)，这样获取的数据会更为准确；

6) 测量获取的数据可以通过显示屏下方的四个按键进行简单处理，主要包括删除所有数据、计算平均值、删除当前数据及数据恢复等操作；

7) 测量完成，数据记录好之后，旋转电源开关至“OFF”即可关闭仪器；

8) 将仪器放入软包中；

9) 仪器保养，注意探测窗不可以用手或纸擦拭，只能清水冲洗晾干。

六、土壤水分/温度/电导率测量

Topp 最早发展时域反射(TDR)技术用于土壤水分测量，认为当温度在 10~36℃，实际含水量在 0~0.35 cm^3/cm^3 的动态范围时，此法不受土壤质地、容重、温度等物理因素的影响。当要求精度较高时，TDR 的测量值受质地、容重以至温度等物理因素的影响。姜小三等(2004)研究发现：在常温(23~31℃)下，对黄土高原土壤用 TDR 所测土壤含水量比土钻法所测值偏高；温度低于 23℃或高于 31℃，TDR 所测土壤含水量比土钻法所测值偏低。所以，与土钻法相比，TDR 法具有一定温度条件的限制性。

1. 仪器定标

为了保障 TDR 土壤参数测量的准确性，可对该仪器进行室内定标，定标方法如下：

1) 野外采样约 20 kg 土样；

2) 按给定容重(10 g/cm^3, 20 g/cm^3, 30 g/cm^3)将风干后的土样分层；

3) 将 TDR 探针垂直插入夯好的土柱，测定给定容重下风干土的含水量，然后，在 TDR 探针没有插过的地方用环刀(100 cm^3)取土，放入烘箱测其含水量；

4) 土壤可重复利用，加水测量不同含水量土壤(0.05~0.6 cm^3/cm^3)，重复上述实验步骤，直至满足校正需求。

2. 测量

土壤三参数遥感同步测量可用于植被长势的同步监测，为了便于对比研究不同的土壤状况，在使用 TDR 土壤三参数速测仪过程中，探针插入方式、深度等需保持一致。TDR 土壤三参数速测仪的测量步骤如下：

1) 仪器安装与参数设置：检查仪器是否充电，将探针的线接口与仪器的接口接上，拧紧，长按OK键打开电源；

2) 参数设置：日期设置，便于数据的管理；设定要获取的数据参数，如湿度、盐度、温度及GPS等信息，选定的设定为OK；

3) 将探针慢慢地直插入土壤中，每次测量保证插入长度相同，尽量避免外置探针部分受环境影响所造成的观测误差；

4) 按OK键进行测量，对同一小样方进行3~8次重复测量，待所测数据稳定后存储，并记录以备核查；

5) 按退出键退出，并将探针拔出。

需要注意的是，记录土壤三参数时，需同步记录土壤上覆地物状况，以便于以后的分析研究。

实验与练习

1. 利用光谱仪观测植被反射光谱。
2. 试设计一个针对植被发射率观测的野外观测记录表格。

主要参考文献

白建辉，陈洪滨，王勇，等. 2009. 香河地区光合有效辐射的测量和计算, 25(1): 6~14.
曹义，程海峰，郑文伟，等. 2007. 基于红外热像仪的涂层波段发射率测量. 红外技术, 29(6): 316~319.
陈思宁，刘新会，侯娟. 2007. 重金属锌胁迫的白菜叶片光谱响应研究. 光谱学与光谱分析, 27(9): 1797~1801.
高登涛，韩明玉，李丙智，等. 2006. 冠层分析仪在苹果树冠结构光学特性方面的研究. 西北农业学报, 15(3): 166~170.
高海亮，顾行发，余涛，等. 2009. 超光谱成像仪在轨辐射定标及不确定性分析. 光子学报, 38(11): 2826~2833.
郭世忠，田国良，汪水花. 1984. 二氧化硫和重金属镉、铜等物质对植物光谱特性的影响. 环境科学, 5(6): 13~16.
何挺，程烨，王静. 2002. 野外地物光谱测量技术及方法. 中国土地科学, 16(5): 30~36.
姜小三，倪绍祥，潘剑君，等. 2004. 温度条件对TDR测定土壤水分的影响. 江苏农业科学, 4: 102~104.
姜艳丰，王炜，梁存柱，等. 2007. 红外测温仪及其在群落冠层温度测定上的应用. 内蒙古科技与经济, 10: 119~120.
鞠大明. 2008. 红外测温仪原理与检测. 企业标准化, No. 22~37.
寇蔚，杨立. 2001. 热测量中误差的影响因素分析. 红外技术, 23(3): 32~34.
李道西，彭世彰，丁加丽，等. 2008. TDR在测量农田土壤水分中的室内标定. 干旱地区农业研究, 26(1): 249~252.
李红，朱谷昌，张远飞，等. 2010. 矿化蚀变区典型地物光谱特征分析与空间结构研究. 国土资源遥感, 1(83) : 89~95.
李丽，乔延利，顾行发，等. 2006. 遥感地面辐射观测中视场效应问题研究. 遥感学报, 10(5): 676~682.
李笑吟，毕华兴，刁锐民，等. 2005. TRIME-TDR土壤水分测定系统的原理及其在黄土高原土壤水分监测中的应用. 中国水土保持科学, 3(1): 112~115.
李云红，孙晓刚，原桂彬. 2007. 红外热像仪精确测温技术. 光学精密工程, 15(9): 1336~1341.
林芬芳，邓劲松，丁晓东，等. 2010. 水稻冠层热红外发射率的野外测量方法研究初报. 浙江大学学报(农业与生命科学版), 36(2): 175~180.
刘福杰，王浩静，范立东. 2007. 红外测温仪原理及其在应用中注意的问题. 现代仪器, 13(4): 50~51.
刘占宇，王大成，李波，等. 2009. 基于可见光、近红外光谱技术的倒伏水稻识别研究. 红外与毫米波学报, 28(5): 342~345.
潘学标，邓绍华，延琴，等. 1994. 麦棉套种对预留棉行光合有效辐射的影响. 棉花学报, 6(2): 109~113.
司纪升，王法宏，李升东，等. 2008. 旱地保护性耕作对土壤理化性状和冬小麦生理特性的影响. 山东农业科学, 7: 9~12.
宋英博. 2010. 光谱仪与SPAD测定马铃薯叶绿素含量的比较. 中国马铃薯, 24(2): 77~79.
王成，乔晓军，张云鹤，等. 2007. 土壤三参数测量方法研究. 见：中国农业工程学会. 2007年学术年会论文集: 1~5.
谢小赞，江洪，宋晓东，等. 2010. 模拟酸雨不同水平下杜英和山核桃的高光谱特点. 遥感应用, 1: 32~38.
杨立，寇蔚，刘慧开，等. 2002. 热像仪测量物体表面辐射率及误差分析. 激光与红外, 32(1): 42~45.
张金恒，王珂，王人潮. 2003. 叶绿素计SPAD-502在水稻氮素营养诊断中的应用. 西北农林科技大学学报(自然科学版), 31(2): 177~180.
赵冬至，丛丕福. 2000. 海面溢油的可见光波段地物光谱特征研究. 遥感技术与应用, 15(3): 160~164.
周彦儒，王晓红. 1998. 航空热红外遥感在探测石油管道中的作用. 全国国土资源与环境遥感研讨会.

周彦儒. 1998. 热红外遥感技术在地热资源调查中的应用与潜力. 国土资源遥感, 38(4): 24~28.

周允华, 项月琴, 栾禄凯. 1996. 光合有效通量密度的气候学计算. 气象学报, 54(4): 447~455.

AccuPAR PAR/LAI ceptometer model LP-80 Operator's Manual Version 10, Decagon Devices, Inc.

Jensen J R. 2011.环境遥感——地球资源视角(第二版). 陈晓玲, 黄珏译. 北京: 科学出版社.

Li H, Xie K, Pan Y, et al. 2009. Variable emissivity infrared electrochromic device based on polyaniline conducting polymer. Synthetic Metals, 159(13): 1386~1388.

Vesaka T M, Narjjabeb T M, Oakva K, et al. 2000, Effect of variations of PAR on CO_2 exchange estimation for scots pine. Agric, Ultural and Forest Meteorology, 100: 337~347.

建议阅读书目

陈晓玲, 赵红梅, 田礼乔. 2008. 环境遥感模型与应用. 武汉: 武汉大学出版社.

梁顺林. 2009. 定量遥感.北京: 科学出版社.

张仁华. 2009. 定量热红外遥感模型及地面实验基础. 北京: 科学出版社.

Jensen J R. 2007. 遥感数字影像处理导论(第三版). 陈晓玲, 龚威译. 北京: 机械工业出版社.

Jensen J R. 2011. 环境遥感——地球资源视角(第二版). 陈晓玲译. 北京: 科学出版社.

第四章　水体光学特性测量

本章导读

卫星遥感具有大尺度、周期性、快速同步获取水体信息的优势，可以有效地对水环境进行监测，克服常规监测方法的不足。在卫星过境时，需进行同步的地面水体光学观测，以便为遥感影像大气校正处理和定量反演模型建立提供基础数据。基于此，本章介绍了水体光学观测的主要参数及所使用的仪器，并对水体光学参数的测量原理、仪器操作步骤和数据处理方法进行了必要的说明。

第一节　水体光学观测简介

为了配合卫星观测，需在研究水域进行同步水体光学观测，以便为卫星影像大气校正和水色要素反演等提供数据支撑。水体光学观测参数主要包括水体的表观光学特性、固有光学特性及辅助参数。记录的辅助参数主要包括：①时间信息：日期、观测时刻等；②地理信息：经度、纬度、高程等；③气象参数：天气、风速、风向、云、太阳周围的云变化情况、气溶胶光学厚度等；④水文参数：流速、流向、波浪、水深等；⑤水质参数：温度、盐度、透明度、总氮、总磷、溶解氧、叶绿素 a、总颗粒物、有色溶解有机物、酸碱度等；⑥水面状况：水草分布、白泡、水体污染状况等。

水体观测常用的仪器有光谱仪、水下光场测量系统、分光光度计、多参数水质监测仪、激光测沙仪、太阳光度计、流速剖面仪、声纳测深仪、小型气象站、GPS 导航仪、透明度盘等。仪器在使用前需要按照各自的要求进行定标和性能检测，以保证观测数据的有效性和一致性。光谱仪在现场观测前后，均需进行绝对辐射定标，高光谱仪器还需要进行波长定标。

在进行水体光学观测时，为保证数据准确性，需采集平行样或进行多次独立观测，以对测量结果进行相互检验。《海洋光学调查技术规程》(李铜基等，2006)中对我国近海海洋光学调查做了以下规定：水体三要素吸收系数外业调查时，所有站位表层至少要做两个平行样，两个平行样的结果相对偏差必须小于 10%，其余水层(5 m 和 10 m)不做平行样要求；每个站点表观光学特性至少进行两次独立测量，两次测量结果的相对偏差必须小于 10%；每个站点的总吸收系数、总衰减系数、后向散射系数等至少进行两次独立测量，两次测量结果的相对偏差必须<30%。

第二节　表观光学量观测

水体的光谱特性主要包括表观光学特性(apparent optic properties, AOPs)和固有光学特性(inherent optic properties, IOPs)。表观光学量作为水体的重要光学参数不仅与水体成分有关，而且受环境光场分布影响，主要包括离水辐亮度、遥感反射率、上行辐照度、下行辐照度、辐照度比、漫衰减系数等。

水体光谱的现场测量方法主要有两种：水下剖面法(profiling method)和水面之上法(above-water method)。水体光谱测量获取的参数主要包括与水色遥感或水体光谱特性研究相关的表观光学量，主要获取离水辐亮度 L_w、归一化离水辐亮度 L_{wN} 和遥感反射率 R_{rs}。这些参数都不可直接获得，必须与一定的测量方法和相应的数据处理分析相结合才能得到(唐军武等，2004)。

表观光学量需满足的测量环境为：晴天或者均匀云覆盖，光照变化小，太阳天顶角<65°，风速<10 m/s，其中，水下剖面法测量要求站位水深>10 m(李铜基等，2006)。

一、水下剖面法

水下剖面法是由水下光场测量外推得到水表信号，受水体外环境因素(如直射太阳光反射、天空光漫射等)的影响较小，获得的是水体信息，可在后期处理中对诸如水体层化效应等问题进行详细的分析处理，从而更好地刻画出水体光场的垂直变化。因此，国际水色遥感界将此方法作为 I 类水体光谱测量的首选方法(李铜基等，2003；杨安安等，2005)。

(一) 基本原理

在假设观测深度水域内水体光学特性均匀的条件下，利用在不同深度 Z_1、Z_2 处测得的水体上行辐亮度 $L_u(\lambda,Z_1)$ 和 $L_u(\lambda,Z_2)$，可计算出水体上行光谱辐亮度的漫衰减系数 $K_L(\lambda)$：

$$K_L(\lambda)=\frac{1}{Z_2-Z_1}\ln\frac{L_u(\lambda,Z_1)/E_s(\lambda,t_{Z_1})}{L_u(\lambda,Z_2)/E_s(\lambda,t_{Z_2})} \tag{4-1}$$

式中，t_Z 为剖面单元位于 Z 深度时表面单元的测量时刻；$E_s(\lambda,t_Z)$ 的作用是对测量过程中光照条件的变化进行补偿。

获得 $K_L(\lambda)$ 后，根据某深度的上行辐亮度数据即可外推得到刚好处于水表面以下的上行辐亮度 $L_u(\lambda,0^-)$：

$$L_u(\lambda,0^-)=L_u(\lambda,Z_1)e^{K_L(\lambda)Z_1} \tag{4-2}$$

$L_u(\lambda,0^-)$ 透过水面就得到离水辐亮度 $L_w(\lambda)$：

$$L_w(\lambda)=\frac{1-\rho(\lambda)}{n_w^2(\lambda)}L_u(\lambda,0^-)=\frac{1-\rho(\lambda)}{n_w^2(\lambda)}L_u(\lambda,Z_1)e^{K_L(\lambda)Z_1} \tag{4-3}$$

式中，$\rho(\lambda)$ 为水体的菲涅尔反射系数；$n_w(\lambda)$ 为水体的折射指数。

由此可见，利用水下剖面法准确测量离水辐亮度的关键是要精确计算上行光谱辐亮度的漫衰减系数 $K_L(\lambda)$。对于 I 类水体，由于 $K_L(\lambda)$ 较小，即等效光学深度 Z_{90} 较大，因此，可以在较深水处获得足够的有效数据来计算较浅水处的水体光学特性。但对于 II 类水体，虽然水体也可假设为水平层化，且在上层水体内光学特性也较均匀，但是，由于水中水体组分浓度的增加，入射辐照度随深度衰减很快，即等效光学深度 Z_{90} 较小，使得深水处可用于估算近表层水体光学特性的有效数据点很少。另外，由于水面波浪作用，使得近表层的 $L_u(\lambda,Z)$ 存在较大的随机误差，导致外推区间选取困难，从而使计算得到的离水辐亮度的不确定性增大。基于上述原因，水下剖面法虽被广泛用于 I 类水体的光谱测量，但却并不适用于 II 类水体的光谱测量(李铜基等，2003；杨安安等，2005)。

(二) 剖面仪布放步骤

水下剖面法主要采用的仪器是剖面仪，如加拿大 Satlantic 公司生产的 9 通道光学剖面仪 SPMR/SMSR。剖面仪的布放步骤如下(李铜基等，2006)：

1) 调试仪器，并记录相关数据；
2) 选择仪器、船与太阳的最佳相对方位；
3) 在仪器与水体温度达到平衡后，方可开始测量；
4) 测量压力偏移：让仪器刚好被水体浸没，并维持 5 s 左右，与此同时采集压力偏移数据；

5) 布放仪器，同时进行$L_u(z,\lambda)$、$E_d(z,\lambda)$和$E_s(\lambda)$(水面入射辐照度)的数据采集，并做好相关记录；

6) 一个站点至少进行两次独立测量；

7) 布放结束后收回仪器，并做好仪器的维护和保养。

(三) 数据处理

水下剖面法现场光谱测量的误差按来源可以分为3类：仪器定标误差、测量误差和数据处理误差。

对仪器进行精确的实验室绝对辐射定标是定量化的前提。实验室定标存在一定的不确定性，目前，NASA SeaWiFS 海洋光学规范中要求的不确定度要小于3%。

水下剖面法的测量误差存在四个主要的不确定性源。

1. 船体阴影的影响

船体阴影对$E_d(z,\lambda)$、$E_u(z,\lambda)$、$L_u(z,\lambda)$垂直剖面的影响与太阳天顶角、水柱的光谱衰减特性、云量、船的大小、颜色，以及仪器布放位置有关。对于$E_u(z,\lambda)$，要求离船距离至少$3/K_u(\lambda)m$；对于$L_u(z,\lambda)$，距离要求为$1.5/K_l(\lambda)m$。

2. 压力偏移的影响

压力偏移的细小误差将造成剖面光谱数值对应深度的不准确，使得外推$K_l(\lambda)$出现偏差，因此，在剖面仪深度测量时，需要进行压力偏移校正。

3. 传感器自身阴影的影响

传感器自身阴影的影响和太阳天顶角、总入射辐照度中直射与漫射光的比例，以及仪器直径相对于被测水体的吸收系数$a(\lambda)$的大小有关。要使现场测量的L_u因自身阴影导致的误差小于5%，在不进行模拟修正的情况下，根据 Gordon 等的研究结果，测量$E_u(0^-,\lambda)$的仪器半径r必须满足$r \leqslant [40a(\lambda)]^{-1}$，而测量$L_u(0^-,\lambda)$的仪器半径$r$必须满足$r \leqslant [100a(\lambda)]^{-1}$。

4. 光照条件变化的影响

由于光照条件的变化对剖面产生很大的影响，使得各深度对应的光谱值无法在相同的光照条件下进行计算，数据处理误差大，甚至无法计算。

剖面数据处理主要包括以下步骤：

1) 缺漏数据点补帧；

2) 异常点剔除；

3) 光照归一化；

4) 压力偏移校正；

5) 分别确定$L_u(z,\lambda)$和$E_u(z,\lambda)$各波段的外推区间$[z_1, z_2]$；

6) 数据平滑；

7) 计算K剖面：

$$K_l(\lambda) = -[\ln(L_u(z_2,\lambda)) - \ln(L_u(z_1,\lambda))]/(z_2 - z_1) \tag{4-4}$$

$$K_d(\lambda) = -[\ln(E_d(z_2,\lambda)) - \ln(E_d(z_1,\lambda))]/(z_2 - z_1) \tag{4-5}$$

8) 外推刚好处于水表面以下的$L_u(0^-,\lambda)$和$E_u(0^-,\lambda)$：

$$L_u(0^-,\lambda) = L_u \exp[+K_l(\lambda)\cdot(z)] \tag{4-6}$$

$$E_d(0^-,\lambda) = E_d \exp[+K_d(\lambda)\cdot(z)] \tag{4-7}$$

9) 计算离水辐亮度$L_w(\lambda)$、归一化离水辐亮度$L_{wn}(\lambda)$和遥感反射比$R_{rs}(\lambda)$(参见下一小节)。

在数据处理过程中，选取合适的算法，可以减少数据处理误差。目前，获取漫射衰减系数的常用方法是 Smith & Baker 局部线性回归法，其核心就是在经过一系列的数据处理后，对第一光学深度的剖面数据取对数，选定一个外推区间，然后进行线性拟合，其斜率即为漫射衰减系数。

二、水面之上法

水面之上测量法采用与陆地光谱测量近似的仪器，在经过严格定标后，通过合理的观测几何和测量积分时间设置，利用便携式瞬态光谱仪和标准板直接量测进入传感器的总信号 L_u、天空光信号 L_{sky} 和标准板的反射信号 L_P，进而推导出离水辐亮度 L_w、归一化离水辐亮度 L_{wN}、遥感反射率 R_{rs} 等参数。水面之上法是目前测定Ⅱ类水体光谱曲线唯一有效的方法(唐军武等，2004)。

(一) 基本原理

水面之上的水体信号组成如图 4-1 所示。对于现场测量，可忽略大气散射信号，水面之上的光谱辐射信号组成为

$$L_u = L_w + \rho_f \cdot L_{sky} + L_{wc} + L_g \tag{4-8}$$

式中，L_u 为进入传感器的总信号，可直接量测；L_w 为进入水体的光被水体散射回来后进入传感器的离水辐亮度；$\rho_f \cdot L_{sky}$ 为天空光经水面反射以后进入传感器的信号，没有携带任何水体信息；ρ_f 为气-水界面反射率，也称为菲涅耳反射系数，L_{sky} 为天空光信号，可直接量测；L_{wc} 为来自水面白帽(white cap)的信号；L_g 为水面波浪对太阳直射光的随机反射(sunglint，太阳耀斑)信号；L_{wc} 和 L_g 为不携带任何水体信息，具有不确定性和随机性，不利于后续的光谱分析和处理，因此，在测量中应当采用合适的观测几何，尽量减小 L_{wc} 和 L_g 的影响(图 4-1)。

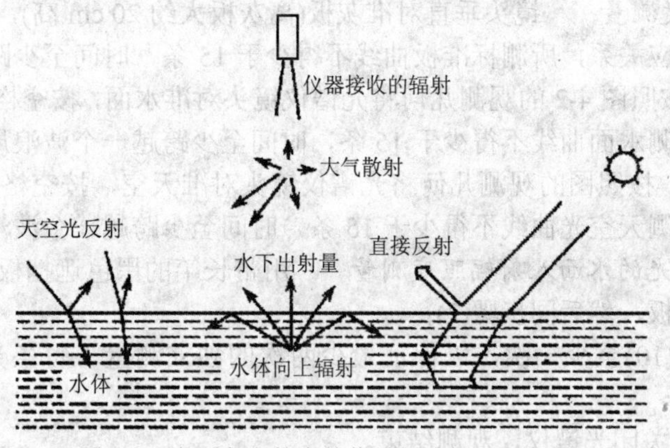

图 4-1　水面之上的水体信号组成(Krik, 1994)

离水辐亮度 L_w 在天顶角 0°~40°变化不大，所以，为了避开太阳直接反射和船舶阴影对光场的破坏，可采用图 4-2 的观测几何，具体如下：

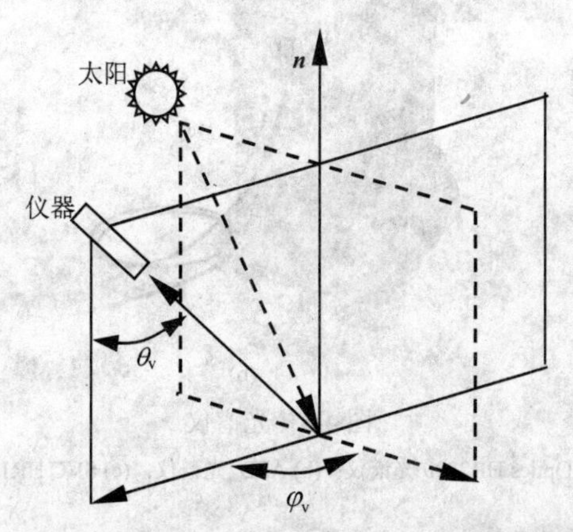

图 4-2　光谱仪水面之上观测几何示意图

1) 仪器观测平面与太阳入射平面的夹角 $\varphi_v = 135°$ (背向太阳方向)；

2) 仪器与水面法线的夹角 $\theta_v = 40°$ ；

3) 对于单通道光谱仪，在仪器面向水体进行测量后，将仪器在观测平面内向上旋转一个角度，使天空光辐亮度 L_{sky} 的观测方向天顶角等于水面测量时的观测角 θ_v 。

(二) 测量步骤

水面之上法可采用目前的商用光谱仪，如 Ocean Optics HR2000 光谱仪(图 4-3(a))、ASD 光谱仪(图 4-3(b))、SVC HR1024 光谱仪(图 4-3(c))等。这里主要介绍 ASD 光谱仪的测量步骤，具体如下。

(1) 仪器准备　ASD 光谱仪及其配件，计算机，标准反射板(反射率为 10%~35%)，带长竿的黑色遮挡板，测量人员需穿黑色工作服；

(2) 仪器提前预热　连接好仪器后，打开光谱仪电源，然后打开计算机电源，并启动配套的 RS3 软件；

(3) 安装镜头　根据观测目标和天气状况，选择待安装的镜头(裸光纤、5°镜头、10°镜头)，通常选取裸光纤，即不加任何镜头；

(4) 参数设置　在软件上选择相应的镜头并设置光谱平均、暗电流平均和标准板采集平均次数为 1，选择或填写需要存储数据的路径、名称和其他内容等；

(5) 优化　镜头垂直对准标准板(离标准板大约 20 cm 高，保持稳定不要抖动)，点击 OPT 优化，每个站点只能点击一次 OPT；

(6) 暗电流测量　点击 DC 或按 F3，做暗电流测量；

(7) 水面入射辐照度测量　镜头垂直对准灰板(离灰板大约 20 cm 高)，按空格键保存灰板曲线，并记录曲线编号及其对应关系，所测标准板曲线不得少于 15 条，时间至少跨越一个波浪周期；

(8) 水面测量　按照图 4-2 的观测几何将光谱仪镜头对准水面，按空格键保存曲线，并记录曲线编号及其对应关系，所测水面曲线不得少于 15 条，时间至少跨越一个波浪周期；

(9) 天空光测量　按照图的观测几何将光谱仪镜头对准天空，按空格键保存曲线，并记录曲线编号及其对应关系，所测天空光曲线不得少于 15 条，时间至少跨越一个波浪周期；

(10) 遮挡太阳直射光的水面入射辐照度测量　用带长竿的黑色遮挡板遮挡太阳直射光，使遮挡板的阴影正好挡住标准板，然后同步骤(7)；

(11) 重复步骤(7)~(10)至少一次，以保证最少两次的独立测量，每条光谱的积分时间应控制在 60~300 ms；

(12) 关闭计算机，关闭光谱仪，观测结束。

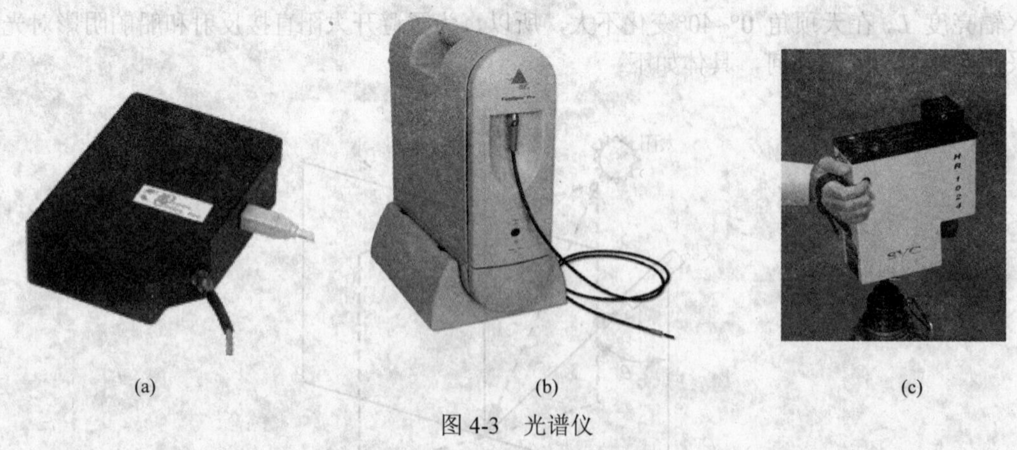

(a)　(b)　(c)

图 4-3　光谱仪

(a) Ocean Optics HR2000 光谱仪；(b) ASD 光谱仪；(c) SVC HR1024 光谱仪

(三) 数据处理

由于水体观测时受到毛细波的太阳直射反射影响，首先需要对测量得到的光谱曲线进行异常值剔除，剔除掉受太阳直射反射影响的曲线。剔除的原则是：剔除所有数值较高的曲线，保存数值较低的曲线，然后进行平均(唐军武等，2004)。

采用如图 4-2 所示的观测几何后，可以避开或忽略太阳直射反射(耀斑)和白帽的影响。此时，光谱仪测量的水体光谱信号可以表示为

$$L_{\mathrm{u}} = L_{\mathrm{w}} + \rho_{\mathrm{f}} \cdot L_{\mathrm{sky}} \tag{4-9}$$

由此，便可以得到离水辐亮度：

$$L_{\mathrm{w}} = L_{\mathrm{u}} - \rho_{\mathrm{f}} \cdot L_{\mathrm{sky}} \tag{4-10}$$

L_{u} 和 L_{sky} 均可直接测量，可见，只要确定 ρ_{f} 便可求解出离水辐亮度。按照上述观测几何，气-水界面反射率 ρ_{f} 为 0.025~0.035，在平静水面下，推荐采用 0.028(李铜基等，2006)。

为使不同时间、地点与大气条件下测量得到的水体光谱具有可比性，需要对测量结果进行归一化。所谓归一化是将太阳移到测量点的正上方，去掉大气影响。归一化离水辐亮度的计算公式为

$$L_{\mathrm{wN}} = L_{\mathrm{w}} \cdot \overline{F_0} / E_{\mathrm{d}}(0^+) \tag{4-11}$$

式中，$\overline{F_0}$ 为平均日地距离大气层顶平均太阳辐照度，视为常数。

水面入射辐照度 $E_{\mathrm{d}}(0^+)$ 可由测量标准板的反射 L_{P} 得

$$E_{\mathrm{d}}(0^+) = \pi \cdot L_{\mathrm{P}} / \rho_{\mathrm{P}} \tag{4-12}$$

式中，L_{P} 为标准板的辐亮度；ρ_{P} 为标准板的反射率。

除离水辐亮度、归一化离水辐亮度之外，遥感反射率 R_{rs} 也越来越多地应用于水色遥感反演模型。在测量遥感反射率时，只要测量仪器稳定、线性度好(或测量标准板和水体时的信号幅度接近)，则只需对标准板进行严格定标而不需要对光谱仪进行严格定标，从而大大降低了仪器定标的工作量(唐军武等，2004)。

由遥感反射率的定义 $R_{\mathrm{rs}} = L_{\mathrm{w}} / E_{\mathrm{d}}(0^+)$，可计算出遥感反射率，即

$$R_{\mathrm{rs}} = \frac{(L_{\mathrm{u}} - \rho_{\mathrm{f}} \cdot L_{\mathrm{sky}}) \cdot \rho_{\mathrm{P}}}{\pi \cdot L_{\mathrm{P}}} \tag{4-13}$$

式中，L_{u}、L_{sky}、L_{P} 分别为光谱仪面向水体、天空和标准板时的测量信号。

第三节 固有光学量观测

固有光学量仅与水体成分有关，不随入射光场的变化而变化，其主要光学参数包括水体总吸收系数、总衰减系数、后向散射系数、水体三要素吸收系数等。

一、水体总吸收系数、总衰减系数和后向散射系数测量

水体总吸收系数和总衰减系数的测定以美国 WETLAB 公司的 AC-S 水下光谱吸收衰减测量仪为例，后向散射系数以 WETLAB 公司的 BB9 后向散射仪为例，这些仪器与 CTD/O2 温盐深探测器可通过数据处理器 DH-4 集成在一起，组成水下光场测量系统，用于测量水体的总吸收系数、总衰减系数和后向散射系数。

(一) 仪器安装

1. AC-S 安装

(1) 吸收/衰减通道安装　在 AC-S 的中间有两个通道，分别为吸收(a)通道和衰减(c)通道。两个通道各自由两个流动套管固定在仪器上。在拆卸吸收衰减通道时，用手握紧上下两端的流动套管将其向通道的中央位置推动，轻轻将通道取出。在 AC-S 上也可以看到对应的激光发射和探测镜头。衰减通道内壁是黑色塑料，通道外两个流动管套完全相同，对应 AC-S 上的两个镜头也完全相同，为光滑的透明镜头。衰减通道安装时不分上下。吸收通道内壁是石英管，光滑整洁。吸收通道上两个流动管套并不相同，其中一个管套边缘平滑，无凸出卡槽，此管套安装时应对准 AC-S 上 a 通道上部探测器的白色镜头。另一个管套顶端有凸出的卡槽，与 c 通道一样，安装时对应 a 通道下部的透明镜头。吸收衰减管套与镜头上均有详细标签。安装通道前，先在管套一端的橡胶圈上均匀涂抹一层绝缘硅脂，便于密封，再将管套推到通道中央，对准镜头后，均匀地将两只管套推向镜头方向，待管套压紧后，旋紧管套上的螺钉。

(2) 水泵安装　水泵是用于抽水的，泵体用一根钢带固定在 AC-S 上。安装时，出水口朝上。将两只话筒模样的过滤管套在 a 通道和 c 通道下凸起的接口上，用扎线扣扎紧，然后，将树杈型黑色橡胶管一端接在 a 通道和 c 通道上部凸起的接口上，一端接在水泵的入水口，用扎线扣扎紧。

2. 系统安装

所有设备需要固定在配套的架子上，按照接线图 4-4(a)，进行电缆连接，AC-S、BB9、水下电池均需连接到 DH-4，DH-4 顶部端口设置如图 4-4(b)所示，DH-4 各端口类型与端口设置见表 4-1，BB9 安装时应注意镜头视场方向不能有遮挡，安装后应如图 4-4(c)所示。

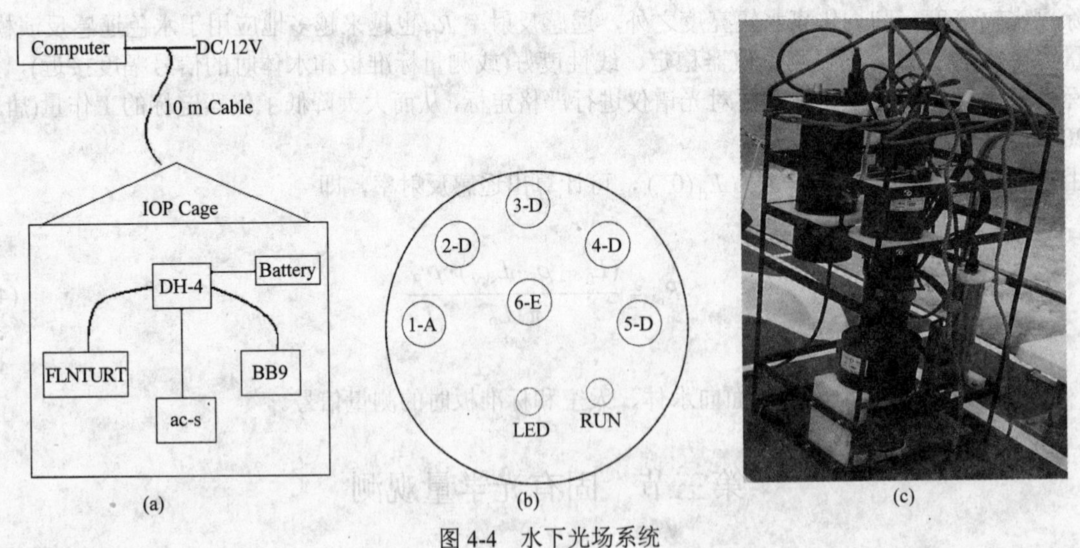

图 4-4　水下光场系统

(a) 接线图；(b) 顶部端口设置；(c) 安装实物图

表 4-1　DH-4 各端口类型与端口设置

顶部连接口定义		WET Labs 主软件端口设置			设备
连接口	连接口类型	端口	端口类型	端口设置(比特率)	
Connector 1:	A		Host	115 200	—
Connector 2:	D	1	ACS	115 200	ACS-065
Connector 3:	D	2	ASCII	9 600	SBE37SI
Connector 4:	D	3	ASCII	19 200	BB9-518
Connector 5:	D	4	OFF	OFF	Serial RS-232 Data
Connector 6:	E	5	—	—	BPR-166

3. 测试电缆连接

使用全套水下光场时，测试电缆应接在 DH-4 上，然后接到计算机的 COM 口上，旋紧螺钉。单独使用 AC-S 或 BB9 时，将仪器自带的测试电缆接在对应仪器上，再与计算机连接。

(二) 仪器定标

在每次观测前，需对 AC-S 与 BB9 进行实验室定标。定标时不使用 DH-4，直接将测试电缆接在仪器上进行测试。

1. AC-S 定标

1) 连接测试电缆到计算机的RS232串行端口，将测试电缆上COM口分出的两根导线与电源连接。黑色引线连接电源正极，接通电源，并使用万用表测试电缆另一端连接器对应孔的电压以及正负极性，参见图 4-5 中连接器各针的功能(1 针负极，4 针正极)。

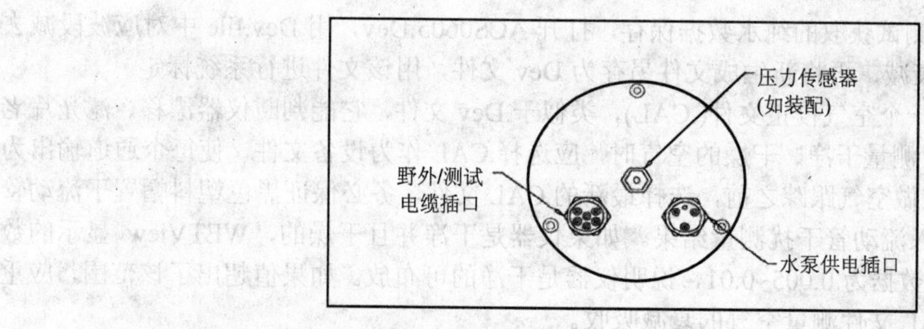

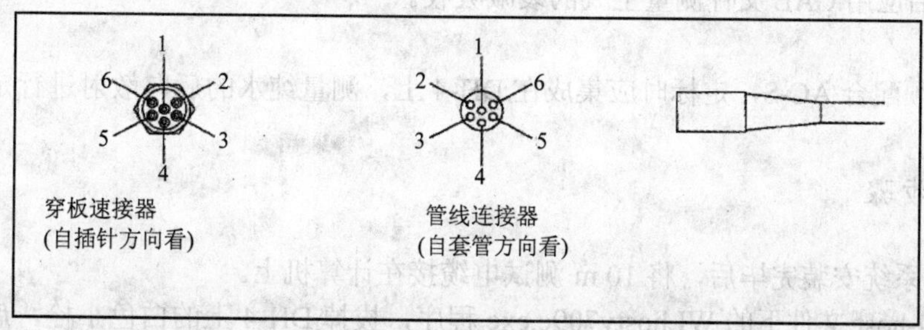

野外/测试电缆连接器插针(套管)设置	
1	Common
2	RS-232 Receive
3	RS-485 +
4	Voltage in +10 to +35 VDC
5	RS-232 Send to Host
6	RS-485 -

图 4-5　连接器各针的功能(DH-4 DATA handler User's guide)

2) 关闭电源。

3) 将测试电缆一端的带孔连接器插入 AC-S 上对应连接口。

4) 运行 WETView 软件，在出现界面上方的中央位置，点击“^O to Open”按钮或从 File 的下拉菜单选择“Open Device”，导入.Dev 文件(.Dev 文件用于清洁水及淡水中的测量)，程序要求选择正确的 COM 口，需要说明的是 WETView 仅仅支持从 COM1 到 COM4 的端口，如图 4-6 所示。

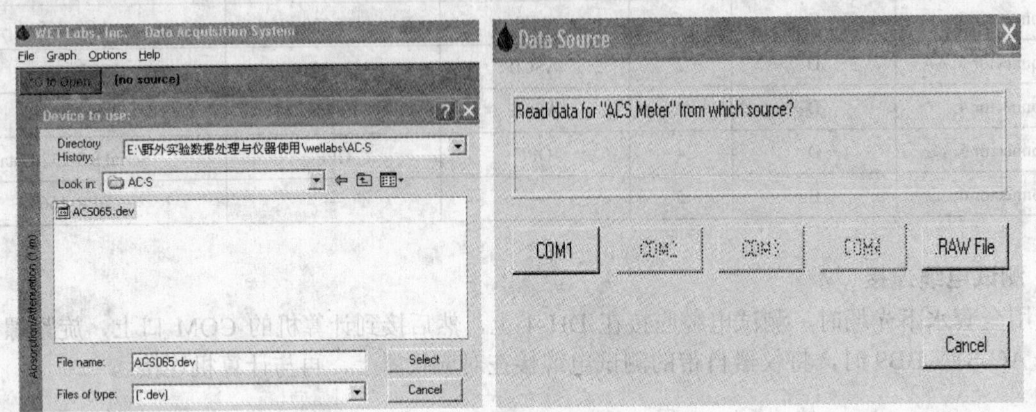

图 4-6 WETView 软件界面及端口选择

5) 将 AC-S 直立，整个浸泡在超纯水中。如无法浸泡，可以将超纯水均匀地由两只过滤管倒入 AC-S 流管中。

6) 点击屏幕上方中央按钮或 F1 键显示数据，5~10 min 后，在屏幕右侧将显示列表数据。根据设置的图形参数，显示一个实时的数据曲线图。

7) 大约 1 min 后，再次点击屏幕上方的中心按钮将停止采集数据，可以按要求输入文件名用于保存数据。若不保存数据，按下 ESC 即可。从 File 的下拉菜单中，选择 QUIT 退出程序。

8) 测试结束后，查看实时数据，若 a 与 c 都小于 0.00*，即可认为 AC-S 工作状态良好，使用 zero autocal 命令进行校准。

9) 若相差较大，可将测试获取的纯水数据保存，打开 ACS0605.Dev，用 Dev.file 中对应波段减去测试获取的平均纯水吸收衰减，再将新生成文件另存为 Dev 文件，用该文件进行系统标定。

10) WET Labs 提供了一个空气校正文件(.CAL)，类似于.Dev 文件，它能判断仪器漂移、滤光片老化和清洁程度。利用 AC-S 测量干净、干燥的空气时，应选择.CAL 作为设备文件，使每个通道输出为 0.0。测试步骤同 4)~8)。在做空气跟踪之前，选择最新的.CAL 文件，务必保证黑色塑料帽置于流动管的管口上，避免周围光进入流动管干扰测量结果。如果仪器是干净并且干燥的，WETView 显示的数值应该接近于 0.0，测量的数据为 0.005~0.01，说明仪器是干净的可布放。如果值超出了该范围，应重新清洁仪器，然后应用.CAL 文件测量空气的衰减吸收。

2. BB9 定标

BB9 使用必须配合 AC-S，定标时应集成在 DH-4 上，测量纯水的后向散射进行定标。

(三) 测量步骤

1) 水下光场系统安装完毕后，将 10 m 测试电缆接在计算机上。

2) 打开 DH4-host 文件下的 WLhostv709c.exe 程序，拔掉 DH-4 上的白色小栓，启动 DH-4。

3) 第一次启动 WLhostv709c 程序时，会出现 COM 端口设置，选择 COM1 和 9600(系统默认)，当红色背景条变白时，设置成功。

4) 在野外测试时，选择自寄式记录数据，即选择 Modes/Moored Logging，界面如图 4-7 所示(其他记录模式如实时模式，设置与自寄式基本相同)。

5) 端口设置。在“Port set up”中，Logger Host 选择 9 600，各端口类型与设置见表 4-2，设置后，点击“send setup”，此时左边原本黄色的 setup is not current 会变成白色。

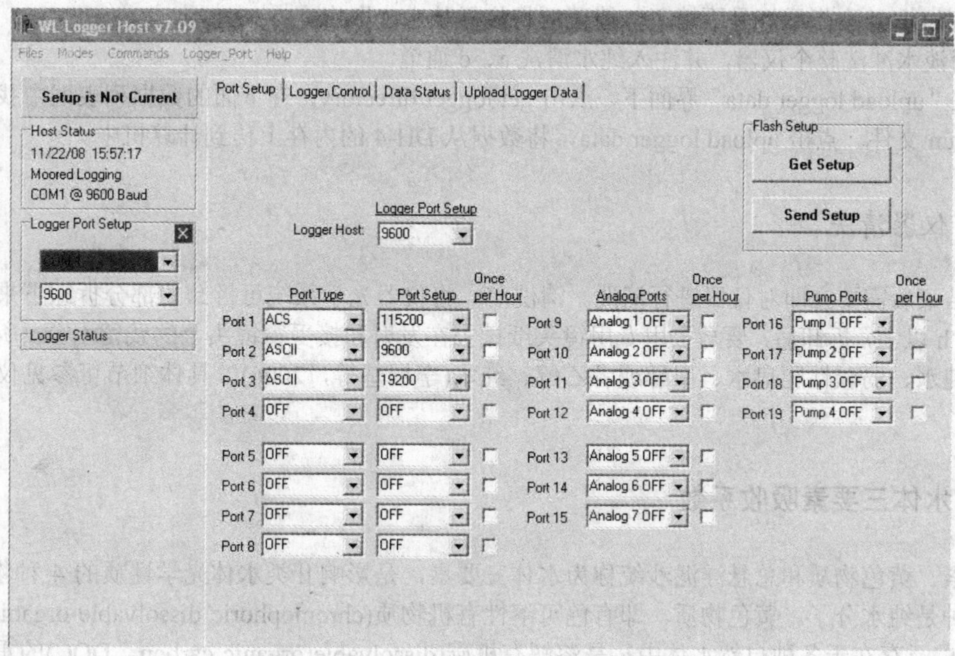

图 4-7　WLhostv709c 自寄式记录数据界面

表 4-2　数据采集器主机各端口类型

端口编号	仪器	端口类型选项	端口速率设置
1	AC-S	ACS	11 520
2	CTD	ASCII	9 600
3	BB9	ASCII	19 200
4	battery	OFF	OFF

6) 设置采样频率。在“Logger setup”中，sample rate 选择 4Hz，low Voltage cut off 选择 10V。注意，这两项都是选择 DH-4 所接仪器中采样频率和最低电源最高的那一个选项。Sampling parameters 列表中，可根据自己的需求设置。推荐如图 4-8 设置。其中，sample interval 指每两次采样开始时间的间隔，sample 指每次采样时间，两者的差值为采样后休息时间，因此，sample interval 必须大于 sample。设置后，点击“send setup”。

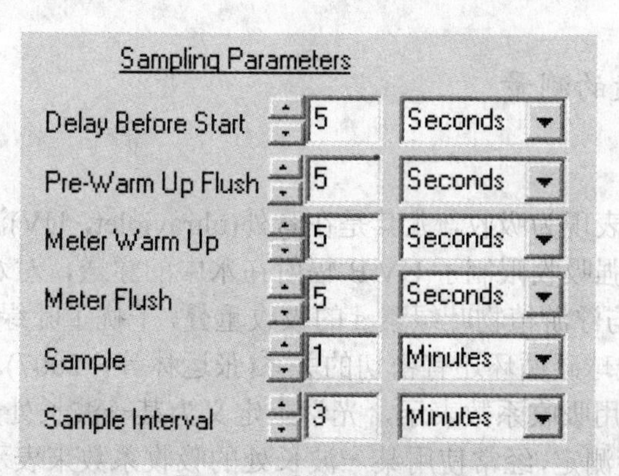

图 4-8　采样参数设置

7) 开始采样。将仪器垂直放置在水中，在 logger setup 界面下点击“begin sample”，开始采样，左边 Logger status 栏下面由 standby 变成 warm 再变成 sampling 时，采样正式开始。此时可以看到 data status 界面下，各个设备采样数据的大小和传输速率若不为 0，则表示仪器工作正常，此时 DH-4 上端指示灯会闪红光。

8) 等待 5~10 min，点击“stop”，等左边 Logger status 栏下面 sampling 变成 standby 时，采样结束。

9) 检查 DH-4 上指示灯是否熄灭，熄灭后将仪器从水中取出。

10) 用淡水冲洗整个仪器，并注入纯水清洗 a、c 通道。

11) 在“upload logger data”界面下，点击 get logger directory，在下面的数据列表框中找到所测站点对应的 run 文件。点击 upload logger data，将数据从 DH-4 的内存上传到计算机中。

(四) 仪器清洗

测量结束后需要立即对仪器进行清洗。清洗前，将仪器光学系统可拆卸的部分拆卸下来放入纯水中浸泡 0.5 h 以上，拆卸后，要马上用专用镜头纸拭去在发射和接受窗镜头上的残留水分。所用的试剂依次为：纯水、弱碱性肥皂水、甲醇或者乙醇、纯水(李铜基等，2006)。具体细节可参见仪器自带操作规范。

二、水体三要素吸收系数

叶绿素、黄色物质和总悬浮泥沙统称为水体三要素，是影响Ⅱ类水体光学性质的 4 种物质中的 3 种，另 1 种是纯水分子。黄色物质，即有色可溶性有机物质(chromophoric dissolvable organic matter，CDOM)，广泛存在于各种自然水体中，是溶解有机碳(dissolvable organic carbon，DOC)的重要组成部分。国际海洋水色协调工作组 IOCCG 报告中认为，CDOM 是一类含有腐殖酸和灰黄酸的可溶性有机物(IOCCG，2000)。水体中的 CDOM 来源，主要可分为两类：一类是来源于陆面径流；另一类是直接由水体浮游植物有机体化学降解而形成。在近海海域，江河径流携带通常为主要来源；在开阔外海，浮游植物降解成为黄色物质的主要来源(Frank et al., 1993)。

(一) 总颗粒物吸收系数、非色素颗粒物吸收系数和浮游植物色素吸收系数测定

利用分光光度计，采用光透射测量方法或者精度更高的光透射-光反射测量方法可以测量总颗粒物吸收系数 $a_p(\lambda)$ 和非色素颗粒物吸收系数 $a_d(\lambda)$，据此可推算出浮游植物色素吸收系数 $a_\phi(\lambda)$ (李铜基等，2006)：

$$a_\phi(\lambda) = a_p(\lambda) - a_d(\lambda) \tag{4-14}$$

(二) CDOM 吸收系数的测量

1. CDOM 光学特性

CDOM 的光学特性主要表现为吸收，尤其是在紫外(ultraviolet，UV)波段具有较强的吸收作用。一方面，CDOM 在紫外波段的强吸收限制了 UV-B 辐射在水中的穿透，对水体生态系统有明显影响；另一方面，CDOM 在蓝光波段与浮游植物叶绿素 a 的吸收重叠，干扰了叶绿素 a 的遥感信息定量提取(Hu et al.，2006)。CDOM 还与全球碳循环还有密切的关系(张运林等，2007)。

CDOM 的光学特性可以用吸收系数表示，光学上定义为某一波长处光束的衰减量，单位为 m^{-1}。由于 CDOM 的浓度无法直接测定，经常使用某一波长处的吸收系数来表示 CDOM 浓度的大小。CDOM 的吸收系数光谱在 250 nm 以后随波长的增加呈指数衰减(Bricaud et al., 1981)，即

$$a_g(\lambda) = a_g(\lambda_0)\exp[-S_g(\lambda_0 - \lambda)] \tag{4-15}$$

式中，$a_g(\lambda)$ 为 CDOM 的吸收系数(m^{-1})；λ 为波长(nm)；λ_0 为参照波长(nm)，一般取 400 nm 或 440 nm(朱建华和李铜基，2003；李铜基等，2006)；S_g 为指数函数曲线斜率参数，即吸收衰减系数对波长的比例

系数(nm^{-1})。CDOM 吸收光谱曲线如图 4-9 所示。$a_g(\lambda_0)$与 S_g 为黄色物质光学特性研究最关注的两个量，$a_g(\lambda_0)$反应了测定水样中 CDOM 含量的丰度，而 S_g 则反应了 CDOM 吸收特性的指数衰减程度(王林等，2007)。

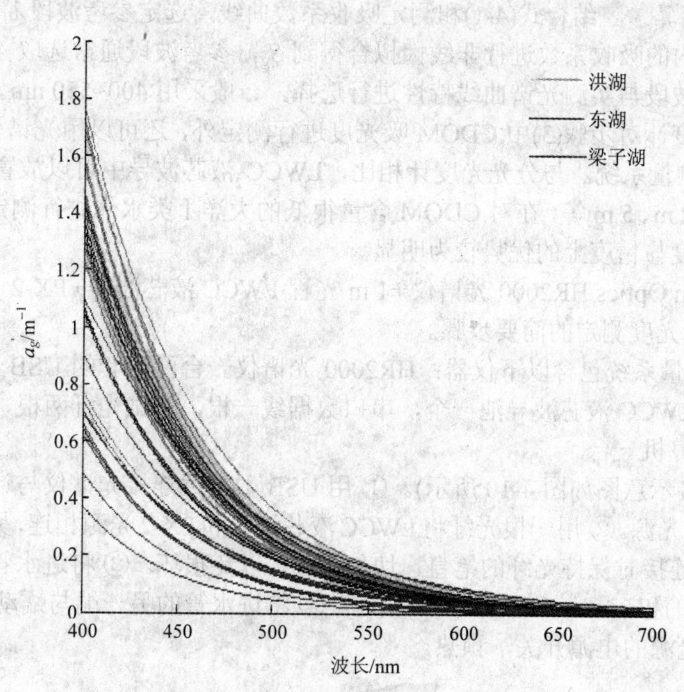

图 4-9 2007 年 9 月所测的洪湖、武汉东湖和梁子湖的 CDOM 吸收系数曲线

2. CDOM 吸收系数及指数曲线斜率测量过程

常用的 CDOM 吸收系数测定仪器之一是紫外可见分光光度计，可参考如下 6 个步骤进行。

(1) 水样采集与保存　采用标准采水器采集水样，存放在避光的棕色瓶中，冷冻保存以备实验室分析。

(2) 水样过滤　采用体积浓度为 10%的盐酸溶液浸泡 0.22μm 孔径的 Millipore 滤膜(或者其他等孔径的聚碳酸酯滤膜)，浸泡 15 min 后，使用超纯水清洗滤膜，并在合适的负压(如−15 kPa 以内)下，采用处理后的滤膜过滤水样得到待测滤液样品；此外，采用同样的方法制作过滤后的超纯水滤液，作为参考样。

(3) 吸光度测定　在进行滤液吸光度测定前，需要选择合适光程的比色皿。对于 CDOM 含量可能较高的内陆与近海岸水体，比色皿光程在 1~5 cm 均可，对于 CDOM 含量较低的水体，如大洋和高山深水湖泊的清洁水体，为了增加测量精度，提高信噪比，通常选择光程为 10 cm 或者更长光程的比色皿。将待测滤液样品与参考样分别放入比色皿中，以参考样做空白参比，在分光光度计下测定过滤水样的吸光度 $A(\lambda)$。

(4) 吸收系数计算　根据式(4-2)计算得到 CDOM 各波长的吸收系数(Bricaud et al., 1981):

$$a_g'(\lambda) = 2.303A(\lambda) / r \tag{4-16}$$

式中，$a_g'(\lambda)$为波长λ处未经校正的吸收系数(m^{-1})；$A(\lambda)$为吸光度；r 为比色皿光程(m)；λ为波长(nm)。

(5) 散射校正　尽管水样已采用孔径为 0.22μm 的滤膜过滤处理，但滤液中仍可能存在少量穿透滤膜的细颗粒物质和胶体，利用式(4-2)计算获得的 CDOM 吸收系数可能受到这些颗粒物质和胶体的反射与散射影响，需进行散射校正，可参照式(4-3)进行散射校正(Bricaud et al., 1981)

$$a_g(\lambda) = a_g'(\lambda) - a_g'(\lambda_r) \cdot \lambda / 700 \tag{4-17}$$

式中，$a_{\mathrm{g}}(\lambda)$ 为经过校正的波长 λ 处的吸收系数(m^{-1})；λ_{r} 为散射校正参考修正波段，通常选取 700 nm，也有研究采用 650~700 nm 吸收均值、700~800 nm 吸收均值或 650~800 nm 吸收均值进行散射校正(王鑫等，2007)。

(6) 曲线斜率 S_{g} 估算　结合式(4-1)和测定吸收系数曲线，选定参考波段λ_0。

对一定波长范围内的吸收系数进行非线性拟合得到 S_{g}，参考波段通常选取 400 nm 或 440 nm，拟合波段可以根据参考波段与实测光谱曲线特性进行选择，一般采用 400~550 nm。

除了采用分光光度计对步骤(3)中 CDOM 吸光度进行测定外，还可以用光谱仪+LWCC 液芯波导+光源组成的 CDOM 测量系统。与分光光度计相比，LWCC 液芯波导中可以放置较长的不同光程的波导管，如 0.3 m、1 m、2 m、5 m 等，在对 CDOM 含量很低的大洋 I 类水体进行测定时，长光程的 LWCC 液芯波导系统在灵敏度与精度上的优势较为明显。

下面是采用 Ocean Optics HR2000 光谱仪+1 m 光程 LWCC 液芯波导+PX-2 光源组成的 CDOM 测量系统进行 CDOM 吸光度测定的简要步骤。

1) 仪器准备。测量系统包含以下仪器：HR2000 光谱仪一台及配套的 USB 数据线，PX-2 光源一只及配套的电源线，LWCC 液芯波导池一个，串口数据线一根，测试光纤两根，进水管和排水管各一根，蠕动泵一台，计算机一台。

2) 连接仪器(连接示意图如图 4-10 所示)。① 用 USB 数据线连接光谱仪与计算机，并用串口数据线连接光谱仪与 PX-2 光源。② 用一根光纤将 LWCC 液芯波导和 PX-2 光源相连，另一根光纤连接 LWCC 液芯波导和光谱仪；连接时保持光纤的笔直，切勿弯曲，以免损坏。③ 将进水管和排水管分别与波导池的 input flow(进水口)和 output flow(出水口)相连。④ 将进水管的另一端与蠕动泵相连。⑤ 选择多通道模式，打开 PX-2 光源的电源开关，预热。

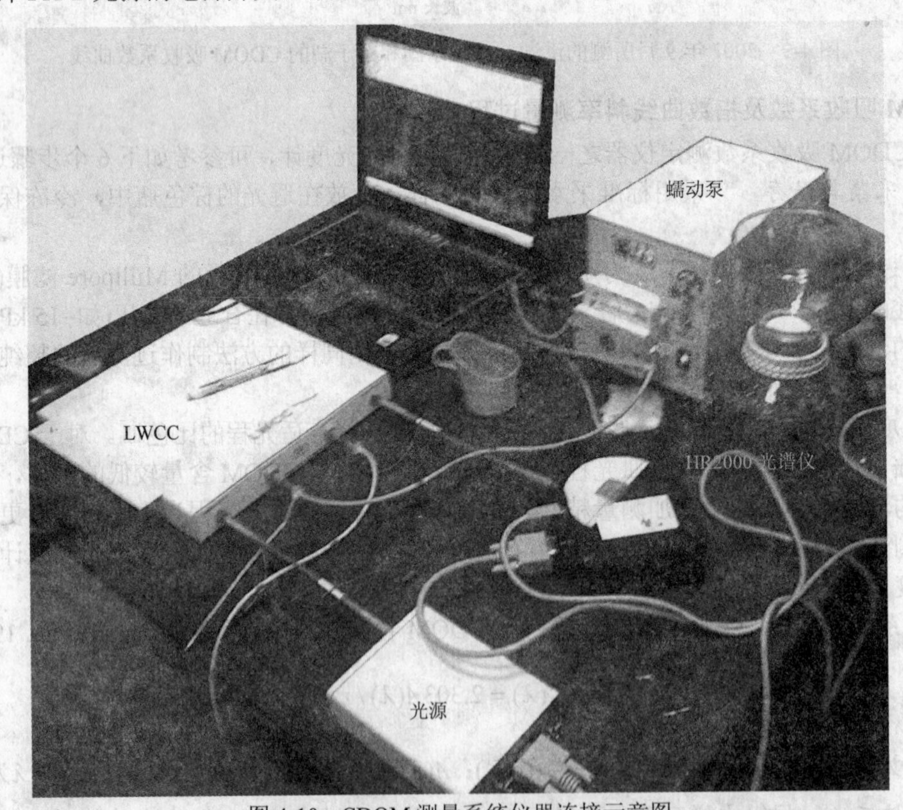

图 4-10　CDOM 测量系统仪器连接示意图

3) 打开 HR2000 光谱仪配套的 OOIBase32 软件，选中 Correct for elect Dark 项和 Strobe/Lamp Enable 项，此时可听到 PX-2 光源发出提示音，表明连接成功。

4) 选择合适的积分时间(Integ. time)，使参考样的光谱曲线峰值可以达到总量程的 3/4 以上。

5) 取消选中 Strobe/Lamp Enable 项，点击 Store Dark 。

6) 点击 Substract Dark ，然后选中 Strobe/Lamp Enable 项。

7) 设置自动保存：

File/Autoincrement filename/configure;

File/Autoincrement filename/configure/enabled;

File/Autoincrement filename/configure/show name。

此时在框标上将显示即将测量的下一条曲线的文件名。

8) 利用蠕动泵将参考样匀速注入波导池。

9) 等光谱曲线稳定后，点击 Store Reference ，同时按 Ctrl+S 快捷键保存 1~3 条参考样光谱曲线。

10) 点击 Absorbance mode ，可看到参考样在 400~700 nm 波段处的吸收值接近 0。

11) 利用蠕动泵将待测滤液注入波导池；

12) 待光谱曲线稳定后，选中软件 File/save/sample 命令(或者 Ctrl+S)，保存吸收曲线 3 条以上，同时记录曲线号与样品号；

13) 利用超纯水清洁液芯波导，当光谱曲线在 400~700 nm 处的吸收值回归 0 即可；

14) 对其他待测样品，重复 12)~13)。

15) 所有样品测试结束后，利用超纯水清洁液芯波导，然后注入空气将波导池内的水全部排出。

第四节 大气气溶胶与气象水文辅助参数观测

一、大气气溶胶观测

大气气溶胶是液态或固态微粒在空气中的悬浮体，能作为水滴和冰晶的凝结核，是太阳辐射的吸收体和散射体，并参与各种化学循环，是大气的重要组成部分。雾、烟、霾、轻雾(霭)、微尘和烟雾等，主要由天然的或人为的原因形成的大气气溶胶组成。大气气溶胶光学厚度，英文名称为 AOD(aerosol optical depth)或 AOT(aerosol optical thickness)，定义为介质的消光系数在垂直方向上的积分，用于描述气溶胶对光的衰减作用。大气气溶胶光学厚度是进行影像大气精校正的一个必备参数，其测量精度的好坏直接关系到大气校正的效果。目前常用的 AOD 观测仪器太阳光度计主要有全自动太阳光度计(如法国 CIMEL 公司制造的 CE318 型号全自动太阳光度计)和便携式太阳光度计(如美国 Solar Light 公司制造的 MICROTOPS II 手持式太阳光度计)两种类型。在进行野外水体观测时，由于船晃动等因素并不适合使用全自动太阳光度计，一般可使用便携式太阳光度计。MICROTOPS II 手持式太阳光度计的操作和数据传输方式如下。

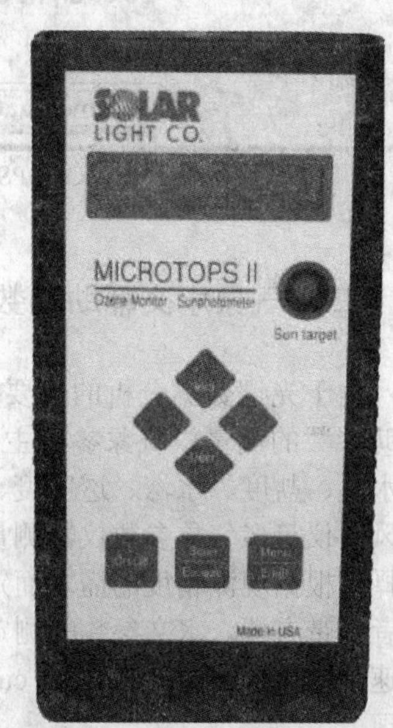

图 4-11 MICROTOPS II 太阳光度计

MICROTOPS II 是一种用于气溶胶光学厚度测量的 5 通道手持式太阳光度计(图 4-11)，可以测量和存储 5 个非连续波长的太阳径直辐射。使用时，可以从世界气象组织 (World Meteorological Organization，WMO)8 个推荐波长(340 nm、380 nm、440 nm、500 nm、675 nm、870 nm、936 nm、1 020 nm) 滤光器中选择 5 个标准波长或者指定最多 5 个的定制波长，如根据 HY-1 卫星传感器通道设置，可定制 440 nm、490 nm、550 nm、750 nm、870 nm 5 个波长，MICROTOPS II 太阳光度计可得到选定波长的太阳径直辐射和大气气溶胶光学厚度。使用 MICROTOPS II 太阳光度计采集原始数据，计算结果存储到存储器，每个数据点标注有时间、日期、太阳角度、海拔、地点坐标、大气压强及温度等辅助信息。配套的数据传输软件 MICROTOPS II Organizer 是基于 Windows 的用于自动数据检索和存档的软件，利用该软件，通过串行接口(RS232)将 MICROTOPS II 手持式太阳光度计与个人电脑相连可传输采集的数据。

MICROTOPS II 太阳光度计的操作可参照以下 4 个步骤。

(1) 设置参数　首先按一下“On/Off”按钮开机，再按一下“Menu/Enter”进入主菜单，第一个是“Clock”，按仪器“上下左右”4 个键中的右键进入该菜单，利用左右移动键可以修改相应的时间，注意仪器上的时间应输入格林尼治时间，即用北京时间减去 8 h。设置完成后，按“Scan/Escape”键退出。再次进入主菜单，根据每个站点实测的 GPS 数据依次修改“Location”菜单下的“Coordinates”和“Altitude”。按照上面的方法，完成其他设置项。最后退出，关机。

(2) 开始测量　保持仪器顶部的盖子是关闭状态，然后开机，前几秒屏幕上会出现“Hardware test”，接着的后两秒会出现“Initialization-Keep Covered”的提示，这时仪器会自动进行暗电流校正。等待屏幕上显示出 RDY(Ready mode)，校正完毕。此时才可将顶部盖子打开，并使顶部探测窗口正对太阳，这时仪器正面“Sun target”指示器上会有亮点出现。微调顶部探测窗口面向太阳的角度，当亮点位于“Sun target”指示器的中心时，按“Scan/Escape”记录此次数据！重复以上操作，连续记录 10 个以上数据!关机，完成该站点的测量。

(3) 重复观测　移动到下一测站后，重复步骤(1)、(2)的操作。注意当仪器不使用时应避免太阳直射，以免造成仪器内部温度传感器的测量值偏高。

(4) 数据传输　连接好数据线后，启动软件，设置 Option 菜单下的“Communication”通信参数如图 4-12 所示。弹出如图 4-13 的界面后，“Baud Rate”和“Comm Port”都设置为“Auto Detect”，之后点击“OK”。当找到设备后，即可点击“Download”，当设置好数据集的名称后，即开始下载数据。数据默认保存在软件的安装目录文件夹下，名称为“DATA.DBF”，可以以 excel 的打开方式查看。每次下载传输完数据后，最好将“DATA.DBF”备份到其他地方，保障数据的安全。

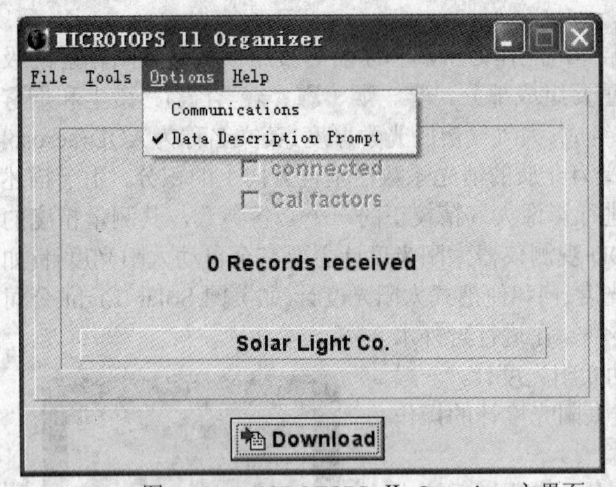

图 4-12　MICROTOPS Ⅱ Organizer 主界面

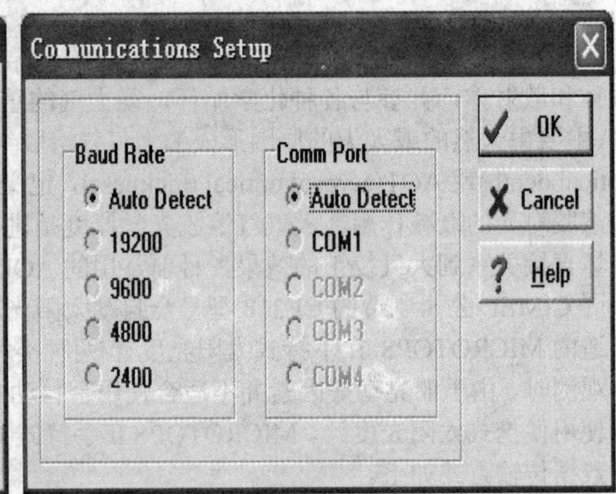

图 4-13　通信参数设置界面

二、气象水文辅助参数观测

由于光谱数据分析的需要，建议在水体光谱观测的同时，也进行一些现场同步的气象、水文等辅助参数的测量。气象参数主要包括风速、风向、气温、气压、空气相对湿度等。水文参数主要包括水温、盐度、水深、透明度、流速、流向等。气象参数的测定可用架设在船上的小型气象站或多功能风向仪等多气象参数仪器测量获取(如 HOBO 小型气象站、AZ8910 五合一风向仪)(图 4-14)。具体的选择可根据观测精度的需求而定，小型气象站和袖珍式多功能风向仪各有优缺点，前者测量精度高，后者携带方便。水文参数的测定可以通过温盐深仪(conductivity temperature depth，CTD)、声学多普勒流速剖面仪(acoustic Doppler current profilers，ADCP)、声纳测深仪、赛克盘等不同仪器的共同观测来实现。

(a)

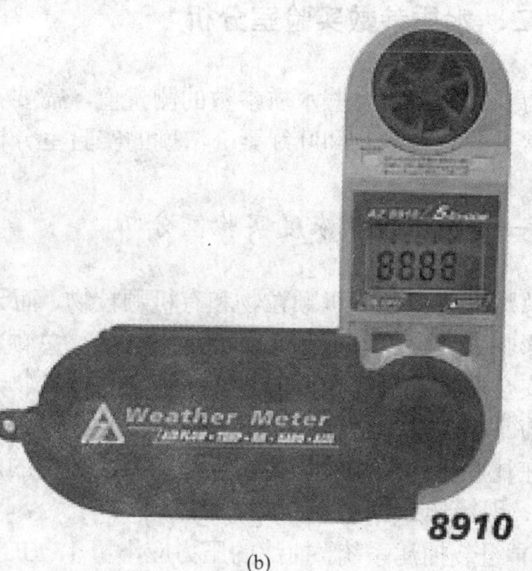

(b)

图 4-14　气象参数观测仪器

(a) HOBO 小型气象站；(b) 五合一风向仪 AZ8910

第五节　水质参数观测与实验室分析

一、水质参数观测

对于一些水质参数如溶解氧、电导率、酸碱度、浊度、氨氮、硝氮、氯化物等，可采用多参数水质监测仪进行现场采样测量，这类仪器使用前需要对各个传感器探头进行校正，现场使用较为便捷，可满足长期在线测量、剖面分析和走航式测量的需求，如美国 YSI 公司的多参数水质监测仪系列产品(图 4-15(a))。

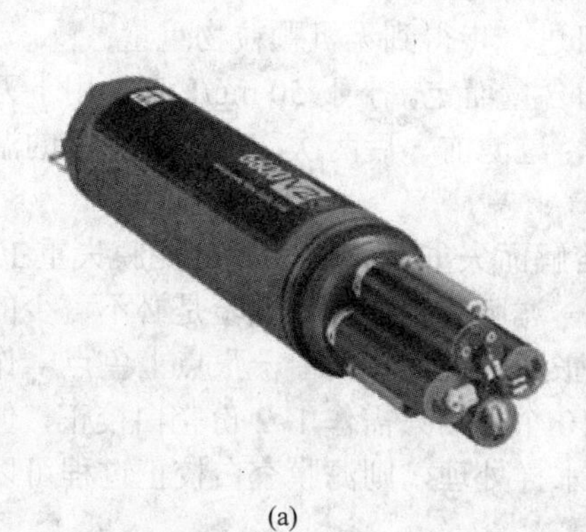

(a)

(b)

图 4-15　水质参数光学观测仪器

(a) YSI 6600V2 多参数水质监测仪；(b) LISST 100X 激光测沙仪

对于比较关注的悬浮泥沙，除了进行实验室分析测量其质量浓度外，也可现场采用激光测沙仪测量其体积浓度、泥沙平均粒径等。激光测仪的设计原理是 Mie 氏激光散射理论：照射在颗粒上的激光束，其大部分能量被散射到特定的角度上，颗粒越小，散射角越大；颗粒越大，散射角越小。测沙仪将不同角度上的散射能量记录下来，通过建立数学关系转换成颗粒粒径级配、含沙量和平均粒径(唐兆民等，2003)。例如，美国 Sequoia 科学仪器公司根据激光散射原理，研制了 LISST 系列激光测沙仪[图 4-15(b)]，用于现场测定悬浮泥沙含量、悬浮泥沙颗粒级配和平均粒径。

二、水质参数实验室分析

为了精确得到一些水质参数的测量值，需要在野外观测的同时，取样进行实验室分析。这里主要介绍常见的总颗粒物和叶绿素 a 浓度的实验室分析方法。

(一) 总颗粒物浓度实验室分析

总颗粒物包括无机颗粒物和有机颗粒物，而无机颗粒物主要指悬浮泥沙。总颗粒物的分布、扩散、沉降影响着港口、航道和水体的生态环境。总颗粒物浓度的测量对于沉积动力学研究、近岸工程和水生态安全研究都具有重要的意义。测定总颗粒物浓度，主要有过滤称重法、光学法等，其中过滤称重法最为常用。这里主要介绍过滤称重法。其原理是使一定体积的水样通过孔径为 0.45μm 的滤膜，称量留在滤膜上的总颗粒物的重量，计算水体中的总颗粒物浓度(丛丕福，2002)。

1. 现场作业步骤

1) 组装抽滤系统，抽滤的压力应小于 15 kPa，负压过大，悬浮泥沙颗粒嵌入滤膜微孔，妨碍过滤，为此，在真空系统中须有压力表；

2) 用扁嘴不锈钢镊子把预先恒重为 W_2 的滤膜置于预先称重为 W_b 的空白校正滤膜的上面，放入过滤器中，备用，以蒸馏水湿润滤膜，并不断吸滤；

3) 量取充分混合均匀的水样(视悬浮物浓度而定，大于 1 000 mg/L 者取 50~100 mL；小于 100 mg/L 时，量取 1~5L)抽吸过滤，并以每次 10~50 mL 蒸馏水连续洗涤量筒三次，全部通过滤膜抽滤，过滤完后用洗瓶沿着抽滤瓶喷洒超纯水，冲洗瓶壁，避免残留在瓶壁上的悬浮物造成误差，重复 2~3 次，视瓶壁上的浑浊度而定，如果是海水样品，过滤完成后还需用 30~50 mL 的超纯水清洗滤膜 3 次，以去除滤膜上的盐分；

4) 停止吸滤后，仔细用扁嘴不锈钢镊子取下滤膜封入铝箔纸中，放入液氮瓶等冷藏设备中保存，带回实验室以备分析。

2. 实验室处理

(1) 烘干　将滤膜放入电热恒温干燥箱内(40~50℃)，恒温脱水 6~8 h，取出放入硅胶干燥器，使冷却到室温，称其重量，反复烘干、冷却、称重，直至两次称量的重量差≤0.4 mg 为止；若将样品滤膜放置于 450℃马伏炉中灼烧 4 h 左右，室温下称量，可进一步得到无机颗粒物重量；

(2) 称量　选用分析天平的感量，应视悬浮泥沙的含量而定。小于 50 mg/L 时，用十万分之一天平；大于 50 mg/L 时，则用万分之一天平，称量要迅速，过滤前、后两次称量，天平室的温度、湿度要基本一致；

(3) 滤膜空白校正　过滤时，醋酸纤维脂膜会因溶解而失重，直径 60 mm 滤膜失重 1.0~2.0 mg，直径 47 mm 滤膜失重 0.2~0.5 mg。为保证结果的准确性，滤膜的空白校正试验是必不可少的，滤膜空白校正与样品测定同时进行，当进行空白校正时，用两张滤膜过滤。其中一张点上色点，作为空白校正膜，放在水样滤膜的下面。当水体悬浮物浓度高时，10 个样品只需作 1~2 份空白校正，但每个测站至少有一张空白试验膜。若采用基本不失重的滤膜进行水样处理，则滤膜空白校正过程可以从简，甚至可以不做。

3. 记录与计算

悬浮泥沙浓度的计算公式如下：

$$\rho = \frac{W_1 - W_2 - \Delta W}{V} \tag{4-18}$$

式中，ρ 为悬浮泥沙浓度(mg/L)；W_1 为悬浮物加滤膜重量(mg)；W_2 为滤膜重量(mg)；ΔW 为空白校正滤膜校正值(mg)；V 为水样体积(L)。

空白校正滤膜校正值 ΔW (应该为负数才正确)计算公式：

$$\Delta W = \frac{1}{n}\sum_{i}^{n}\left(W_{\text{n}} - W_{\text{b}}\right) \tag{4-19}$$

式中，W_{n} 为过滤后空白校正滤膜重量(mg)；W_{b} 为过滤前空白校正滤膜重量(mg)；N 为空白校正滤膜数。

(二) 叶绿素 a 浓度实验室分析

浮游植物的主要光合色素是叶绿素(Chlorophyll)，常见的有叶绿素 a、b 和 c。叶绿素 a 存在于所有的浮游植物中，大约占有机物干重的 1%~2%，是估算浮游植物生物量的重要指标(金相灿和屠清瑛，1990)。浮游植物叶绿素 a 的测定方法主要有分光光度法和荧光法两种(Yentschand Menzel，1963；Lorenzen，1967)。这里主要介绍联合国教科文组织推荐的丙酮萃取分光光度法。

1. 现场作业步骤

叶绿素 a 水样的现场操作步骤基本与总颗粒物水样处理方法相同，但在处理过程中一定要注意样品的避光处理，并在 0~4℃的低温下保存。

2. 实验室处理

1) 取出过滤后的滤膜，在冰箱内低温干燥 6~8 h；

2) 将滤膜放入组织研磨器中，加入少量碳酸镁粉末及 2~3 mL 90%的丙酮，充分研磨至足够细，提取叶绿素 a；

3) 用离心机(3 000~4 000 r/min)离心 10 min，将上清液导入 5 mL 或 10 mL 的容量瓶中；

4) 再用 2~3 mL 90%的丙酮，继续研磨提取，离心 10 min，并将上清液再转入容量瓶中。重复 1~2 次，用 90%的丙酮定容为 5 mL 或 10 mL，摇匀；

5) 将上清液在分光光度计上，用 1 cm 光程的比色皿，分别读取 750 nm、663 nm、645 nm、630 nm 波长的吸光值，并以 90%的丙酮做空白吸光值的测定，对样品吸光值进行校正。

3. 记录与计算

叶绿素 a 浓度的计算公式为

$$\text{chla} = \frac{(11.64\times(D_{663}-D_{750}) - 2.16\times(D_{645}-D_{750}) + 0.10\times(D_{630}-D_{750}))\cdot V_1}{V\cdot\delta} \tag{4-20}$$

式中，chla 为测定的叶绿素 a 含量(mg/m³)；D_{630} 为丙酮萃取液于波长 630 nm 的吸光值；D_{645} 为丙酮萃取液于波长 645 nm 的吸光值；D_{663} 为丙酮萃取液于波长 663 nm 的吸光值；D_{750} 为丙酮萃取液于波长 750 nm 的吸光值；V 为水样体积(L)；V_1 为提取液定容后的体积(mL)；δ 为比色皿光程(cm)。

实验与练习

1. 选择合适的天气和水域，练习使用 ASD 光谱仪(或其他光谱仪)进行水体光谱测量，填写下列表格，并计算水体的遥感反射率。
2. 在邻近的河流、湖泊水体中选择几个不同的站点采水样，注意密封、冷藏保存并带回实验室，做以下练习：
(1) 用孔径为 0.45μm 的 Whatman 滤膜过滤悬浮泥沙，并烘干称重，每个站点做两个平行样，比较测量结果的差异大小；
(2) 用孔径为 0.22μm 的聚碳酸酯滤膜过滤水样和超纯水，用分光光度计测量 CDOM 的吸光度，并计算各个波长的吸收系数，最后选定 440 nm 为参考波段，拟合出指数曲线斜率 S_{g}。

辐照度/辐亮度水面之上法测量记录

航次＿＿＿＿＿＿＿＿　操作者＿＿＿＿＿＿＿＿

实验场区＿＿＿＿＿＿＿＿　站点号＿＿＿＿＿＿＿＿

仪器＿＿＿＿＿＿＿＿　日期＿＿＿＿＿＿＿＿

纬度＿＿＿＿＿＿＿＿　经度＿＿＿＿＿＿＿＿

水深＿＿＿＿＿＿＿＿　云＿＿＿＿＿＿＿＿

水色号＿＿＿＿＿＿＿＿　透明度＿＿＿＿＿＿＿＿

波浪周期＿＿＿＿＿＿＿＿　海况＿＿＿＿＿＿＿＿

风速＿＿＿＿＿＿＿＿　风向＿＿＿＿＿＿＿＿

气温＿＿＿＿＿＿＿＿　气压＿＿＿＿＿＿＿＿

仪器配置状况＿＿＿＿＿＿＿＿　仪器定标文件＿＿＿＿＿＿＿＿

备注＿＿＿＿＿＿＿＿＿＿＿＿＿＿＿＿

	第一次布放	第二次布放	第三次布放	第四次布放	第五次布放
开始时间					
结束时间					
水面辐亮度文件名					
辐照度测量文件名					
天空辐亮度文件名					
光照变化情况					
备注					

3. 练习使用 MICROTOPS Ⅱ便携式太阳光度计，测定一天中不同时间的气溶胶光学厚度，分析在某一特定波长处气溶胶光学厚度随时间的变化规律。

主要参考文献

陈晓玲，陈莉琼，于之锋，等. 2009. 长江中游湖泊 CDOM 光学特性及其空间分布对比研究. 湖泊科学, 21(2): 248~254.

陈晓玲，赵红梅，田礼乔. 2008. 环境遥感模型与应用. 武汉：武汉大学出版社.

丛丕福. 2002. 水色遥感机理与悬浮物的卫星遥感信息识别研究. 大连海事大学硕士学位论文.

金相灿，屠清瑛. 1990. 湖泊富营养化调查规范(第二版). 北京：中国环境科学出版社, 2: 68~270.

李铜基，陈清莲. 2003. Ⅱ类水体光学特性的剖面测量方法. 海洋技术, (3): 1~6.

李铜基. 2006. 海洋光学调查规程. 北京：海洋出版社.

唐军武，田国良，汪小勇，等. 2004. 水体光谱测量与分析 I：水面以上测量法. 遥感学报, 8(1): 37~44.

唐军武. 1999. 海洋光学特性模拟与遥感模型. 北京：中国科学院遥感应用研究所.

唐兆民，唐元春，何志刚，等. 2003. 悬浮泥沙浓度的测量. 研究生学刊(自然科学．医学版), (3): 47~53.

田礼乔. 2008. CALIOP 气溶胶数据辅助的海岸带浑浊水体 MODIS/Aqua 影像大气校正研究. 武汉大学博士学位论文.

王林，赵冬至，傅云娜，等. 2007. 黄色物质吸收系数 $a_g(440)$与斜率 S_g 相关关系. 大连海事大学学报, (S2): 179~182.

王鑫，张运林，赵巧华. 2007. 水体各组分吸收系数的测量方法研究. 安全与环境学报, (4): 97~102.

杨安安，李铜基，陈清莲，等. 2005. 二类水体表观光学特性的测量与分析——剖面法方法研究. 海洋技术, 26(3): 111~115.

张运林，秦伯强，梅梁湾. 2007. 大太湖夏季和冬季 CDOM 特征及可能来源分析. 水科学进展, (3): 415~423.

赵崴，唐军武，高飞，等. 2005. 黄海、东海上空春季气溶胶光学特性观测分析. 海洋学报, 27(2): 46~53.

朱建华，李铜基. 2003. 探讨黄色物质吸收曲线参考波长选择. 海洋技术, (3): 10~15.

Bricaud A, Morel A, Prieur L. 1981. Absorption by dissolved organic matter of the sea (yellow substance) in the UV and visible domains. Limnol Oceanogr, 26: 43~53.

Fargion G S, Mueller J L. 2000. Ocean Optics Protocols for Satellite Ocean Color Sensor Validation, Revsion 2. NASA/TM-2000-209960.

Frank E. Hoge, Anthony Vodacek, Neil V. Blough. 1993. Inherent optical properties of the ocean: retrieval of the absorption coefficient of chromophoric dissolved organic matter from fluorescence measurements. Linmal Oceanogr, 38(7): 1394~1402.

Hu C M, Lee Z P, Muller-Karger F E, et al. 2006. Ocean color reveals phase shift between Marine Plants and Yellow Substance. IEEE Geoscience and Remote Sensing Letters, 3(2): 262~266.

IOCCG. 2000. Remote sensing of ocean colour in coastal, and other optically-complex, waters. *In*: Sathyendranath S. Reports of the International Ocean-Colour Coordinating Group, No. 3, IOCCG, Dartmouth, Canada.

Jensen J R. 2011. 环境遥感——地球资源视角(第二版). 陈晓玲, 黄珏等译.北京: 科学出版社.

Kirk J T O. 1994. Light and Photosynthesis in Aquatic Ecosystems. 2 nd ed. Combridge University Press.

Lorenzen C J. 1967. Determination of chlorophyll and pheo-pigments: spectrophotometric equations. Limnol & Oceanogr, 12: 243.

Morys M, Mims F M III. 1998. ANDERSON S E. Design, calibration and performance of microtops: II. Hand-held ozonometer. Users Guide, Version 2. 42. Philadelphia: Solar Light Company: 39~50.

Mueller J L, Austin R W. 1995. Ocean optics protocols for SeaWiFS validation, rev1. NASA Technical Memorandum 104566, SeaWiFS Technical Report Series.

Optically-Complex, Waters. Sathyendranath, S. Reports of the International Ocean-Colour Coordinating Group, No. 3, IOCCG, Dartmouth, Canada.

Portern J N, Miller M, Pietas C, et al. 2001. Ship based sun photometer measurements using microtops sun photometer. J Ocean Atmos Tech, 18: 652~662.

Yentsch C S, Menzel D W. 1963. A method for the determination of phytoplankton chlorophyll and phaeophytin by fluorescene. Deep Sea Res, 10: 221~231.

建议阅读书目

陈晓玲, 赵红梅, 田礼乔. 2008. 环境遥感模型与应用. 武汉: 武汉大学出版社.

李铜基. 2006. 海洋光学调查规程. 北京: 海洋出版社.

唐军武, 田国良, 汪小勇, 等. 2004. 水体光谱测量与分析: 水面以上测量法. 遥感学报, 8(1): 37~44.

唐军武. 1999. 海洋光学特性模拟与遥感模型. 北京:中国科学院遥感应用研究所.

赵崴, 唐军武, 高飞,等. 2005. 黄海、东海上空春季气溶胶光学特性观测分析. 海洋学报, 27(2): 46~53.

Bricaud A, Morel A, Prieur L. 1981. Absorption by dissolved organic matter of the sea (yellow substance) in the UV and visible domains. Limnol Oceanogr, 26:43~53.

Jensen J R. 2007. 遥感数字影像处理导论(第三版). 陈晓玲, 龚威译. 北京: 机械工业出版社.

第三篇　遥感影像预处理

第五章　数 据 准 备

本章导读

在对遥感影像进行增强处理前，需要对数据进行格式转换、投影变换、影像镶嵌、裁切等前期处理工作，以获取能被某一软件识别的、特定区域的影像。本章介绍了一些常用的影像数据格式及格式转换方法，我国常用的地图(影像)投影方式，以及影像镶嵌和裁切的方法。

第一节　影像格式转换

由于影像获取平台、传感器及地面站所处理的方式有所差异，故遥感影像数据格式多种多样。目前，常用的数据格式有通用二进制、HDF 格式、EOSAT FAST 格式、Dimap 格式、GeoTIFF 格式等。

一、通用二进制(generic binary)

从卫星遥感地面站订购的影像数据，一直比较通用的是经过转换以后的单波段普通二进制数据文件，外加一个说明性头文件，如 Landsat 系列主要采用该种数据存储格式。对于这种数据，需要按照 generic binary 格式来输入。

generic binary 数据包含三种数据类型：BSQ(band sequential)格式、BIP(band interleaved by pixel)格式和 BIL(band interleaved by line)格式。

(1) BSQ　按波段顺序依次排列的数据格式，数据排列遵循以下规律：第一波段位居第一，第二波段位居第二，第 n 波段位居第 n。在每个波段中，数据依据行号顺序依次排列，每一列内，数据按像元顺序排列。

(2) BIP　每个像元按波段次序交叉排列，数据排列遵循以下规律：第一波段第一行第一个像元位居第一，第二波段第一行第一个像元位居第二，依次类推，第 n 波段第一行第一个像元位居第 n；然后第一波段第一行第二个像元位居第 n+1 位，第二波段第一行第二个像元位居第 n+2 位，其余数据排列依次类推。

(3) BIL　逐行按波段次序排列，数据排列遵循以下规律：第一波段第一行第一个像元位居第一，第一波段第一行第二个像元位居第二，依次类推，第一波段第一行第 n 个像元位居第 n 位；然后第二波段第一行第二个像元位居第 n+1，第二波段第一行第二个像元位居第 n+2 位；其余数据排列位置依次类推。

二、HDF 格式

HDF 格式是近年来越来越广泛采用的影像数据格式，如 MODIS 影像数据采用两种格式：HDF(hierarchical data format)和 HDF-EOS，HDF 为分等级的数据格式(层次结构、树结构)，HDF-EOS 结构是对地观测系统(EOS)对 HDF 的扩展。

(一) 数据格式介绍

HDF(hierarchical data format)数据格式是美国伊利诺伊大学国家超级计算应用中心(National Center for Super computing Applications，NCSA)于 1987 年研制开发的一种软件和函数库，用于存储和分发科学数据的一种自我描述、多对象的层次数据格式，主要用来存储由不同计算机平台生成的各类科学数据，适用于多种计算机平台，易于扩展，已被环境科学、地球科学、航空、海洋、生物等许多领域用来存储和处理各种复杂的科学数据。

1. HDF 的组织结构

HDF 文件由路径和数据对象构成，每个数据对象包括指向该数据对象位置指针的指针域和定义该数据类型的信息域构成。HDF 库包括 3 个接口层，从上到下分别是 HDF 底层、HDF 应用层及 HDF 顶层。

2. HDF 的主要数据类型

1) 栅格影像(Raster image)：8 位和 24 位影像。

2) 调色板(palette)：提供影像的色谱。

3) 科学数据集(scientific data set)：用来存储和描述多维科学数据阵列。

4) Vdata(verdex data)：用来存储和描述数据表格的结构。

5) HDF 注解(annotations)：元数据，用于描述一个 HDF 文件或它包含的任何数据要素。

6) Vgroup 结构模型：与相关数据对象有关，一个 Vgroup 可以包含另一个 Vgroup 以及数据对象，任何 HDF 对象都可以包含在一个 Vgroup 中。

(二) HDF 扩展格式——HDF-EOS 格式

1993 年美国国家航空航天局(NASA)把 HDF 格式作为存储和发布 EOS (earth observation system) 数据的标准格式。在 HDF 标准基础上，开发了另一种 HDF 格式即 HDF-EOS，专门用于处理 EOS 数据产品。标准 HDF 数据类型用于定义了点、条带、栅格 3 种特殊数据类型，并引入了元数据(Metadata)。HDF-EOS 是 HDF 的扩展，主要扩充了两项功能：一是提供了一种系统宽搜索服务方式，它能在没有读文件本身的情况下搜索文件内容；二是提供了有效的存储地理定位数据，将科学数据与地理位置捆绑在一起。

1. HDF-EOS的主要数据类型 HDF-EOS 已成为 EOSDIS (EOS data and information system, EOS 数据和信息系统)数据生产和存档的标准格式，专门用于存储 EOS 数据。除了 HDF 的 6 种数据类型外，HDF-EOS 还支持另外 3 种数据类型：点、条带、网格。

2. HDF-EOS 数据使用 HDF-EOS 文件的内容可以通过地理坐标和时间查询，每个 HDF-EOS 文件都包括元数据，为科学研究和访问 EOS 数据提供了便利。所有能够读取标准 HDF 文件的工具都可以读取 HDF-EOS 文件。

三、EOSAT FAST 格式

Landsat-5 EOSAT FAST FORMAT-B 格式，简称 FASTB，该数据为 Landsat-5 影像数据格式，包括两类文件：头文件和影像文件，后缀均为.dat。头文件是数据的说明文件，共 1 536 字节，全部为 ASCII 码字符，包括该数据的产品标识、轨道号、获取时间、增益偏置、投影信息、影像四角点和中心地理坐标等信息。影像文件只包含有影像数据，不包括任何辅助数据信息。

EOSAT FAST 格式辅助数据与影像数据分离，具有简便、易读的特点。辅助数据以 ASCII 码字符记录，影像数据只含影像信息，用户使用起来非常方便。该格式又可分为 FAST-B 和 FAST-C 两种。目前绝大多数用户选择订购的都是 FAST-B 格式产品；中国遥感卫星地面站生产的 LANDSAT-5 TM 数据(1994 年 1 月以后)和 SPOT-1/2 数据均可以以 EOSAT FAST FORMAT-B 格式提供给用户。

1. FAST-B 格式所遵循的基本规则

1) FAST-B 格式仅有 BSQ 记录方式；

2) 存储介质上的每一个影像文件对应于一个波段的数据，并且所有影像文件尺寸相同；

3) 每一盘磁带 / 光盘可包括多个影像文件，但同一波段文件不跨存于两个介质上。

2. EOSAT FAST FORMAT-B 格式的一般描述

EOSAT FAST FORMAT-B 包括两类文件：头文件和影像文件。

头文件(header file)——磁带上的第一个文件，共 1 536 字节，全部为 ASCII 码字符。文件中的字符域为左对齐，而数字域则为右对齐。

影像文件(imagery file)——影像文件只含影像数据，不包括任何辅助数据信息。影像的行列数在头文件中给出。

3. EOSAT FAST FORMAT-B 格式具体例子

Landsat TM 数字产品(Georeferenced，Full Scene，3 Bands) EOSAT FAST FORMAT-B 格式磁带文件结构见表 5-1。

表 5-1 EOSAT FAST FORMAT-B 格式磁带文件结构

序号	文件	记录数	记录长度
1	HEADER.DAT	1	1 536
2	BAND1.DAT	5 728	6 920
3	BAND2.DAT	5 728	6 920
4	BAND3.DAT	5 728	6 920

四、Dimap 格式

Dimap 是 Digital Image Map 的缩写，是由法国 SpotImage 公司、Satellus 和法国空间局(the French National Space Agency，CNE)合作推出的，基于 GIS-Geospot 4.0 and GISim-age1.1 开发的新一代影像数据格式规范。它是一种开放、独立的数据格式，既支持栅格数据，也支持矢量数据，继承了 GIS-Geospot 4.0 和 GISim-age1.1 这两种格式的主要特征，包括地理编码数据集，具有详尽的栅格层描述信息，覆盖完整的地理区域，具有多个数据层(栅格、矢量、DEM)，包含易读的元数据，支持 XML 格式等。SPOT-5 卫星影像主要采用 Dimap 数据格式。SPOT-5 所有的处理级别都是用 DIMAP 格式，该格式是 GIS-GeoSpot 格式的新名称，它描述影像数据、矢量数据和 DEM 数据等多重文件格式，主要是为了方便交换基于卫星影像的地理信息，其栅格影像是 GeoTIFF 格式或编码的 BIL 格式。Dimap 格式后缀为.dim。

1. Dimap 数据结构 SPOT-5 数据产品的 Dimap 格式包含两部分：影像文件(imagedata)和元数据文件(metadata)。影像文件为 GeoTIFF 格式，表达为 Imagery.tif，绝大多数商业软件或 GIS 软件均支持该数据格式。如果直接打开影像文件，则影像只按图形显示，没有地理参考信息。如果用遥感处理软件打开 SPOT Dimap，则影像按其相应的地理位置显示，并带有地图投影信息，而且软件能自动从参数文件中读取关键词，在显示的同时自动增强影像对比度，并按指定的方式显示波段组合。Meta data 元数据文件为 XML 格式，表达为 Meta data.dim，可以用任何网络浏览器打开阅读。

Dimap Meta data 数据文件采用一种面向对象的数据结构。整个文件分为：容器(container)、组/子组(group/sub—group)、关键字(keyword)和属性 / 数值(property/value)。容器是元数据文件实体，它的主体包括若干可以赋值的组，组又由子组或属性/数值组成，子组包含若干关键字，这些关键字的内容就是属性或数值。

2. Meta data 元数据 元数据文件 Meta data.dim 作为卫星影像的详细记录，提供了非常丰富的关于卫星、轨道、影像和产品的信息，如元数据的 ID 号、影像数据集的 ID 号、影像数据集的范围(角点经纬度坐标、行列坐标、中心点经纬度坐标和行列坐标、影像方位角)、影像行列数、影像获取时间、影像参考坐标系统、卫星成像前后的 8~10 个位置的坐标、速度和时间、Doris 系统测定的卫星位置坐标、速度和时间、原始的以及经过改正的卫星姿态角和变化率等。这些信息可以辅助实现无控制点的影像纠正。

五、GeoTIFF 格式

TIFF(tag image file format)是 Adobe 公司制定的一种通用影像格式，因其能够支持多种彩色系统和压缩算法而得到广泛应用。

在各种地理信息系统、摄影测量与遥感应用中，要求影像具有地理编码信息，包括影像所在的坐标系、比例尺、影像点的坐标、经纬度、长度单位及角度单位等。纯 TIFF 格式的影像文件很难存储和读取这些信息，GeoTIFF 通过定义一些 GeoTag (地理标签)，作为 TIFF 的一种扩展来对各种坐标系统、椭球基准、投影信息等进行定义和存储，使影像数据和地理数据存储在同一影像文件中，为制作和使用带有地理信息的影像提供了方便的途径。

六、Img 格式

Img 格式是 ERDAS IMAGINE 软件专用的文件格式，它支持单波段和多波段遥感影像数据的存储。

Img 格式由一系列节点构成，除了可以灵活地存储各种信息外，还有一个重要的特点是，将一幅 Img 影像按照其行列数分成 n 块，如 512×512(行×列)的影像可分成 64 块，每一块的大小是 64×64。Img 格式的这种分块存储以及显示模式称为金字塔式存储显示模式(简称塔式结构)(图 5-1)。

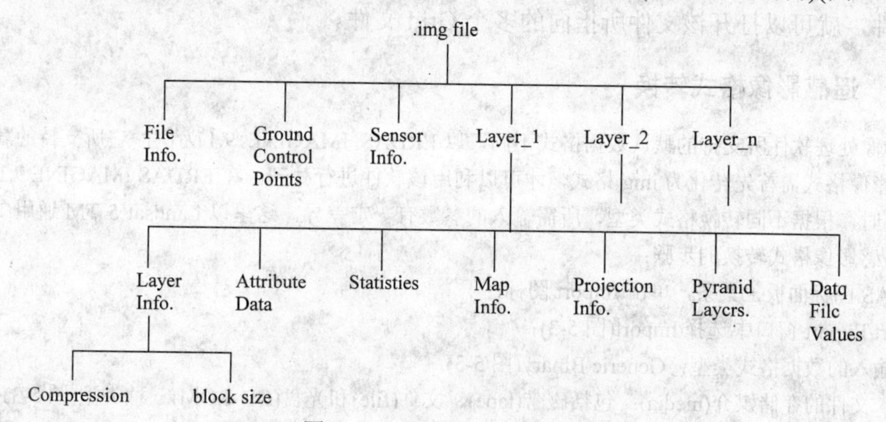

图 5-1 Img 格式的基本结构

ERDAS IMAGINE 8.x 及以后版本的数据以“.img”为后缀，而 ERDAS IMAGINE 7.x 版本数据以“.lan”为后缀。

七、MrSID 格式

MrSID(multi-resolution seamless image database)多分辨率无缝数据库是由美国 Los Alamos 国家实验室提出的新一代影像压缩、解压、存储和提取技术。它利用了离散小波转换(Discrete Wavelet Transform, DWT)技术进行影像压缩，通过局部转换，使影像内任何部分均具一致的分辨率和非常好的影像质量。

MrSID 具有较高的压缩比，压缩比决定影像内容和彩色深度，灰度影像压缩率为 15~20∶1，对全彩色影像可以达到 30~50∶1，压缩后对视觉质量没有可感知的损失。压缩比可调，可以把压缩的影像设置成完全无损至适度有损。

八、ArcGIS Grid 格式

Grid(格网数据)是 ArcGIS 软件支持的栅格数据集，其文件结构与 ArcGIS 矢量数据格式 Coverage 类似。

Grid 一个突出的优点是对数据的行列数没有限制，比较大的数据会自动被分成很多矩形区块，Grid 的这种瓦片结构优化了随机和顺序访问每个矩形块中的单元格，Grid 还适用于能自适应的栅格压缩技术，这种压缩技术对完全相同的数据值以及异构的连续值都很有效，有益于矩形块中单元格值的存储。同时，这些处理方式降低了网格的存储要求，并大大加快了显示和分析海量网格文件的速度(图 5-2)。

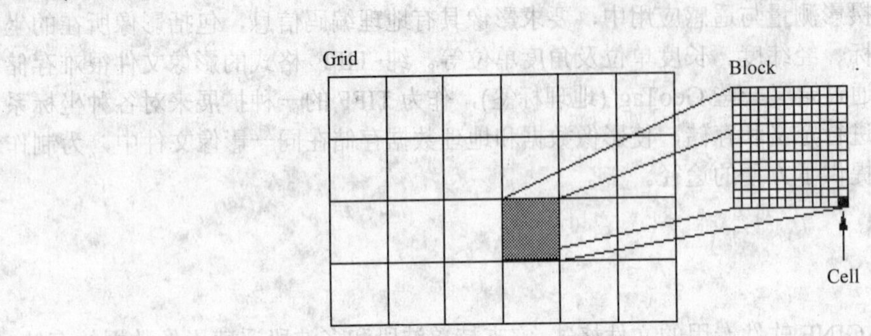

图 5-2 Grid 格式的结构

每个 Grid 文件只能存储单个影像波段，如果要存储一景影像的多个波段，则需要建立 Grid Stack，Grid Stack 并不是将多个 Grid 文件合并成一个文件，而是建立多个 Grid 文件的索引文件，通过打开 Grid Stack 文件，就可以打开该文件所指向的多个 Grid 文件。

实验 5-1 遥感影像格式转换

每种遥感影像处理软件所支持的默认数据格式不同，以 ERDAS IMAGINE 9.1 为例，它所支持的默认数据格式为 img。其他遥感影像格式需首先转化为 img 格式，才可以利用该软件进行处理。在 ERDAS IMAGINE 9.1 软件中进行影像数据格式转换时，根据不同转换格式类型，所需输入的参数有一定差异。这里以 Landsat 5 TM 通用二进制格式的转换为例，说明遥感影像格式转换的步骤：

1) 在 ERDAS 图标面板工具条，单击 Import 图标；
2) 在 Import/Export 窗口中选择 Import(图 5-3)；
3) 选择要输入的数据格式类型：Generic Binary(图 5-3)；
4) 选择输入文件的存储媒介(media)：包括磁带(tape)、文件(file)和光盘(CD-ROM)三种类型(图 5-3)；
5) 点击 OK，在跳出的 Import Generic Binary Data 窗口(图 5-3)；
6) 选择数据格式(data format)：BSQ、BIL 和 BIP；
7) 选择数据类型(data type)：Unsigned 8 Bit；
8) 输入数据行列数(#Rows 和#Cols)：该参数可从头文件中读取，最后点击 OK 即可执行格式转换。

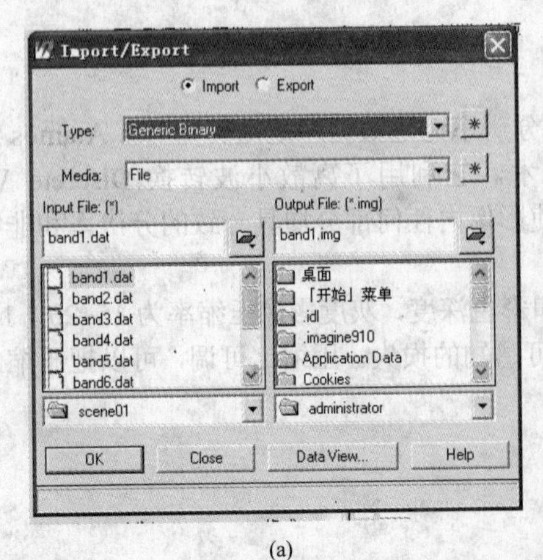

(a)

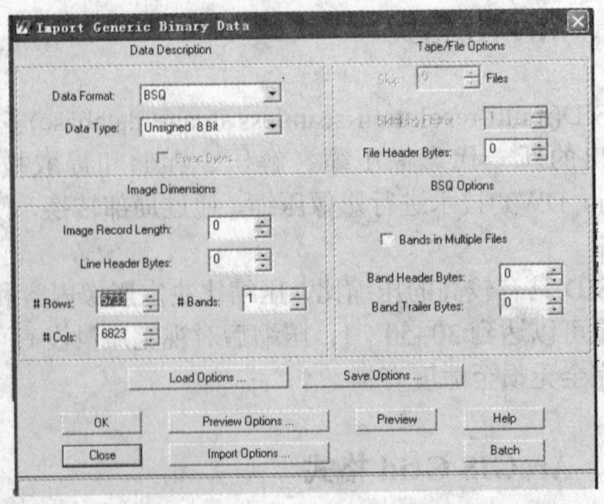

(b)

图 5-3 通用二进制影像格式转换

(a) 输入/输出窗口；(b) 输入影像格式窗口

第二节 几何纠正

一、光学影像几何纠正

(一) 概述

几何纠正是遥感数据预处理的重要环节，用以消除遥感影像在获取过程中，由于传感器、地形以及地球自转等因素影响，导致影像上像元相对于地面目标发生的挤压、偏扭、弯曲、拉伸、偏移等几何畸变。

遥感影像几何纠正的核心是建立合适的影像成像几何模型，反映地面点的三维空间坐标与影像上相应像点坐标之间的数学关系。

遥感影像成像几何模型一般分为以下两类。

1. 严格成像几何模型 依据传感器成像特性，如线阵 CCD 传感器的行中心投影方式和框幅式相机的中心投影方式，利用成像瞬间地面点、传感器镜头透视中心和相应像点在一条直线上的严格几何关系建立的数学模型。

2. 通用成像几何模型 不考虑具体传感器的影响，直接以形式简单的数学函数，描述地面点与相应像点之间关系的数学模型，它通过一定数量的地面控制点解算出成像模型的参数。常见的通用成像几何模型有仿射变换(affine transformation)、直接线性变换(direct linear transformation)、多项式(polynomial)、有理函数模型(rational function model)等，其中，最常用的是多项式几何纠正方法。

(二) 多项式几何纠正

1. 多项式几何纠正原理

多项式几何纠正模型是一种近似校正方法，基本思想是认为影像的变形是平移、缩放、旋转、仿射、偏扭、弯曲及更高次的变形综合作用结果，对影像变形进行数学模拟。根据多项式的阶数，在影像中选取合适数量的控制点，根据控制点在畸变影像上的坐标值与地面参考坐标值解算多项式成像关系式中的系数，建立影像坐标与地面坐标的转换关系式，进行整景影像坐标的纠正。其数学表达式为

$$\begin{aligned} x &= \sum_{i=0}^{N}\sum_{j=0}^{N-i} a_{ij} X^i Y^j \\ y &= \sum_{i=0}^{N}\sum_{j=0}^{N-i} b_{ij} X^i Y^j \end{aligned} \tag{5-1}$$

式中，(x,y) 为几何畸变影像坐标；(X,Y) 为其参考坐标；a_{ij}、b_{ij} 为多项式系数；N 为多项式的次数。N 的选取，取决于影像变形的程度、地面控制点的数量和地形位移的大小。

多项式纠正法形式简单，适用范围广，缺点是无法准确模拟地形高差引起的投影变形，一般适用于影像范围不大且地形起伏较小的情况，纠正精度能够满足需求，而对地形起伏较大区域的几何纠正则精度明显降低。

2. 多项式几何纠正步骤

采用多项式模型进行几何纠正的一般步骤如图 5-4 所示。

(1) 选择多项式纠正模型 根据畸变影像变形的程度、地形位移的大小、地面控制点的数量，设置式(5-1)中的 N 值。大多情况下，对于中等几何变形的小区域影像，选择一次线性多项式就可以纠正包括 X、Y 方向的偏移、比例尺变形、倾斜和旋转，并取得足够纠正精度。当影像变形比较严重或精度要求较高时，则选用二次或三次多项式。

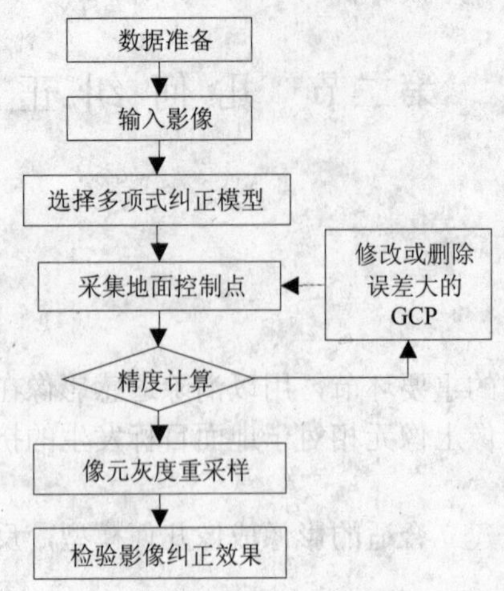

图 5-4　多项式纠正一般步骤

$$
\begin{aligned}
x &= a_0 + a_1X + a_2Y + a_3X^2 + a_4XY + a_5Y^2 + \cdots \\
y &= b_0 + b_1X + b_2Y + b_3X^2 + b_4XY + b_5Y^2 + \cdots
\end{aligned}
\tag{5-2}
$$

(2) *采集地面控制点(GCP)*　GCP 的数量、分布和精度直接影响几何纠正效果。在 GCP 采集过程中，计算每个 GCP 的均方根误差 $\text{RMS}_{\text{error}}$，同时得到总体均方差：

$$
\text{RMS}_{\text{error}} = \sqrt{(x'-x)^2 + (y'-y)^2} \tag{5-3}
$$

式中，(x, y) 为 GCP 在畸变影像中的坐标；(x', y') 为多项式计算所得的坐标。二者差值的大小反映各 GCP 几何纠正的精度。若控制点的实际总均方根误差超过用户指定可以接受的最大总均方根误差时，需要调整或者删除误差大的控制点，然后重新计算多项式系数和 $\text{RMS}_{\text{error}}$。重复上述步骤，直到满足精度要求为止。

(3) *像元灰度重采样*　经过多项式变换后的影像，每个像元都有了对应于实际地面或者无几何畸变的影像坐标，此时需要对它们赋予新的灰度值。因为数字影像是客观连续世界或影像的离散化采样，当欲知非采样点上的灰度值时，就需要由采样点(已知像元)内插得到，这个过程称为灰度重采样或者内插，建立新的影像矩阵。

常用的重采样方法有三种：最邻近像元法(nearest neighbor)、双线性内插法(bi-linear)和三次卷积法(cubic convolution)，插值原理依次如图 5-5 所示。

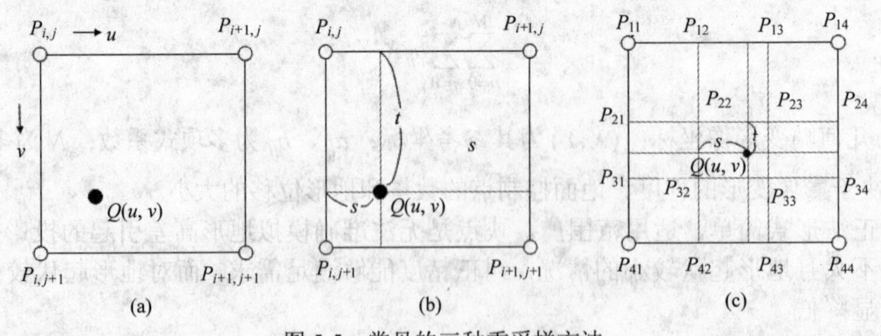

图 5-5　常见的三种重采样方法

最邻近像元法：以距内插点 $Q(u,v)$ 距离最近的像元的灰度值 D_n 作为 $Q(u,v)$ 点的像元值。该方法运算简单，不破坏原数据的值，但精度低，最大可产生 1/2 像元的误差。

$$
\begin{cases}
x_n = \text{INT}(u + 0.5) \\
y_n = \text{INT}(v + 0.5)
\end{cases}
\tag{5-4}
$$

双线性内插法：用内插点$Q(u,v)$周围4个最邻近像元灰度值对$Q(u,v)$进行内插。周围点对该内插点灰度值的影响权重可以用一个分段线性函数近似表示，即

$$w(t)=\begin{cases}1-|t|, & 0\leqslant|t|\leqslant 1\\ 0, & 其他\end{cases} \tag{5-5}$$

则内插点$Q(u,v)$灰度值D_Q为

$$D_Q=(1-t)(1-s)D_{i,j}+t(1-s)D_{i,j+1}+(1-t)sD_{i+1,j}+stD_{i+1,j+1} \tag{5-6}$$

三次卷积法：用内插点$Q(u,v)$周围16个像元灰度值，用3次卷积函数对$Q(u,v)$进行内插，如图5-5(c)所示。权重的表达函数为

$$\begin{cases}f_1(x)=1-x^2+|x|^3, & 0\leqslant|x|\leqslant 1\\ f_2(x)=4-8|x|+5x^2-|x|^3, & 1\leqslant|x|\leqslant 2\\ f_3(x)=0, & |x|\geqslant 2\end{cases} \tag{5-7}$$

则内插点$Q(u,v)$灰度值D_Q为

$$D_Q=[f(1+t)f(t)f(1-t)f(2-t)]\cdot\begin{bmatrix}D_{11}D_{12}D_{13}D_{14}\\ D_{21}D_{22}D_{23}D_{24}\\ D_{31}D_{32}D_{33}D_{34}\\ D_{41}D_{42}D_{43}D_{44}\end{bmatrix}\begin{bmatrix}f(1+s)\\ f(s)\\ f(1-s)\\ f(2-s)\end{bmatrix} \tag{5-8}$$

三次卷积法重采样精度高，但是会破坏原数据的值，且计算量大，费时。

二、雷达影像几何纠正

(一) 概述

合成孔径雷达影像(SAR)是斜距投影方式，其几何关系不同于光学中心投影方式。在进行几何纠正时，需要选择合适的成像模型来构建地面点(X,Y,Z)和对应的雷达像点(i,j)之间的数学关系。SAR影像成像几何关系如图5-6所示。

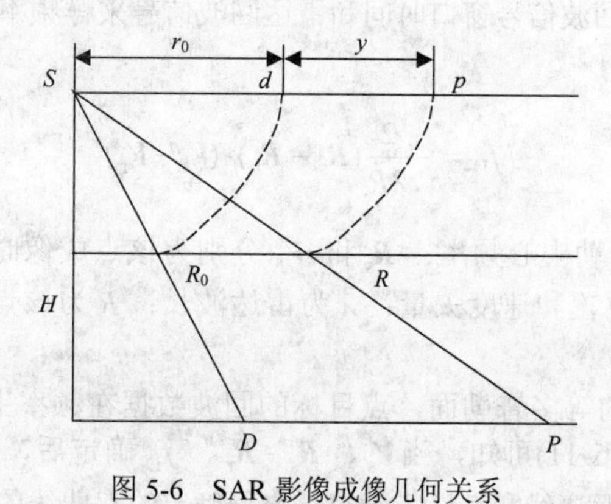

图5-6　SAR影像成像几何关系

SAR影像的成像几何模型有两种：共线方程法和距离-多普勒法。

1. 共线方程法

(1) Leberl. F数学处理模型　　此模型顾及雷达传感器的空间方位变化，但是没有考虑雷达姿态角

的变化，因此，在立体影像模型建立后，存在较大的上下视差。同时，由于该模型是根据像点距离方程和零多普勒条件建立的，因此，只适用于机载雷达影像，而不适用于星载雷达影像。

(2) Konecny 平距投影数学模型　该法考虑了传感器外方位元素的变化以及地形起伏的变化，共线方程便于应用，但却忽视了 SAR 影像侧视投影的特性。

(3) 行中心投影方式处理模型　将雷达影像近似地看成线阵 CCD 方式的扫描影像，几何模型采用 CCD 线扫描处理公式。

2. 距离-多普勒法

距离-多普勒法(range and doppler model，R-D 模型)的优点在于：①不需要在星载 SAR 的视场中采用任何位置确知的参考点，仅仅依靠影像本身的辅助信息即可；②该方法与卫星姿态毫无关系，避免了引入准确性较差的姿态资料(翻滚、俯仰、偏航)带来的误差；③该方法的精度主要取决于星历数据的准确性。随着技术的提高，星历数据会越来越精确，所以定位的精度也会大大提高。

下面采用距离-多普勒法作为 SAR 影像的严格成像几何模型，介绍雷达影像的几何纠正过程。

(二) 距离-多普勒(R-D)模型

距离-多普勒模型完全从 SAR 成像几何的角度来建立雷达像点 (i, j) 与地面点 (X,Y,Z) 之间的对应关系。其原理为：在距离向上，到雷达的等距离点，地面目标分布在以星下点为圆心的同心圆束上，而在方位向上，卫星与地面目标相对运动所形成的等多普勒频移点的分布是双曲线束，则通过求同心圆束和双曲线束在地球等高面上的交点，就可以确定地面目标。

R-D 模型由地球形状模型、SAR 距离方程以及 SAR Doppler 方程共同构成。

1) 地球形状模型

$$\frac{X^2+Y^2}{A^2}+\frac{Z^2}{B^2}=1 \tag{5-9}$$

式中，(X, Y, Z)为 SAR 影像上任一点对应地面点在 WGS84 椭球下的三维坐标；$A=a_e+h$；$B=b_e+h$；h 为该点的椭球高；a_e=6 378 137.0 和 b_e=6 356 752.3 分别为 WGS 地球椭球的长短半轴。

2) SAR 距离方程

$$R^2=(X-X_S)^2+(Y-Y_S)^2+(Z-Z_S)^2 \tag{5-10}$$

式中，$\boldsymbol{R}_s=(X_S,Y_S,Z_S)$ 为卫星轨道参数给出；R 为雷达发射脉冲的重复频率 PRF(重复频率整周期数由卫星系统设计确定)、雷达回波信号窗口时间和雷达回波信号采样频率确定。

3) SAR Doppler 方程

$$f_D=-\frac{2}{\lambda R}(\boldsymbol{R}_s-\boldsymbol{R}_r)\cdot(\boldsymbol{V}_s-\boldsymbol{V}_r) \tag{5-11}$$

式中，f_D 为该点对应的多普勒中心频率；$\boldsymbol{R}_s$ 和 $\boldsymbol{V}_s$ 分别为该点成像时刻卫星的位置和速度矢量；$\boldsymbol{R}_r=(X,Y,Z)$ 和 $\boldsymbol{V}_r$ 为该点的位置和速度矢量；λ 为雷达波长；R 为该点成像时刻卫星和地面点的距离。

SAR Doppler 方程确定的等多普勒面，点目标的回波数据在频率上出现偏移，偏移量正比于卫星与目标间相对速度，由式(5-11)可知，当 $\boldsymbol{V}_s$、$\boldsymbol{R}_s-\boldsymbol{R}_r$、$f_D$ 确定后，$\boldsymbol{V}_r$ 轨迹为双曲线。

4) 由距离方程确定的等距离线和 SAR Doppler 方程确定的双曲线的交点确定目标影像的位置。

可以发现，其距离公式、多普勒频移公式和地球模型方程组成了一个完备系统，以求解地面点的三维坐标。式(5-11)中的参数 f_D、λ、R 以及卫星的位置矢量 $\boldsymbol{R}_s$ 和速度矢量 $\boldsymbol{V}_s$ 均可以从 SAR 影像的辅助数据文件(头文件)中读取和计算，因此，在已知影像坐标以及高程的情况下，不需要任何位置确定的参考点，就可以根据三个方程求解与影像点对应的地面点的三维坐标，实现雷达影像的几何纠正。

实验 5-2　基于多项式模型的光学影像几何校正

在 ERDAS IMAGINE 9.1 软件中，采用已经具有地理参考信息的 SPOT 全色影像作为标准影像，按照图 5-4 的流程，对 Landsat 5 TM 影像进行几何纠正。

1. 输入和显示影像文件

1) 在 ERDAS 图标面板工具条单击 Viewer 图标两次，打开两个视图窗口 Viewer #1 和 Viewer #2。

2) 在 Viewer #1 菜单条选择 File—Open—Rater Layer 命令，打开 Select Layer to Add 窗口，找到需要纠正的 Landsat TM 影像存放路径"D：\ ERDAS \ examples \"，将影像 tmAtlanta.img 加载进来；用同样的方法，在 Viewer #2 窗口中加载作为参考的已经具有地理参考信息的 SPOT 影像 panAtlanta.img。

2. 启动几何校正模块，选择多项式几何纠正模型

1) 在 Viewer #1 菜单条中单击 Raster—Geometric Correction 命令，打开 Set Geometric Model 对话框(图 5-7)。

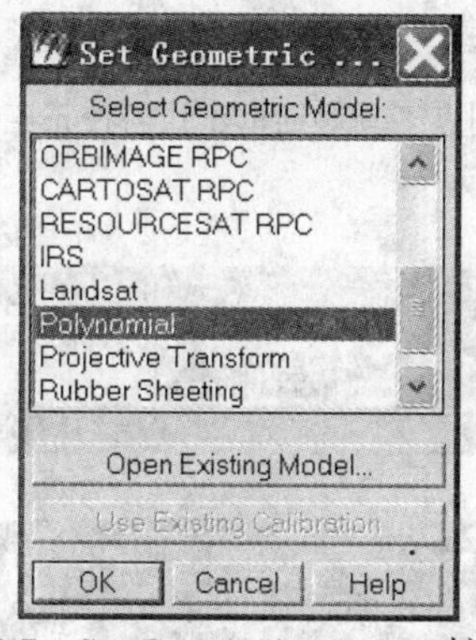

图 5-7　Set Geometric Model 对话框

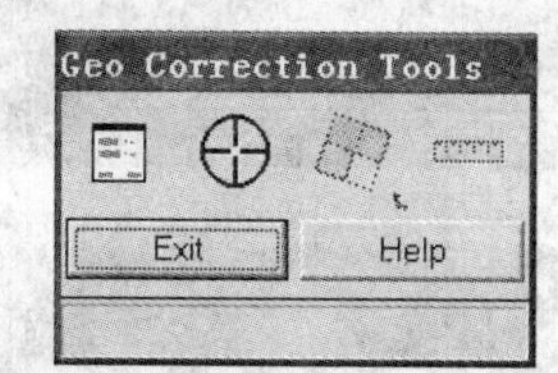

图 5-8　Geo Correction Tools 对话框

2) 在列表中选择多项式变换模型(Polynomial)作为纠正模型，单击 OK 后同时弹出 Geo Correction Tools 对话框(图5-8)和 Polynomial Model Properties 对话框(图 5-9)。

3) 在 Polynomial Model Properties 对话框中，定义多项式次数(Polynomial Order)为 2，单击 Apply 应用设置。然后单击 Close 按钮关闭当前对话框，打开 GCP Tool Reference Setup 对话框(图 5-10)。

注 GCP Tool Reference Setup 窗口列出了 ERDAS 系统提供的 9 种控制点采集模式，可以分为窗口采点、文件采点、地图采点三类，本例中选用窗口采点模式。由于作为地理参考的 SPOT 影像已包含投影信息，这里不需要再定义投影参数。若不是窗口采点模式，或参考影像未包含投影信息，则必须在此定义投影信息。

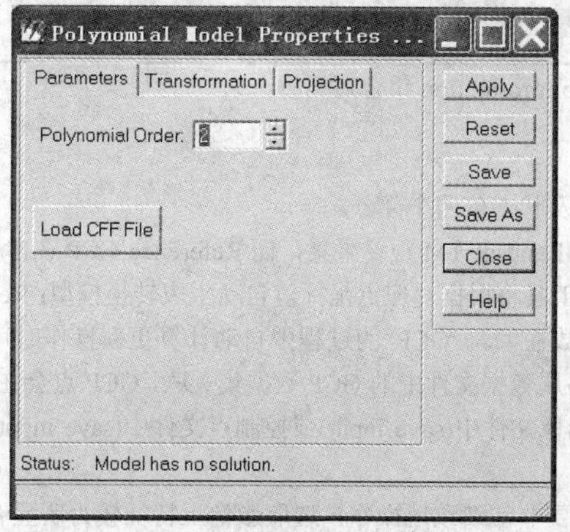

图 5-9　Polynomial Model Properties 对话框(多项式次数设置)
2 次多项式既能保证模型的精度，也不需要过多的运算时间

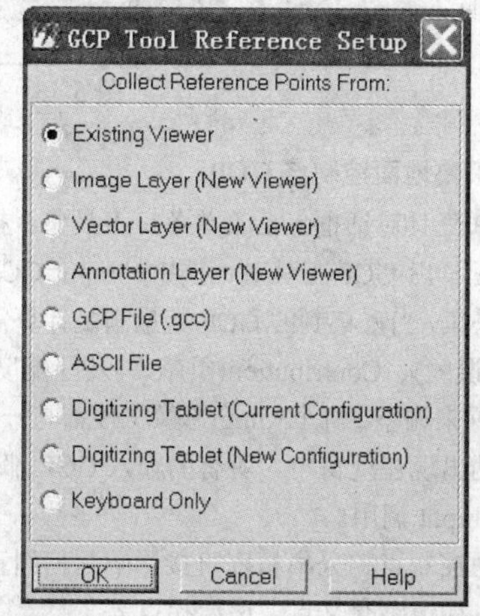

图 5-10　GCP Tool Reference Setup 对话框

3. 启动控制点采集工具

1) 在 GCP Tool Reference Setup 窗口中选择采点模式，选择 Existing Viewer(视窗采点)，单击 OK 关闭 GCP Tool

Reference Setup 窗口，弹出 Viewer Selection Instructions 指示器(图 5-11)。

2) 在显示地理参考影像 panAtlanta.img 的 Viewer #2 窗口中单击鼠标，打开 Reference Map Information 对话框(图 5-12)，显示参考影像的投影信息。

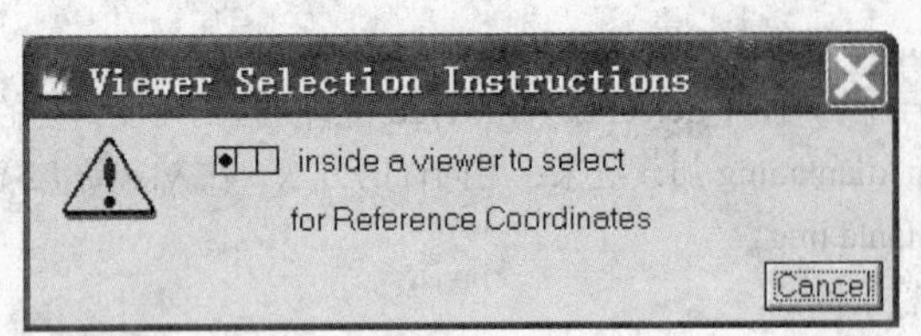

图 5-11　Viewer Selection Instruction 指示器

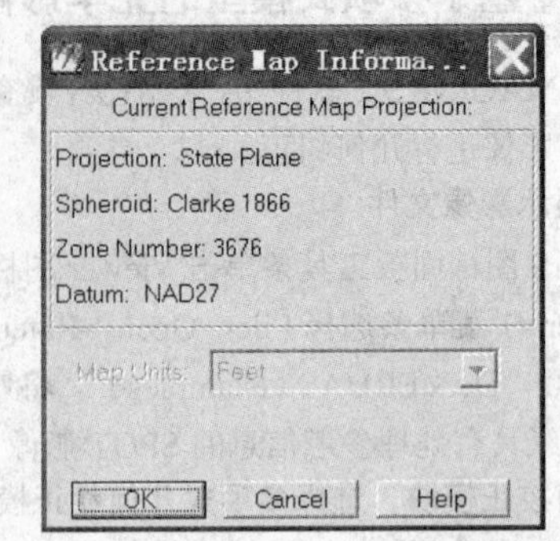

图 5-12　Reference Map Information 对话框

3) 单击 OK 关闭对话框，整个屏幕将自动变化为如图 5-13 所示的状态，其中包括两个主视窗、两个放大窗口、两个关联方框(分别位于两个视窗中，指示放大窗口与主窗口的关系)、控制点工具对话框、几何校正工具等。此时，控制点工具已经启动，进入 GCP 采集状态。

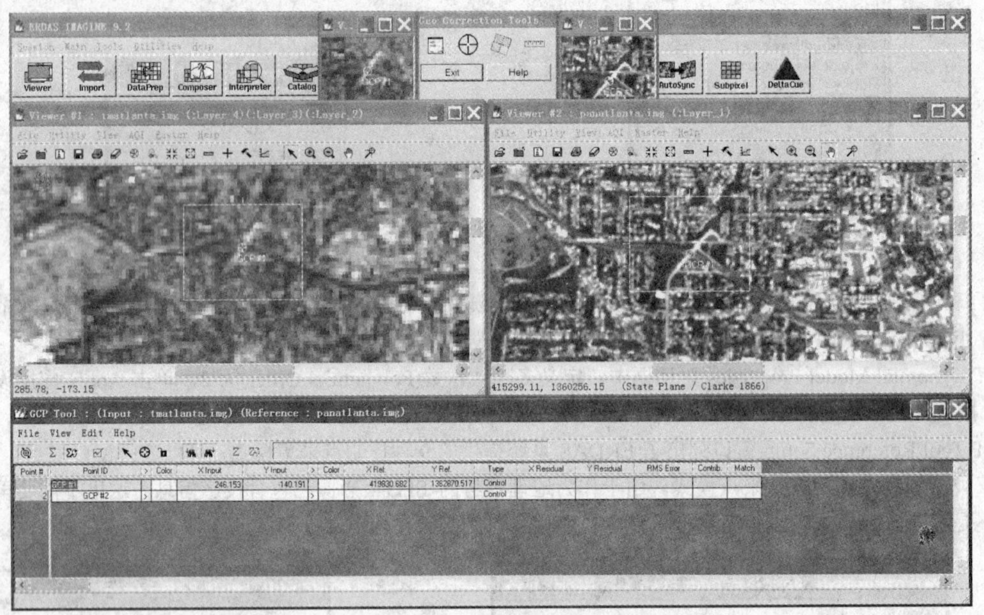

图 5-13　Reference Map Information 组合对话框

4. 采集地面控制点 GCP

GCP 工具对话框包括菜单条、工具条、控制点数据表及状态条四个部分。

如图 5-13 GCP 工具对话框中：Input GCP 在原始影像 Landsat TM 视窗采集，而 Reference GCP 在参考影像 SPOT 视窗中采集，当采集到的 GCP 数量满足计算需求时，GCP 工具将根据对应点坐标值自动生成转换模型；Residual(残差)、RMS(中误差)、Contribution(贡献率)及匹配度(match)等参数在编辑 GCP 的过程中自动计算更新操作时可以通过精确 GCP 位置来调整。每个*.img 影像文件都与一个保存在栅格层数据文件中的 GCP 数据集关联，GCP 点会在 GCP 工具打开时自动出现在视窗中。所有的输入 GCP 都可以保存在影像文件中(save input)或控制点文件中(save input as)，后者通过 Load Input 调用。

地面控制点的采集精度直接影响几何纠正的精度，需要非常细致地操作，选取影像上特征较为明显有代表性的控制点对，如道路交叉点、房屋拐点等。

GCP 具体采集过程：

1) 在 GCP 工具对话框中单击图标 ↖，进入 GCP 选择状态。可在 GCP 数据表中将输入 GCP 的颜色设置为较明显的黄色。

2) 在 Viewer #1 视窗中移动关联方框，寻找特征明显的地物点作为输入 GCP，单击图标⊕并在 Viewer #3 中将选好的点作为一个 GCP 记录到 GCP 数据表中，包括其编号、标识码、X坐标、Y坐标。

3) 在 Viewer #2 中移动关联方框位置寻找上个步骤中输入 GCP 对应的地物特征点，作为参考 GCP，单击图标⊕系统将其坐标(X Reference， Y Reference)显示在 GCP 数据表中。

4) 再次单击图标↖，重新进入 GCP 选择状态，并将光标移回 Viewer #1，准备采集另一个输入控制点。

5) 重复步骤①~④，采集 GCP，直到满足所选定的几何纠正模型为止。本例中选用的是 2 次多项式方程，因此，需要采集 6 个控制点。其后，每采集一个 Input GCP，系统就自动产生一个参考 Ref.GCP，可以通过移动 Ref.GCP 优化纠正模型。

6) 本例采集到的 GCP 信息如图 5-14 所示。图中显示了所有控制点的信息、X 、Y 方向上的误差以及总体误差。

GCP Tool : (Input : tmatlanta.img) (Reference : panatlanta.img)

File View Edit Help

Control Point Error: (X) 1.1879 (Y) 0.6407 (Total) 1.3497

Point #	Point ID	>	Color	X Input	Y Input	>	Color	X Ref.	Y Ref.	Type	X Residual	Y Residual	RMS Error	Contrib.	Match
2	GCP #2			128.302	-129.971			409168.412	1365724.537	Control	0.465	-0.407	0.618	0.458	
3	GCP #3			33.962	-105.936			400882.858	1369534.685	Control	-0.767	0.461	0.895	0.663	
4	GCP #4			147.911	-439.085			406001.129	1336999.020	Control	0.989	-0.530	1.122	0.831	
5	GCP #5			301.554	-398.889			420345.963	1338481.024	Control	-2.436	1.305	2.764	2.048	
6	GCP #7			481.067	-354.997			437978.994	1339236.122	Control	1.293	-0.637	1.441	1.068	
7	GCP #6			458.882	-182.892			438658.407	1355453.758	Control	-1.200	0.616	1.349	1.000	0.144
8	GCP #10			361.580	-315.270			427574.386	1344852.413	Control	0.564	-0.451	0.722	0.535	0.530
	GCP #9			259.997	-270.987			418959.023	1350604.077	Control	-0.143	0.195	0.242	0.179	-0.519

图 5-14　采集的 GCP 信息

5. 采集地面检查点

前面采集的 GCP 均为控制点类型，用于控制计算转换模型，但转换后的影像质量无从得知，需要通过采集地面检查点(check point)来检验建立的转换方程的精度和实用性。若控制点误差比较小，亦可进行此步骤。关于 RMS 精度要求并无严格规定，通常，在平地不超过 1 个像元，山区不超过两个像元。检查点采集过程如下面 4 个步骤。

1) 在 GCP Tool 菜单中选择 Edit—Set Point Type—Check，进入检查点编辑状态。

2) 单击 Edit—Point Matching 打开 GCP Matching 对话框，定义 GCP 匹配参数，具体设置如图 5-15 所示。

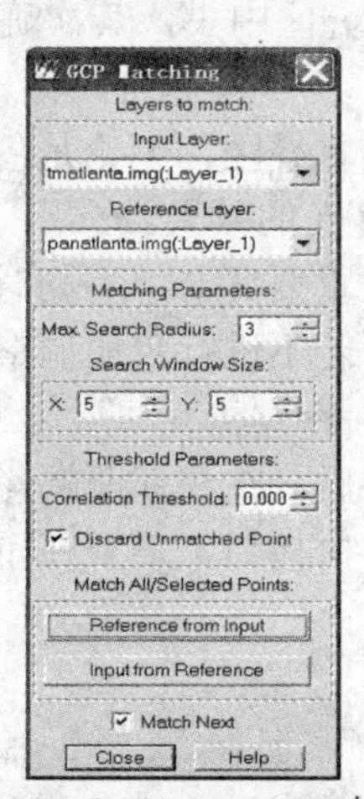

图 5-15　GCP Matching 对话框

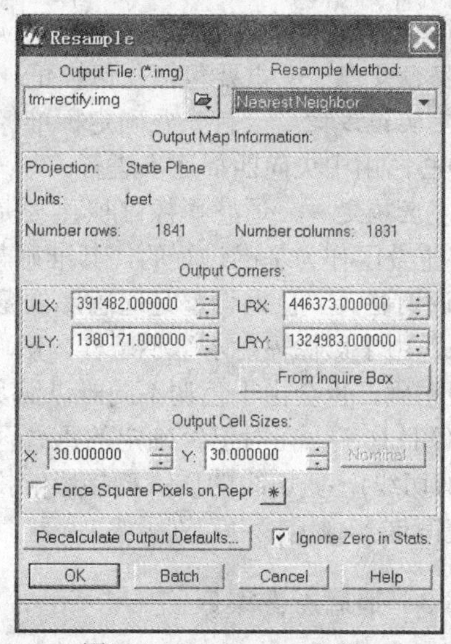

图 5-16　Resample 对话框

3) 确定地面检查点：单击⊕图标和🔒图标，锁住 Create GCP 功能，如同选控制点一样，在两个视图中定义 5 个检查点，定义完成后单击🔒解锁，解除 Create GCP 功能。

4) 计算检查点误差：单击 Compute Error 图标，检查点的误差会自动显示在 GCP Tool 上方。只有所有检查点的误差均小于 1 个像元，才能继续进行合理的重采样。如果 GCP 定位比较准确的话，检查点也会匹配得比较好。

6. 计算转换模型

转换模型一般在控制点采集过程中自动计算，下面是转换模型的查阅方法：在 Geo Correction Tools 对话框中单击

Display Model Properties 图标，打开 Polynomial Model Properties 对话框查阅模型参数。

7. 像元灰度重采样

在 Geo Correction Tools 对话框中单击 Image Resample 图标，打开 Resample 对话框，设置输出影像文件名及路径，选择重采样方法为 Nearest Neighbor(最邻近像元法)，定义其他参数参照图 5-16。设置完成后，单击 OK 按钮关闭对话框，启动重采样进程。

8. 保存几何纠正模型　在 Geo Correction Tools 对话框中单击 Exit 按钮，退出影像几何纠正过程，按照系统提示保存影像几何纠正模式文件(*.gms)，以便下次使用。

9. 检验几何纠正结果　同时在两个视窗中打开纠正后的 tm-rectify.img 和作为参考的 SPOT 影像，通过视窗地理连接(Geo Link / Unlink)功能及查询光标(inquire cursor)功能进行目视定性检验。

1) 打开两幅影像，单击 ERDAS 图标面板 Session—Tile Viewer 命令，选择平铺视窗。

2) 在 Viewer #1 中右击，在右键快捷菜单中选择 Geo Link / Unlink 命令，再在 Viewer #2 中单击，建立与 Viewer #1 的连接；或者在 Viewer #1 快捷菜单选择 Inquire Cursor 命令，打开光标查询对话框，在 Viewer #1 中移动光标，观测其在两屏幕中的位置及匹配程度。

第三节　影像镶嵌与裁切

一、影像镶嵌概念与工作过程

镶嵌就是对若干幅互为邻接的影像通过几何镶嵌、色调调整、去重叠等处理，将具有相同地理参考多幅相邻影像合并成一幅影像的过程。需要镶嵌的影像必须含有地图投影信息，或者进行过几何校正处理或校正标定。虽然所有的输入影像的像元大小可以不同，但必须具有相同的波段数。在进行影像镶嵌时，需要确定一幅标准影像，并将标准影像作为输出镶嵌影像的基准，决定输出影像的对比度匹配、底图投影、像元大小和数据类型。

制作好一幅总体上比较均衡的镶嵌影像，一般工作过程包括如下六个步骤。

(1) *准备工作*　首先要根据研究对象和专业要求，挑选合适的遥感影像，在镶嵌时，尽可能选择成像时间和成像条件接近的遥感影像，以减轻后续的色调调整工作。

(2) *数据预处理*　主要包括几何校正、辐射校正、去条带和斑点等。

(3) *确定实施方案*　首先要确定标准像幅，一般位于研究区中央，其次确定镶嵌顺序，即以标准像幅为中心，由中央向四周逐步进行。

(4) *重叠区确定*　遥感影像镶嵌主要是基于相邻影像的重叠区，无论是色调调整，还是几何拼接，都是将重叠区作为基准进行的，其准确与否直接影响到镶嵌的效果。

(5) *色调调整*　色调调整是遥感影像镶嵌技术中的一个重要环节，不同时相或者成像条件存在差异的影像，由于影像辐射水平不一样，影像亮度差异较大，若不进行色调调整，镶嵌后的影像即使几何位置很精确，也会由于色调不同难以满足应用需求。

(6) *影像拼接*　在对已经确定的重叠区进行了色调调整后，在相邻两幅影像的重叠区内找到一条接边线(剪切线)，剪切线的质量直接影响拼接影像的效果。拼接后，需要在重叠区进行色调平滑，这样才能使镶嵌影像无接缝存在。

实验 5-3　遥感影像镶嵌

使用 ERDAS IMAGEINE 9.1，对准备好的两幅相邻影像 SPOT1 和 SPOT2 进行影像镶嵌的步骤如下：

1) 在 ERDAS 图标面板中单击 DataPrep，从下拉菜单中选择 MosaicTool，弹出镶嵌窗口(图 5-17)；

2) 单击 Edit 下拉菜单，选择 Add Images，输入待镶嵌的两幅影像 SPOT1 和 SPOT2；

3) 单击 Edit，在下拉菜单中选择 Color correction，选择色彩调整模式：利用直方图匹配(use histogram matching)；

4) 单击 Edit，在下拉菜单中选择 Set Overlap Function，选择重叠区的处理方式：重叠(overlay)、均值(average)、最小(minimum)、最大(maximum)及羽化(feather)等；

5) 单击 Process，在下拉菜单中选择 Run Process，执行镶嵌操作，输出最终结果。

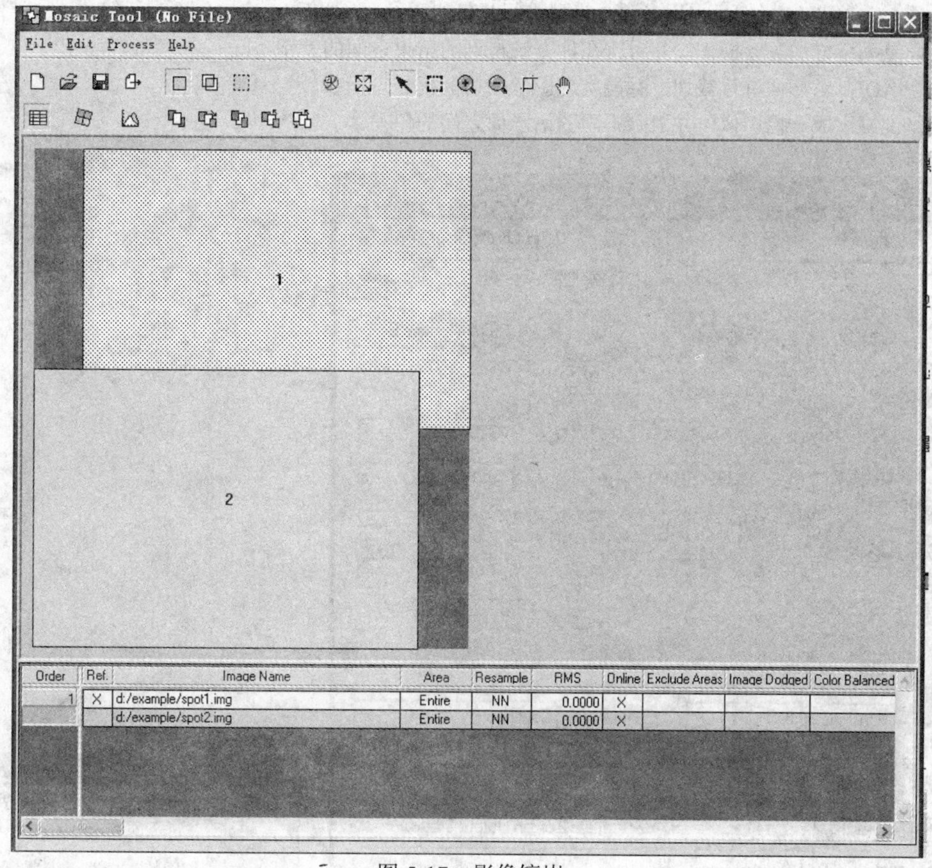

图 5-17 影像镶嵌

二、影像裁切

实际工作中，经常会得到一幅覆盖范围较大的影像，而需要的数据只是覆盖其中的一小部分，这就需要对影像进行裁剪(subset)。利用 Erdas Imagine 对影像裁切有两种方式，即规则分幅和不规则分幅。

1. 规则分幅 规则分幅是用指定的矩形范围对影像进行裁切，可以输入左上角和右下角坐标来定义矩形范围，也可以查询框来定义。

2. 不规则分幅 不规则分幅可以通过预定义的 AOI(area of interest)对影像进行裁切，AOI 可以来自 AOI 文件，也可以来自当前视窗上定义的 AOI。

实验 5-4 遥感影像的不规则裁剪

使用 ERDAS IMAGINE 9.1，对准备好影像进行不规则裁剪的步骤如下：

1) 在 View #1 中打开待裁剪的遥感影像，点击菜单栏中的 AOI 菜单，在下拉菜单中选择 Tools，弹出 AOI 工具栏；

2) 在 AOI 工具栏选择 ，在视窗中绘制不规则裁剪区；

3) 点击 File，选择 Save—>Save Aoi Layer as，保存 aoi 文件；

4) 在 ERDAS 图标面板中单击 DataPrep，从下拉菜单中选择 Subset Image，弹出裁剪(subset)窗口(图 5-18)；输入需裁剪的遥感影像 left.img，确定输出文件名 left_sub.img

5) 在裁剪(subset)窗口中，点击 AOI，弹出 Choose AOI，选择 AOI File，将新建的 aoi 文件输入，点击 OK；

实验与练习

1. 利用 ERDAS IMAGINE 软件，对以上格式数据进行输入和输出操作。

2. 自选一景 Landsat TM 影像，采用多项式模型进行几何纠正。
3. 使用不同重采样方法进行操作，并对比几种方法得到的结果之间的差别。
4. 建立一个 AOI，对影像进行裁切，并能实现影像裁切的批处理操作。
5. 将多幅影像镶嵌成一幅影像，并消除不同图幅影像之间的色差。

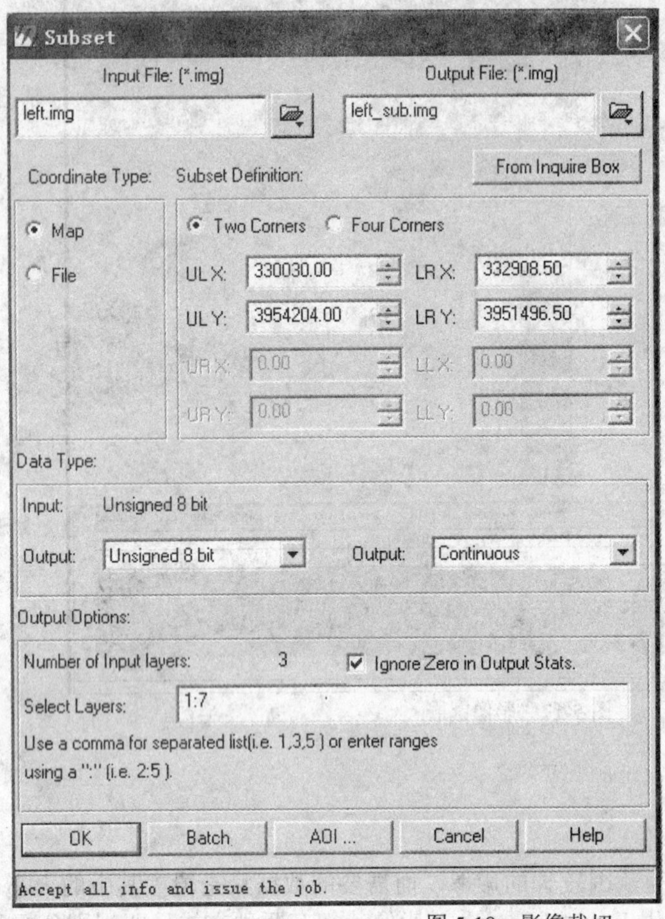

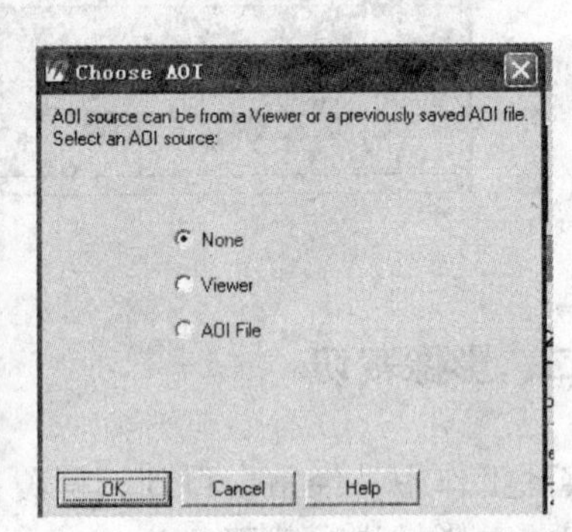

图 5-18　影像裁切

主要参考文献

陈端伟，束炯，王强，等. 2006. 遥感图像格式 GeoTIFF 解析. 华东师范大学学报(自然科学版), (2): 18~26.
党安荣，王晓栋，陈晓峰，等. 2003. ERDAS IMAGINE 遥感图像处理方法. 北京：清华大学出版社.
邓术军，魏斌. 2008. 影像地图编制中图幅的自动拼接与裁切——以《苏州市影像地图集》的编制为例. 测绘科学, (4): 109~112.
冯艳萍，游宇. 2007. 遥感影像镶嵌自动匀光的研究. 浙江测绘, (2): 8~9.
李小娟，刘晓萌，胡德勇，等. 2007. ENVI 遥感影像处理教程(升级版). 北京：中国环境科学出版社.
李忠新. 2004. 影像镶嵌理论及若干算法研究. 南京理工大学.
梅安新，彭望琭，秦其明，等. 2001. 遥感导论. 北京：高等教育出版社.
秦绪文. 2007. 基于拓展 RPC 模型的多元卫星遥感影像几何处理. 北京：中国地质大学.
宋薇. 2009. CBERS-02 星图像几何纠正方法试验研究. 国土资源遥感, 79(1): 51~54.
隋立春. 2009. 主动式雷达遥感. 北京：测绘出版社.
孙家抦. 2009. 遥感原理与应用(第二版). 武汉：武汉大学出版社.
杨昕，汤国安. 2008. ERDAS 遥感数字图像处理实验教程. 北京：科学出版社.
张益明. 1994. 微机图像格式大全. 北京：学苑出版社.
赵英时. 2003. 遥感应用分析原理与方法. 北京：科学出版社.
Jensen J R. 2007. 遥感数字影像处理导论(第三版). 陈晓玲，龚威译. 北京：机械工业出版社.

建议阅读书目

梅安新, 彭望琭, 秦其明, 等. 2001. 遥感导论. 北京: 高等教育出版社.
孙家抦. 2009. 遥感原理与应用(第二版). 武汉: 武汉大学出版社.
杨昕, 汤国安. 2008. ERDAS 遥感数字图像处理实验教程. 北京: 科学出版社.
赵英时. 2003. 遥感应用分析原理与方法. 北京: 科学出版社.
Jensen J R. 2007. 遥感数字影像处理导论(第三版). 陈晓玲, 龚威译. 北京: 机械工业出版社.

第六章 辐 射 校 正

本章导读

在对遥感影像进行解译前，需要进行辐射校正、几何纠正等预处理，前者可以使遥感影像更准确地表征地物辐射特征，后者可以使遥感影像更精确地表征地物的几何信息。本章介绍了常用的一些光学遥感影像的辐射定标和大气校正方法，以及光学影像的地形校正方法。

第一节 遥感影像辐射定标

辐射定标又称传感器辐射定标、传感器校准，用以校正或消除由传感器响应特征引起的辐射误差。具体来说，是建立传感器每个探测元所输出信号的数值量化值与该探测器对应像元内的实际地物辐射亮度值之间的定量关系。

辐射定标分为绝对定标和相对定标。绝对定标是要建立传感器测量的数字信号与辐射能量之间的数量关系，即确定定标参数；传感器中探测原件对空间均匀景物响应不同，为校正响应差异而对卫星传感器测量的原始亮度值进行归一化处理，此过程称为相对定标，也称像元的归一化。下面分别介绍Landsant 5 TM、HJ-1 遥感数据的绝对定标。

一、Landsat 5 TM 数据辐射定标

Landsat 5 TM 数据辐射定标，将影像中每个像元的 DN 值转换为该像元的辐射亮度，基本转换公式如下：

$$L_\lambda = \frac{\left(L_{\max_\lambda} - L_{\min_\lambda}\right)}{Q_{\max}} Q_\lambda + L_{\min_\lambda} \tag{6-1}$$

式中，λ 为波段值；L_λ 为像元在传感器处的辐射亮度；Q_λ 为像元的 DN 值；$Q_{\max}$ 为 8 位 DN 值的理论最大值(取 255)；$L_{\max_\lambda}$、$L_{\min_\lambda}$ 分别为最大、最小光谱辐射亮度。

或为公式：

$$L_\lambda = g_\lambda \cdot Q_\lambda + b_\lambda \tag{6-2}$$

式中，g_λ 为波段增益值；b_λ 为波段偏置值。

Landsat 5 卫星发射于 1984 年，迄今已有 20 余年，搭载的仪器逐渐老化，随着辐射定标算法的改变，$L_{\max_\lambda}$、$L_{\min_\lambda}$ 及 g_λ、b_λ 也跟着作相应的调整。根据数据处理时间不同，各项校正参数也有一定差异：以 2003 年 5 月 4 日及 2007 年 4 月 2 日为界，欧洲空间局(ESA)得到的传感器辐射校正参数和增益函数的定标参数见表 6-1 和表 6-2。

表 6-1 不同时期 Landsat 5 TM 辐射校正参数表 (单位：W /(m^2 · ster · μm))

处理时间	1984-3-1~2003-5-4		2003-5-5~2007-4-1		2007-4-2			
获取时间	1984-3-1~2003-5-4		2003-5-5~2007-4-1		1991-12-31 之前		1991-12-31 之后	
波段	L_{min}	L_{max}	L_{min}	L_{max}	L_{min}	L_{max}	L_{min}	L_{max}
1	−1.52	152.10	−1.52	193.0	−1.52	169.0	−1.52	193.0
2	−2.84	296.81	−2.84	365.0	−2.84	333.0	−2.84	365.0
3	−1.17	204.3	−1.17	264.0	−1.17	264.0	−1.17	264.0
4	−1.51	206.2	−1.51	221.0	−1.51	221.0	−1.51	221.0
5	−0.37	27.19	−0.37	30.2	−0.37	302	−0.37	302
6	1.237 8	15.303	1.237 8	15.303	1.237 8	15.303	1.2378	15.303
7	−0.15	14.38	−0.15	16.5	−0.15	16.5	−0.15	16.5

表 6-2　Landsat 5 TM 数据各波段增益、偏移值

接收时间	1984-3-1~2003-5-4		1984-3-1~2007-4-1		1984-3-1~1991-12-31		1991-1-1	
处理时间	1984-3-1~2003-5-4		2003-5-5~2007-4-1		2007-4-2			
波段	*g*	*b*	*g*	*b*	*g*	*b*	*g*	*b*
1	0.602 431	–1.52	0.762 824	–1.52	0.668 706	–1.52	0.762 824	–1.52
2	1.175 100	–2.84	1.442 510	–2.84	1.317 020	–2.84	1.442 510	–2.84
3	0.805 765	–1.17	1.039 880	–1.17	1.039 880	–1.17	1.039 880	–1.17
4	0.814 549	–1.51	0.872 588	–1.51	0.872 588	–1.51	0.872 588	–1.51
5	0.108 0.78	–0.37	0.119 882	–0.37	0.119 882	–0.37	0.119 882	–0.37
6	0.055 158	1.2378	0.055 158	1.2378	0.055 158	1.237 8	0.055 158	1.237 8
7	0.056 980	–0.15	0.065 294	–0.15	0.065 294	–0.15	0.065 294	–0.15

二、HJ-1A 数据辐射定标

1. HJ-1A 数据介绍

HJ-1A 卫星是“环境与灾害监测预报小卫星星座”中的一颗光学小卫星，于 2008 年发射成功，卫星上搭载了两台宽覆盖多光谱 CCD 相机，轨道高度 650 km，幅宽 710 km，星下点地面像元分辨率 30 m。

2. 辐射定标

计算 HJ-1A 数据的辐射亮度，根据 XML 文件中提供的公式：

$$L = \mathrm{DN} / g + L_0 \tag{6-3}$$

式中，DN 为像元的 DN 值；g 为增益；L_0 为偏移。

实验 6-1　Landsat 5 TM 影像的辐射定标

本节利用 ERDAS IMAGINE 9.1 中提供的 Modeler 模块对 2006 年 3 月 9 日处理的，2004 年 7 月 24 日获取的 Landsat 5 TM 影像的第 1 波段进行辐射定标。具体操作流程如下：

1) 在 ERDAS 图标面板工具条单击 Modeler 图标，或在 ERDAS 菜单中单击 Main —Spatial Modeler…，在其下拉菜单中选择“Model Maker…”，弹出“New Model”窗口(图 6-1)；

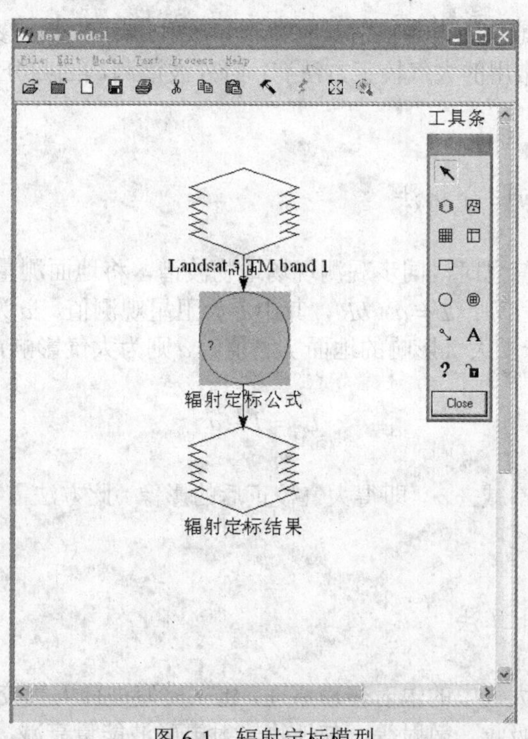

图 6-1　辐射定标模型

2) 点击工具条中 、 及 ，建立图 6-1 所示的流程图；

3) 在“New Model”窗口双击 ，输入待定标的影像波段 Landsat 5 TM band1；

4) 在“New Model”窗口双击 ，在弹出的 Function Definition 窗区的文字编辑窗口，输入辐射定标式(6-1)，如图 6-2 所示，详细参数值如表 6-1 所示；

5) 在“New Model”窗口双击 ，在辐射定标结果区定义辐射定标后的结果；

6) 单击“New Model”窗口工具栏 ，输出辐射定标后的结果。

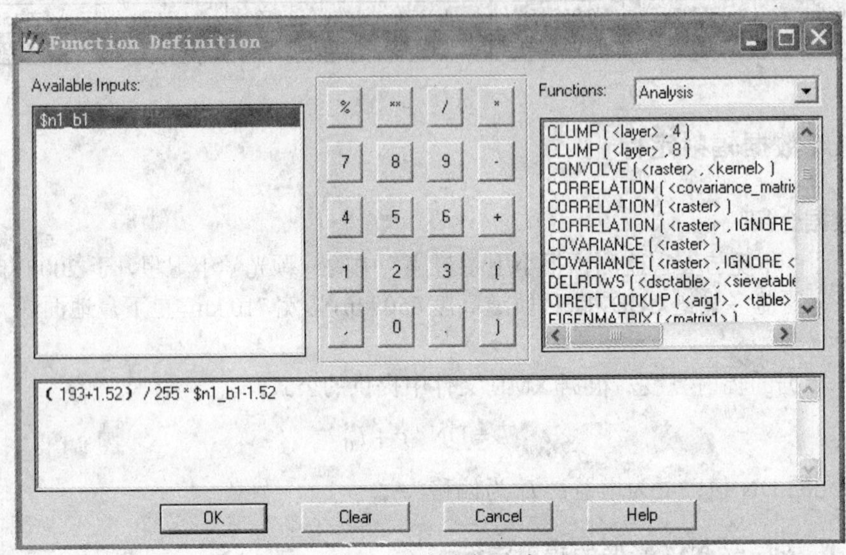

图 6-2　辐射定标公式

第二节　大 气 校 正

一、大气校正方法简介

大气对来自太阳和目标地物的电磁辐射具有吸收和散射作用，从而影响遥感影像的辐射特征，消除大气影响称为大气校正。常用的大气校正方法有：野外波谱测试回归分析法、辐射传输方程计算法、波段对比法等。

(一) 野外波谱测试回归分析法

在卫星遥感传感器获取信息时，同步观测现场地物波谱，将地面测量结果与影像上对应像元的亮度值进行回归分析。回归方程为：$L=a+bR$，其中 L 为卫星观测值，a 为常数，b 为回归系数，R 为地面反射率。设 $bR=L_G$ 为未受大气影响的地面实测值，a 则为大气影响，大气校正公式为

$$L_G=L-a \tag{6-4}$$

影像中每个像元亮度值都减去 a，即得大气校正后的影像。此方法需要大量野外观测数据的支持，成本较高。

(二) 辐射传输方程计算法

该方法是利用电磁波在大气中的辐射传输原理，建立模型进行大气校正。电磁波到达传感器之前，与大气相互作用，由于大气吸收、散射等，使地物辐射电磁波能量衰减，同时大气散射光到达地物也

会产生反射，部分散射光则向上通过大气直接进入传感器。假设天空辐照度各向同性且地面反射为朗伯体反射，经过大气到达地物表面的反射辐亮度为

$$L_{g\lambda_1}=\frac{\rho_\lambda}{\pi}E_{0\lambda}\cos\theta_s\exp\left(-\delta_\lambda\sec\theta_s\right) \tag{6-5}$$

式中，$L_{g\lambda_1}$ 为反射光对地物表面的反射辐亮度；ρ_λ 为地物表面反射率；$E_{0\lambda}$ 为波长为 λ 的太阳光谱辐照度；θ_s 为太阳天顶角；δ_λ 为相应波长的大气光学厚度。

来自各个方向的散射光以漫入射的方式照射地物，其到达地物表面的辐亮度为

$$L_{g\lambda_2}=\frac{\rho_\lambda}{\pi}E_D \tag{6-6}$$

式中，$L_{g\lambda_2}$ 为散射光对地物表面的反射辐亮度；E_D 为来自各个方向的散射光辐照度。

通过大气向上直接进入传感器的部分散射光，称为程辐射值，亮度为 L_p。

卫星接收到的辐亮度则是前 3 项辐亮度 $L_{g\lambda_1}$、$L_{g\lambda_2}$ 和 L_p 的函数：

$$L_{s\lambda}=\left(L_{g\lambda_1}+L_{g\lambda_2}\right)\exp\left(-\delta_\lambda\sec\theta_v\right)+L_p \tag{6-7}$$

式中，θ_v 为卫星遥感观测角。

由此可得

$$\rho_\lambda=\pi\left(L_{s\lambda}-L_P\right)/\tau_{V\lambda}\left(E_{0\lambda}\cos\theta_s\tau_{s\lambda}+E_D\right) \tag{6-8}$$

式中，$\tau_{V\lambda}$ 和 $\tau_{s\lambda}$ 分为向上和向下的大气透过率。在 θ_v 和 θ_s 小于 70°时，$\tau_{V\lambda}$ 和 $\tau_{s\lambda}$ 可近似为 $\exp\left(-\delta_\lambda\sec\theta_v\right)$ 和 $\exp\left(-\delta_\lambda\sec\theta_s\right)$。

式(6-8)中，$L_{s\lambda}$ 可由星上或地面定标结果求得，$E_{0\lambda}$ 可由探测器响应函数计算求得，θ_s 由遥感影像接收日期和时间计算求得，θ_v 可从数据头文件中读出，剩下的 4 个未知数($\tau_{V\lambda}$、$\tau_{s\lambda}$、E_D、L_P)可通过大气辐射传输模型进行模拟估算。

目前，基于大气辐射传输模型的大气校正模型有：6S 模型、LOWTRAN、MORTRAN、ATCOR，用它们计算出来的反射率精度较高。

(三) 波段对比法

波段对比法是利用某些波段不受大气散射影响或影响较小的特性来校正其他波段，如大气散射对短波影响大，但是对近红外几乎没有影响，因而，可以把近红外波段当作无大气散射影响的波段，通过与其他各个波段对比，可以计算出各自大气干扰值。

上述应用模型中，辐射传输模型应用最为广泛，且已具有成熟产品。本教材中，主要介绍 ERDAS IMAGING 中提供的 ATCOR2 模型，以及 6S 模型的原理及实验方法。

二、ATCOR2 大气校正模型原理

ATCOR2(a spatially adaptive fast atmosphere correction-2)大气校正模型是由德国 Wessling 光电研究所 Rudolf Richter 博士 1990 年提出的一种快速大气校正算法，经过了大量的验证和评估。ATCOR2 算法分为两部分，第一步将测量所得的反照率与来自模型的反照率进行比较，并计算地表反射率。测量值 ρ_ρ 与在第 i 通道的 DN 关系为

$$\rho_\rho=\frac{\pi L\left(\lambda_i\right)d^2}{E_s\left(\lambda_i\right)\cos\theta_s}=\frac{\pi d^2}{E_s\left(\lambda_i\right)\cos\theta_s}\left[c_0\left(i\right)+c_1\left(i\right)\times\mathrm{DN}\right] \tag{6-9}$$

式中，$L(\lambda_i)$为光谱辐射率；$E_{\mathrm{s}}(\lambda_i)$为太阳辐照度；$c_0(i)$为标定系数的偏移量；$c_1(i)$为标定系数的斜率；$\lambda_i$为中心波长；$\theta_{\mathrm{s}}$为太阳天顶角；$d$为日地距离。

来源于模型的反照率由式(6-10)得

$$\rho_{\rho}(\mathrm{mod}el)=a_0(\mathrm{Atm},\theta_{\mathrm{v}},\theta_{\mathrm{s}},\phi)+a_1(\mathrm{Atm},\theta_{\mathrm{v}},\theta_{\mathrm{s}})\times\rho \tag{6-10}$$

式中，$a_0=\dfrac{\pi\int_{\lambda_2}^{\lambda_1}\varphi(\lambda)L_0(\lambda)\mathrm{d}\lambda}{\cos\theta_{\mathrm{s}}\int_{\lambda_2}^{\lambda_1}\varphi(\lambda)E_{\mathrm{S}}(\lambda)\mathrm{d}\lambda}$；$a_1=\dfrac{1}{\cos\theta_{\mathrm{s}}}\dfrac{\int_{\lambda_2}^{\lambda_1}\varphi(\lambda)E_{\mathrm{g}}(\lambda)\left[\tau_{\mathrm{dir}}(\lambda)+\tau_{\mathrm{dif}}(\lambda)\right]\mathrm{d}\lambda}{\int_{\lambda_2}^{\lambda_1}\varphi(\lambda)E_{\mathrm{s}}(\lambda)\mathrm{d}\lambda}$；$\rho$为同频带平均地面反射率($\rho\approx\rho(\lambda)\varphi(\lambda)\mathrm{d}\lambda$)；Atm 为对大气参数的依赖度；$\theta_{\mathrm{v}}$为传感器的视角；$\phi$为相对方位角；$\varphi$为传感器的标准光谱响应函数；$L_0$为黑色地面($\rho=0$)的光路辐射；$E_{\mathrm{g}}$为地面的全球辐照度；$\tau_{\mathrm{dir}}$为地面到传感器的直接透射率；$\tau_{\mathrm{dif}}$为地面到传感器的漫射透射率。

如果测量值与模型值一致，则用式(6-11)求出表面反射率：

$$\rho^{(1)}=\frac{1}{a}\left|\frac{\pi d^2}{E_{\mathrm{s}}(\lambda_i)\cos\theta_{\mathrm{s}}}\left(c_0(i)+c_1(i)\times\mathrm{DN}\right)-a_0\right| \tag{6-11}$$

第二步是近邻效应的纠正，由一个 $N\times N$ 的滤光器来实现，N 值的大小由大气参数、光谱波段、影像的空间频率等因素决定。ATCOR2 通过影像计算出一个低通反射率的影像，以描述邻近地区每个像元的平均反射率。

实验 6-2 基于 ACTOR2 模型的大气校正

ACTOR2 主要针对平坦地区的影像进行大气校正。

1) 在 ERDAS 图标面板工具条单击 ATCOR，或在 ERDAS 菜单中单击 Main —IMAGEIN Actor，进入 ATCORrection 模块，选择 ATCOR2 Workstation。

2) 创建 ATCOR2 工程，选择 Create a new ATCOR2 project 按钮，单击 OK，打开确定 ATCOR2 工程文件名对话框，输入工程文件名 tm_test_atcor.rep，单击 OK，打开设置 ATCOR2 工程文件参数窗口(图 6-3)。

3) 单击 Input Raster File(*.img)，输入要进行大气校正的影像 tm_essen.img(图 6-4)。

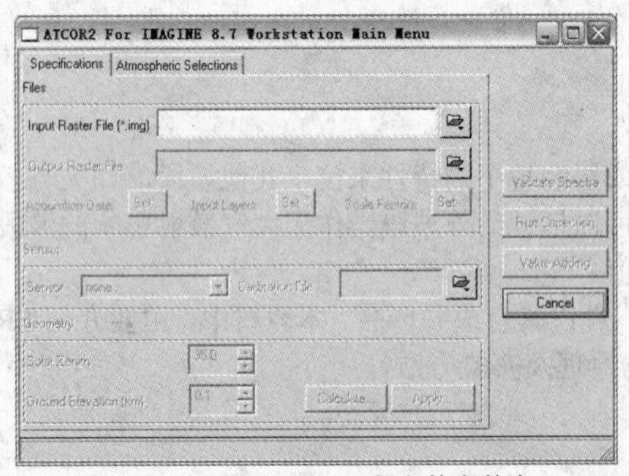

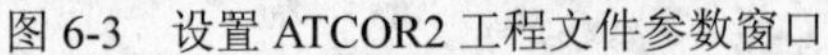
图 6-3 设置 ATCOR2 工程文件参数窗口

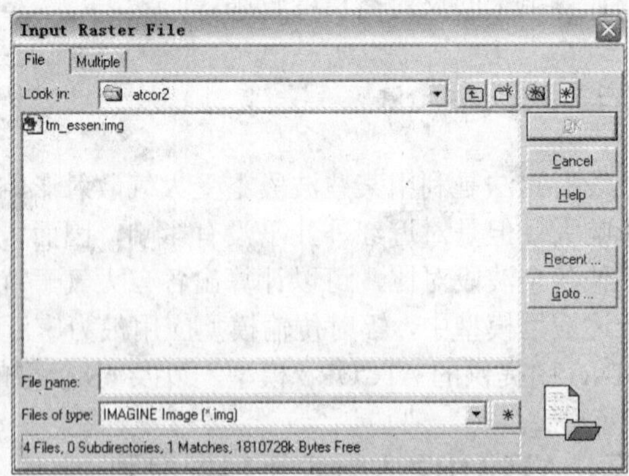

图 6-4 选择影像

4) 设置影像获取的日期：Acquisition Day(日)、Acquisition Month(月)、Acquisition Year(年)(图 6-5)。

5) 定义与输入文件层数相对应感器波段，一般不改变波段的原始顺序。若波段数大于 7，单击图标▶，可打开 8~14 个波段(图 6-6)。

6) 单击 OK，回到 ATCOR2 工程文件参数设置窗口，单击 Output Raster File(输出文件)，文件名为：tm_output.img。

7) 单击 Scale Factor 后 Set 按钮，打开 Output Scale Factors 对话框，进行比例因子设置(图 6-7)。

8) 分别设置 Factor for Reflectance(反射率因子)、Factor for Temperature(温度因子)、Offset for Temperature(温度偏移量)，反射率因子为输出反射率影像的比例因子，默认为 4.00，温度因子、温度偏移量仅对热红外波段有效。

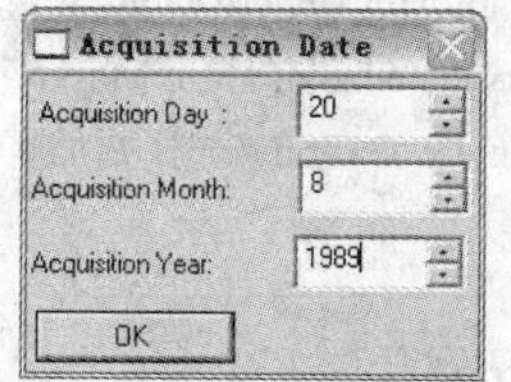

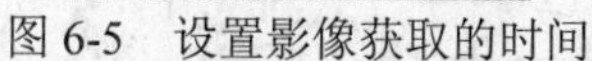
图 6-5 设置影像获取的时间

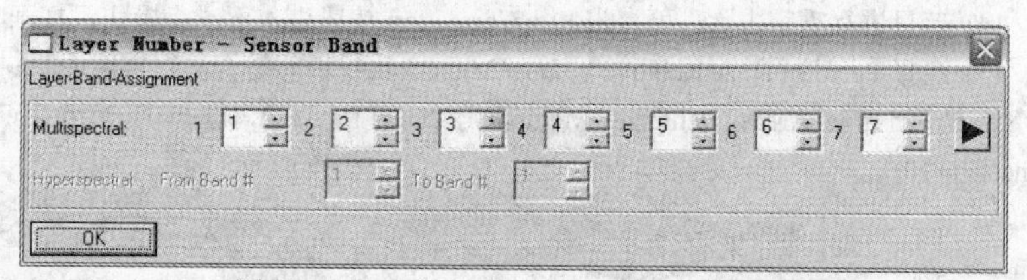

图 6-6 Layer Number-Sensor Band 对话框

9) 设置 Sensor(传感器)参数，选择传感器 Landsat-4/5 TM，完成后单击 Calibration File(校准文件)，选择校准文件 tm_essen.cal。注：校准文件中涉及两个参数 C0、C1，分别为每个波段的偏置和增益值，对于 TM 数据，偏置、增益可从上文辐射定标参数表中获取。

10)设置 Geometry(几何)参数，分别设置 Solar Zenith(太阳天顶角)、Ground Elevation(地面高程)。太阳天顶角的计算，可单击 Calculate 按钮，打开 Sun Position Calculator 对话框(图 6-8)，设置具体的参数。其中，Time of day(UTC)是国际标准时间，与北京时间有如下关系：UTC+8=北京时间。

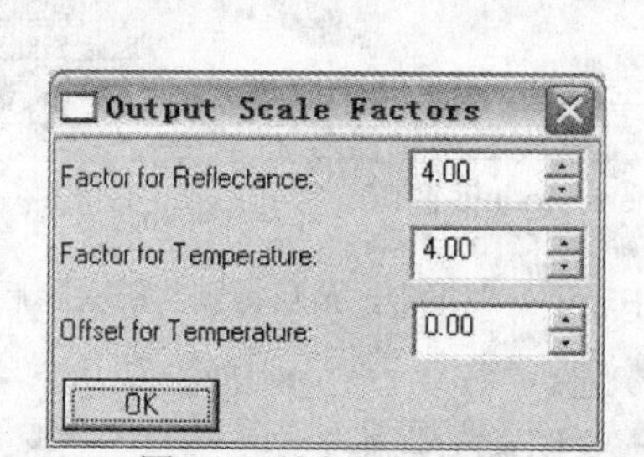

图 6-7 比例因子设置

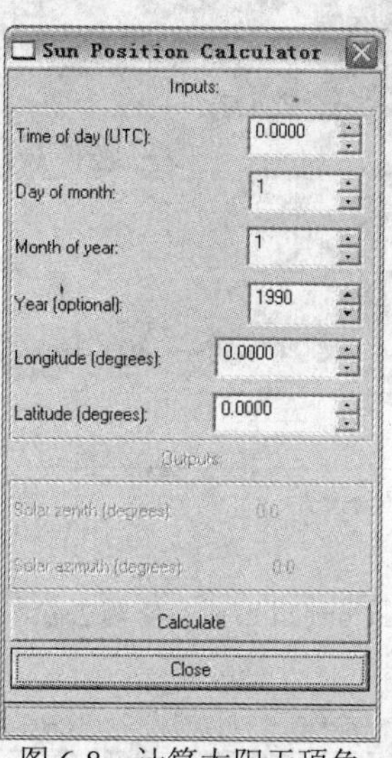

图 6-8 计算太阳天顶角

11) Atmospheric Selection 选项，进行其他参数的设置。

12) 首先设置 Visibility(能见度)，单位为 km，一般取值范围为 5~120 km，此处设为 35 km。

13) 设置 Aerosol type(气溶胶类型)，Model for Solar Region(太阳区域模式)有 rural(郊区)、urban(城区)、other(其他)三种可供选择；Model for Thermal Region(热区域模式)有 dry_desert(沙漠)、fall(秋季)、midlat_summer(中纬度夏季)、midlat_winter(中纬度冬季)、tropical(热带)、US_standard(美国标准大气)等几种模式可供选择，此处选择 rural(郊区)、midlat_summer_rural(中纬度夏季郊区)、midlat_summer(中纬度夏季)几种模式(图 6-9)。

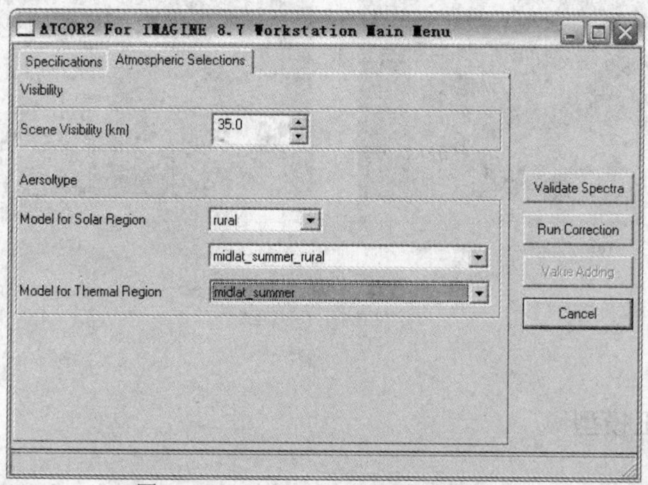

图 6-9 Atmospheric Selection 选项卡

14) 若只进行雾霾去除，可点击 Run Correction 按钮进入下一步操作，打开 Constant Atmosphere Module 窗口。

15) 选择 Perform Haze Remove before Correction(校正前是否进行雾霾去除)，选择 yes；Size of Haze Mask(雾霾掩膜大小)，选择 Large Area；Dehazing Method(消除雾霾的方法)，选择 Thin to Thick；Select Overlay(选择叠加区)，选择 None(图6-10)。

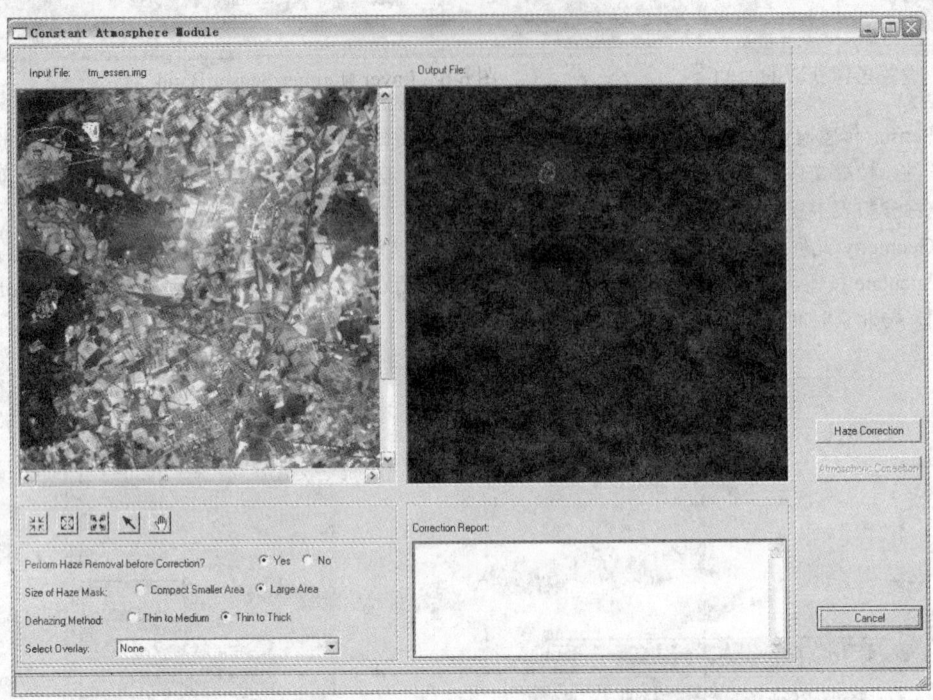

图 6-10　Constant Atmosphere Module 窗口

16) 点击 Haze Correction 进行雾霾去除，Correction Report 中显示处理报告，最后得到雾霾去除后的影像，与去除前相比较(图 6-11)。

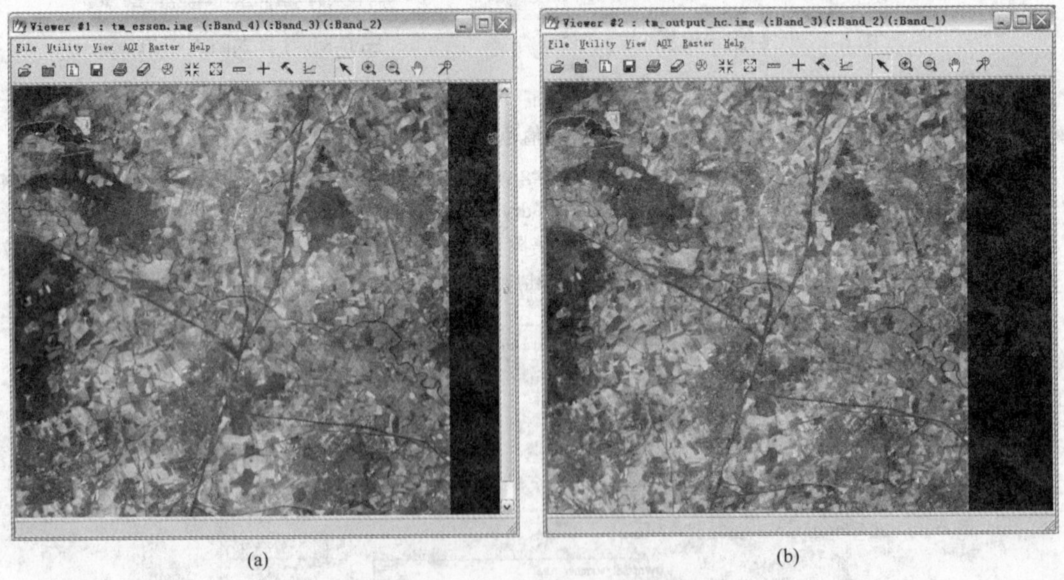

图 6-11　雾霾处理前后影像比较

(a) 处理前；(b)处理后

三、6S 大气校正模型

6S(second simulation of the satellite signal in the solar spectrum)能够预测无云大气条件下

0.25~4.0μm 的卫星信号。假定反射率 ρ_t^u 的目标物为均一朗伯体，传感器所接受的大气顶部反射率可由式(6-12)表示：

$$\rho_{TOA}(\theta_s,\theta_v,\varphi_s-\varphi_v)=\rho_a(\theta_s,\theta_v,\varphi_s-\varphi_v)+\frac{\rho_t^u}{1-\rho_t^u S}T(\theta_s)T(\theta_V) \tag{6-12}$$

式中，$\rho_{TOA}(\theta_s,\theta_v,\varphi_s-\varphi_v)$ 为传感器所接受的大气顶部反射率；$\rho_a(\theta_s,\theta_v,\varphi_s-\varphi_v)$ 为瑞利散射和气溶胶散射引起的程辐射；S 为大气球面反射率；θ_s、φ_s、θ_v、φ_v 分别为太阳天顶角和方位角、观测天顶角和方位角；$T(\theta_s)=e^{-\tau/\mu_s}+t_d(\theta_s)$ 为下行辐射总透射率；$T(\theta_v)=e^{-\tau/\mu_v}+t_d(\theta_v)$ 为上行辐射总透射率；$t_d(\theta_s)$ 为下行散射辐射透射率因子；$t_d(\theta_v)$ 为上行交叉辐射透射率因子；$e^{-\tau/\mu_s}$ 和 $e^{-\tau/\mu_v}$ 分别表示大气对太阳下行、上行直接辐射的透射因子，其中 $\mu_s=\cos(\theta_s)$，$\mu_v=\cos(\theta_v)$ 为太阳和卫星天顶角的余弦值；τ 为大气光学厚度。

在考虑了地面非均匀朗伯体、地面目标高程不是海平面情况下，式(6-12)可改写为

$$\rho_{TOA}(\theta_s,\theta_v,\varphi_s-\varphi_v)=T_g(\theta_s,\theta_v,z_t)\left[\rho_a(\theta_s,\theta_v,\varphi_s-\varphi_v)+\frac{\rho_t^u}{1-\rho_t^u S}T(\theta_s,z_t)T(\theta_V,z_t)\right] \tag{6-13}$$

实验 6-3 基于 6S 模型的大气校正

本教材选用 HJ-1 数据，采用 6S 模型软件对其进行大气校正，操作界面如下(图 6-12)。

图 6-12 6S 软件操作界面

操作过程中需要输入一些参数，表 6-3 为实验数据——HJ-1 卫星参数、角度参数、气象条件及研究区平均海拔。

表 6-3 6S 输入参数

卫星参数	类型	HJ-1
	高度/km	650
	波谱范围/μm	0.43~0.90
	影像获取时间/年-月-日	2009-07-03
角度参数	太阳天顶角/方位角/(°)	21.80/312.40
	卫星天顶角/方位角/(°)	16.30/97.46
气象条件	能见度/km	25.8
	云覆盖率/%	0.00
	天气情况	天气晴朗
	平均风速/(km/h)	9
平均海拔	高程/km	0.043 5

1) 首先输入 Geometrical Condition(几何条件)参数，选择 0 后，先后输入太阳天顶角、太阳方位角、卫星天顶角、卫星方位角、数据获取月份、日期。

2) 选择 Atmospheric Model(大气模型)，有 8 种模型可供选择，其中后两种用于用户自定义，针对本实例中的影像，选择 2：midlatitude summer(中纬度夏季)。

3) 选择 Aerosol Model (Type)(气溶胶模型—类型)，有 12 个模型可供选择，选择 1continental model(大陆模型)

4) 选择 Aerosol Model (Concentration)(气溶胶模型-浓度)，输入能见度，输入目标高度，即平均海拔，见表 6-4，xps >=0 表示目标位于海平面上，xps <0 表示知道目标的平均海拔；输入传感器高度，xpp=-1 000，表示属于卫星观测(图 6-13)。

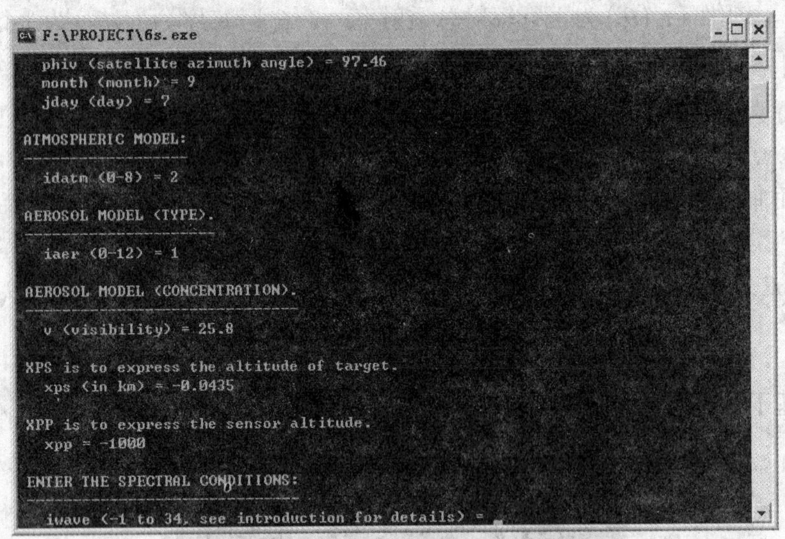

图 6-13　输入 Aerosol Model(Concentration)

5) 进入 Iwave Input of the Spectral Conditions (输入光谱条件)，选择 0，自定义输入波段区间，HJ-1 四个波段区间为：0.43~0.52μm、0.52~0.60μm、0.63~0.69μm、0.76~0.90μm，先只输入第 1 波段。

6) 输入 ground reflecta-nce type(地表反射类型)，有两种地表类型可供选择：均匀地表(0)和非均匀地表(1)，本实例的研究区为非均匀地表，输入 1。

7) 定义非均匀地表，先选择影像中心点所在位置的地物光谱类型，选择 1(绿色植被光谱)，再选择中心点周围的地物光谱类型，选择 3(沙的光谱)，最后输入半径 0.5/km，即中心点 0.5 km 之外是其他地物光谱。

8) 输入 rapp 后可以启动大气校正模型。若 rapp<-1，则不进行大气校正；若 rapp>0，则输入的 rapp=地表反射产生的辐射亮度；若 rapp<0，则输入的-rapp=地表反射率。根据对 HJ-1 各个波段的辐射定标，此处选择输入中心点的辐射亮度。

9) 在 6S 软件中完成操作后，自动生成名为 sixs.out 的.txt 文本文件，在结果文本中记录各项参数，最后的校正参数如图 6-14 所示。

```
*******************************************************************************
*                     atmospheric correction result                          *
*                     -----------------------------                          *
*       input apparent reflectance            :      .120                    *
*       measured radiance [w/m2/sr/mic]       :    67.110                    *
*       atmospherically corrected reflectance :      .057                    *
*       coefficients xa xb xc                 :    .00248   .10990   .17516  *
*       y=xa*(measured radiance)-xb;  acr=y/(1.+xc*y)                        *
*******************************************************************************
```

图 6-14　大气校正参数 xa、xb、xc

10) 根据第 1 波段的校正参数及提供的校正公式，在 ERDAS INMAGINE 中建模，得到第 1 波段大气校正结果，其中，measured radiance 为每个像元的辐射亮度值。其余波段的大气校正均可按照此流程操作。

第三节　地 形 校 正

除了地势十分平坦的地区外，地形是任何天然地表变量中对遥感影像数据影响最大的因素之一。起伏地表上各处的坡度坡向不同会引入辐射误差，在影像上表现为阳坡较亮，阴坡较暗，即阳坡上的像元有强的照度和亮度值，阴坡上的像元有弱的照度和低的亮度值，这种地形效应严重影响了遥感影像的各种定量分析。地形校正的目的主要是补偿由于不规则的地形起伏而造成的地物亮度的变化。地形校正主要针对光学遥感影像，是通过各种变换，将所有像元的辐射亮度变换到某一参考平面(通常取水平面)，从而消除地形起伏引起的影像辐射亮度值变化，使影像更好地反映地物的光谱特性，也就是让具有相同反射率的两个不同太阳方位角的物体表现出相同的波谱响应，使其在影像中具有相同的亮度值。

一、地形校正的基本原理

光学遥感属于被动遥感，它是通过被动接收地表地物反射的太阳辐射对地物进行探测的。通常意义下，水平地表接收的各种太阳辐射相同，但地形复杂区域，地表接收的总辐射值并不相同，从而造成光学遥感影像中同类地物的像元亮度值的变化。

(一) 水平地表的遥感影像像元辐射值的获取

遥感影像中像元的反射率计算公式为

$$\rho=\frac{\pi(L-L_{\mathrm{p}})}{\tau E\cos(\theta_0)} \tag{6-14}$$

式中，ρ 为像元的地表反射率；τ 为大气透过率；E 为到达地表的总太阳辐射值；θ_0 为太阳天顶角(高度角)；L_{p} 为大气程辐射；L 为遥感影像像元的 DN 值经过辐射定标后得到的辐射值。

从太阳辐射到传感器接受信号并最终成像得到遥感影像是一个非常复杂的过程。首先太阳辐射穿过大气层到达地表，再由地物反射，将辐射能量上行穿过大气层到达传感器，由于各种外界因素的影响，卫星影像不仅包括目标区域的辐射值，还包括一些不必要的辐射噪声(孙家抦，2003; Jensen，2007)。通常将地表接收的总辐射 E 简化为互相独立的四个部分(Proy et al., 1989; Sandmeier et al.，1997)：直接辐射(E_{s})、大气下行散射(E_{d})(以下简称大气散射)、邻近辐射(E_{r})和大气程辐射(L_{p})。直接辐射是太阳辐射穿过大气层直接到达地表的部分。大气散射是太阳辐射在大气非均匀介质中传播时改变原来的传播方向，其中一部分到达地表，也称下行散射。邻近辐射是太阳辐射通过靠近研究区域地物的反射或散射进入遥感系统瞬时视场的辐射。大气程辐射是大气散射中没有到达地表而直接进入传感器视场的太阳辐射，它包括很多不必要的天空漫射辐射，需要尽可能减小它的影响。

对于平坦地面，由于水平地表上各部分辐射对每个像元的影响相同，此时，卫星影像像元的辐射值为

$$L_{\mathrm{H}}=\rho(E_{\mathrm{s}}\cos(sz)+E_{\mathrm{d}}+E_{\mathrm{r}})/\pi-L_{\mathrm{p}} \tag{6-15}$$

式中，L_{H} 为水平地表卫星影像像元的辐射值。

(二) 复杂地形对遥感影像像元辐射值的影响

起伏地形对于卫星影像数据的影响主要包括直接辐射(E_{s})、大气散射(E_{d})和邻近辐射(E_{r})三个方

面(Proy et al., 1989)。

1. 地形对直接辐射的影响 在水平地表，地物接收的太阳辐射由太阳天顶角决定，天顶角越小，地物接受到的太阳辐射越多。在起伏地表，倾斜地表与直射光线构成的光线入射角的变化造成了每个像元接收的直接辐射的不同，此时，地表像元接收的直接辐射表示为

$$E_{\mathrm{T-s}} = E_{\mathrm{s}} \cos i \tag{6-16}$$

式中，i 为太阳入射光线和倾斜地表面法线构成的光线入射角(图 6-15)，它是由太阳的方位和地表像元所处的坡度和坡向共同决定的，即

$$\cos i = \cos\alpha\cos(\theta_0) + \sin\alpha\sin(sz)\cos(\beta-\omega) \tag{6-17}$$

式中，α 为像元内的地表坡度角；β 为像元的地表坡向角，这两个角度利用数字高程模型(digital elevation model，DEM)数据计算得到；ω 为太阳方位角。由式(6-17)可以看出，在倾斜地表，像元接收的辐射量的变化是由地表坡度和坡向的变化导致的。

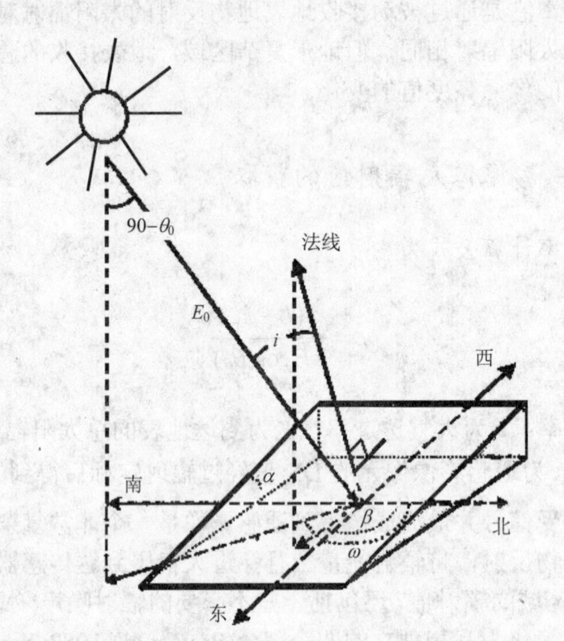

图 6-15 倾斜地表接收的太阳直接辐射(Raino et al., 2003)

2. 地形对散射辐射的影响 对于水平地表，每个地表像元接收的大气散射是在一个半球面积范围内所接受到的大气散射的总和。对于起伏地表，由于受到邻近地形的遮蔽，地表像元接收大气散射的面积会小于半球面积，其表达式为

$$E_{\mathrm{T-d}} = E_{\mathrm{d}} V_{\text{sky-view}} \tag{6-18}$$

式中，$V_{\text{sky-view}}$ 为天空可见系数，它表示倾斜地表单元可接收大气散射的面积与半球面积的比值，数值范围为 0~1，其表达式为

$$V_{\text{sky-view}} = \frac{1+\cos\alpha}{2} \tag{6-19}$$

式(6-19)表明，对于坡度为零的平坦区域，像元可见天空面积为整个半球。

3. 地形对邻近辐射的影响 由于邻近辐射占总辐射中的比例很少，并且在水平地表，每个像元的邻近辐射可视为相同，因此，在实际应用中常常被忽略。然而，在倾斜地表，邻近像元的不同朝向

会造成中心像元接受到的邻近辐射也各不相同。在复杂地形条件下考虑邻近辐射的影响主要包括两种方法：一种是忽略每个邻近像元的地形细节，将所有邻近辐射对中心像元的影响笼统考虑为邻近环境辐射均值和中心像元可接受的地表辐射面积的乘积，即

$$E_{\text{T-r}} = E_{\text{r}} V_{\text{terrain-view}} \tag{6-20}$$

式中，$V_{\text{terrain-view}}$ 为地表可见系数，它是倾斜表面像元可接收邻近辐射的面积与半球面积的比值，数值范围为 0~1，其表达式为

$$V_{\text{terrain-view}} = \frac{1-\cos\alpha}{2} \tag{6-21}$$

另一种方式是分别考虑每个邻近像元的辐射对中心像元的影响，即

$$E_{\text{T-r}} = \sum_{j=1}^{n} \frac{L_j \cos T_j \cos T_i \, \mathrm{d}S_i}{r_{ij}^2} \tag{6-22}$$

式中，L_j 为相邻像元的辐射值；T_j 、T_i 分别为相邻像元 j 和中心像元 i 面元的法线和两点连线的夹角；$\mathrm{d}S_i$ 为中心像元所在面元的面积；r 为两点之间的距离。该式中包括了有效范围内所有与中心像元通视且朝向中心像元的邻近像元。很明显，虽然第二种计算方法相对复杂，但它能更真实地反映地形细节对邻近辐射的影响。

除了以上三个主要方面，地形的遮蔽还会造成直接阴影和投影阴影，导致一些区域缺乏太阳光照，使得影像上某些像元丧失或缺乏真实的辐射值信息。

因此，在复杂地形条件下，由于影像上每个像元所处的地形位置与邻近地形的共同影响，影像像元接收到的辐射值比水平地表要复杂。不规则地形将导致同种或相似类型地物的像元辐射值/反射率发生变化，这种变化会降低影像解译精度。

二、地形校正方法

从 20 世纪 70 年代后期开始，提出了不少地形校正方法来减少或消除地形影响。概括起来，大致可分为三大类：基于波段比的方法、基于 DEM 的方法和基于超球面的方法。本教材重点介绍基于 DEM 的方法。

(一) 基于波段比的方法

该方法是减少地物各向异性反射的最简单、最普通的方法，又称为比值法或比值合成法。由于地形照度、地面反照率和观察角度的影响产生空间辐射变化，而且波段间的空间辐射变化是一个比例常数，因此，用一个波段光谱值除以另一个波段光谱值生成的比值数据，通常可以增强辐射变化，会比原始数据更有助于精确识别不同地物类型。该技术的问题在于当地表覆被具有相似的光谱反射特性时，地表反照率的差异会变得模糊不清。

(二) 基于 DEM 的方法

光照度代表了直射到像元的太阳辐射，通过计算太阳入射角的余弦可以得到。从式(6-16)可知，太阳入射角是由太阳的方位和地表像元所处的坡度和坡向共同决定，通过 DEM 即可获得所需的方位和角度。DEM 必须和卫星遥感数据进行几何配准并重采样到相同的空间分辨率。对 DEM 处理后，每个像元亮度值代表它应该从太阳获得的光照量。下面介绍 3 种经典的地形校正方法。

1. 余弦校正　到达斜坡像元的辐照度与入射角 i 的余弦成正比。理想情况下可以假定：①地表为朗伯体；②日照距离不变；③照射地球的太阳能量为常量(图 6-16)。

倾斜地表遥感影像的辐射值可表示为

$$L_{\mathrm{T}}=\frac{1}{\pi}E\cos i\rho(i,e)\tau \quad \text{或} \ L_{\mathrm{T}}=a\cos i\rho(i,e) \tag{6-23}$$

式中，$\rho(i,e)$ 为双向反射率；a 为常数。

对朗伯体而言，倾斜地表和水平地表的双向反射率相同，即

$$\rho(i,e)=\rho(\theta_0,0)=\rho \tag{6-24}$$

此时，水平地表的影像辐射值可表示为

$$L_{\mathrm{H}}=a\rho\cos(\theta_0) \tag{6-25}$$

由式(6-23)和式(6-25)联合可得余弦校正公式为

$$L_{\mathrm{H}}=\frac{\cos(\theta_0)}{\cos i}L_{\mathrm{T}} \tag{6-26}$$

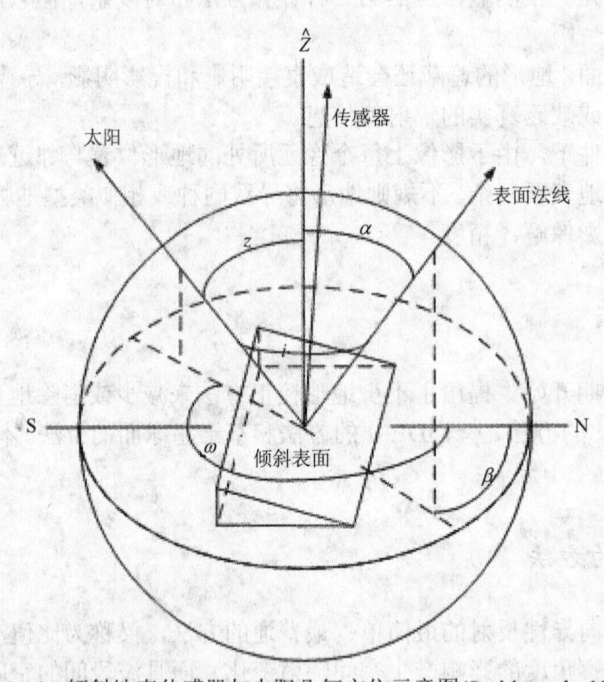

图 6-16　倾斜地表传感器与太阳几何方位示意图(Smith et al., 1980)

余弦模型虽然能在一定程度上减小地形对像元辐射值的影响，但是它只适用于地形起伏较小和太阳高度角较高的情况。一旦地形起伏很大，校正结果会随着光线入射角 i 的变化发生显著的变化。另外一个极端的例子是当缺乏太阳直射光照时，i 趋近于 0；L_{H} 趋近于无限大，因此这个校正模型常常会导致校正过度或饱和(Teillet et al., 1982)。

2. Minnaert 校正模型　由于朗伯体的假设往往不符合实际情况，因此，可采用 Minnaert 经验系数(Minnaert, 1941)来模拟双向反射率，即

$$\rho(i,e)=\rho\cos^{k-1}i\cos^{k-1}e \tag{6-27}$$

影像中倾斜地表对应像元的辐射值分别为

$$L_{\mathrm{T}} = L\cos^{k} i \cos^{k-1} e \tag{6-28}$$

式中，L 为标准反射率 ρ 对应的标准辐射值；k 为 Minnaert 系数，通常该系数会随着光线和传感器之间的相位角变化。对于观测角垂直于水平地表的卫星，该影响可以忽略不计。系数 k 主要表现了地表的粗糙程度和双向性反射程度。如果 $k=1$，表明地表为朗伯体，校正模型即为余弦校正模型。对于粗糙地表，k 的变化范围为 0~1。

对于水平地表，其像元的辐射值表达式为

$$L_{\mathrm{H}} = L\cos^{k}(\theta_0) \tag{6-29}$$

因此，Minnaert 模型为

$$L_{\mathrm{H}} = L_{\mathrm{T}}\left(\frac{\cos(\theta_0)}{\cos i}\right)^{k}\cos^{1-k} e \tag{6-30}$$

3. C 校正模型 余弦校正模型和 Minnaert 模型均只考虑了地形对直射辐射的影响，当太阳入射角较低时，常出现校正后像元辐射值饱和的情况。因此 Teillet 提出了 C 校正模型。

C 校正模型的基本思想是(Teillet, 1982)：对于任意波段中的影像像元的辐射值和其对应的太阳入射角都遵循线性关系。理想情况下，当入射角余弦值为零或小于零时，表明该点缺乏太阳光照，则该点的辐射值应该为零，该拟合直线应通过原点。然而，在实际情况下，由于大气散射和地表相邻像元折射的缘故，像元辐射值和太阳入射角 i 满足：

$$L_{\mathrm{T}} = a + b\cos i \tag{6-31}$$

式中，L_{T} 为位于倾斜地表的像元辐射值；b 和 a 分别为与太阳直接辐射和其他辐射相关的两个系数。它们通过选取适量样本像元，将样本辐射值和入射角余弦值进行拟合确定。

那么，当像元位于水平地表时，太阳入射角等于太阳天顶角，即

$$L_{\mathrm{H}} = a + b\cos(\theta_0) \tag{6-32}$$

将倾斜地表的像元辐射值校正到水平地表的水平，由式(6-31)和式(6-32)得到 C 校正模型

$$L_{\mathrm{H}} = L_{\mathrm{T}}\frac{\cos(\theta_0)+c}{\cos i + c} \tag{6-33}$$

式中，$c = a/b$。

大多数的研究主要集中在对 Landsat 影像的地形校正上，对 SPOT、IKONOS 等影像的地形校正研究相对较少，这主要是受 DEM 数据获取困难的影响。对于主动遥感中合成孔径雷达(synthetic aperture radar，SAR)获取的影像数据同样存在地形畸变，随着雷达应用的深入，其研究亦备受专家学者关注。地形校正作为遥感影像定量分析预处理过程中的重要步骤，对提高陆面参数定量遥感反演精度意义重大。

实验与练习

1. 选择不同时相的 Landsat TM 影像，按照表 6-1~表 6-3 进行辐射定标。
2. 采用 6S 模型软件对 Landsat TM 影像进行大气校正。

主要参考文献

陈世平. 2003. 空间相机设计与试验. 北京：宇航出版社.

高永年，张万昌. 2008. 遥感影像地形校正研究进展及其比较试验. 地理研究, 27(2): 467~477.
黄微. 2008. 辐射地形校正模型及应用方法研究. 武汉大学博士论文.
李先华. 1986. 遥感信息的地形影响与改正. 测绘学报, 15(2): 102~109.
梅安新，秦其明，刘慧平. 2001. 遥感导论. 北京：高等教育出版社.
孙家抦. 2009. 遥感原理与应用(第二版). 武汉：武汉大学出版社.
汤国安，张友顺，刘咏梅，等. 2004. 遥感数字图像处理. 北京：科学出版社.
张洪亮，倪邵祥，张军. 2001. 国内外遥感影像的地形归一化方法研究进展. 遥感信息, 3: 24~26.
张兆明，何国金. 2008. Landsat5TM 数据辐射定标. 科技导报, 26(7): 54~58.
赵英时. 2003. 遥感应用分析原理与方法. 北京：科学出版社.
朱长明，杨辽，陈生. 2008. 基于 ATCOR2 模型的 CBERS-02 数据大气校正. 遥感技术与应用, 23(5): 565~570.
2008-03-10. http: //landsat. usgs. gov/science_L5_Cal_Notices. php.
Iikura Y. 2002. Topographic Effects observed in shadowed pixels in satellite imagery. Geoscience and Remote Sensing Symposium, 2002. IGARSS '02. 2002 IEEE International, 6: 3489~3491.
Jensen J R. 2007. Introductory Digital Image Processing: 191.
Jensen J R. 2007. 遥感数字影像处理导论(第三版). 陈晓玲，龚威译. 北京：机械工业出版社.
Jensen J R. 2011. 环境遥感——地球资源视角(第二版). 陈晓玲，黄珏译.北京：科学出版社.
Lee T Y, Kaufman Y J. 1986. Non-lambertian effects on remote sensing of surface reflectance and vegetation index. IEEE Trans Geosci Remote Sensing, GE-24: 699~708.
Minnaert M. 1941. The reciprocity principle in lunar photometry. Astrophys J, 93: 403~410.
Proy C, Tanre D, Deschamps P Y. 1989. Evaluation of topographic effects in remotely sensed data. Remote Sensing of Environment, 30: 21~32.
Richter R. A Spatially-adaptive fast atmospheric correction algorithm. ERDAS IMAGINE-ATCOR2 User Manual (Version 1. 0).
Stefan S, Klaus I. 1997. A physically-based model to correct atmospheric and illumination effects in optical satellite data of rugged terrain. IEEE transactions on Geoscience and Remote Sensing, 35(3): 708~717.
Teillet P M, Staenz K, Williams D J. 1997. Effects of spectral, spatial and radiometric characteristics on remote sensing vegetation indices of forested regions. Remote Sensing of Environment, 61: 139~149.
Vincini M, Reeder D, Frazz E. 2002. An empirical topographic normalization method for forest TM data, geoscience and remote sensing symposium, 2002. IGARSS '02. Processings of 2002 IEEE International, (4): 24~28.

建议阅读书目

梅安新，秦其明，刘慧平. 2001. 遥感导论. 北京：高等教育出版社.
孙家抦. 2009. 遥感原理与应用(第二版). 武汉：武汉大学出版社.
赵英时. 2003. 遥感应用分析原理与方法. 北京：科学出版社.
Jensen J R. 2007. 遥感数字影像处理导论(第三版). 陈晓玲，龚威译. 北京：机械工业出版社.
Jensen J R. 2011. 环境遥感——地球资源视角(第二版). 陈晓玲，黄珏译. 北京：科学出版社.

第四篇　遥感影像解译

第七章　影 像 增 强

本章导读

遥感影像获取过程中受到大气或气象条件等的影响，会产生影像模糊、对比度不够、所需信息不够突出等问题，需要对这些影像进行增强处理。通过调整、变换影像密度或色调，用以提高影像质量，突出所需信息及压缩影像数据量，以利于进一步的解译判读的处理过程。影像增强的方法主要可分空间增强、辐射增强、光谱增强等。本章将就以上几种方法分别予以介绍和练习。

第一节　空 间 增 强

影像的空间增强是通过有目的地突出影像中的某些特征，使处理后的影像突出主题信息或抑制非主要信息，从而达到增强的目的。此方法利用像元本身及其周围像元的灰度值进行系列运算来实现影像的增强。

ERDAS 提供的空间增强功能主要有：卷积(convolution)、非定向边缘增强(non-directional edge)、聚焦分析(focal analysis)、纹理分析(texture analysis)、自适应滤波(adapter filter)以及统计滤波(statistical filter)、分辨率融合(resolution merge)、锐化(crisp)等。

一、卷积

卷积是通过选定的卷积算子改变影像的空间频率特征的处理方法。卷积算子也称系数矩阵或卷积核(kernel)，实质为一个 $M \times N$ 的小影像，它的选定是处理的关键。ERDAS IMAGINE 将常用的卷积算子放在名为 default.klb 的文件中，分为 3×3、5×5 和 7×7 三组，每组又包括边缘检测(edge detect)、边缘增强(edge enhance)、低通滤波(low pass)、高通滤波(high pass)、水平检测(horizontal)、垂直检测(vertical)和交叉检测(summary)等多种不同的处理方式，同时亦可根据需要自定义卷积算子。具体的卷积增强操作过程如下。

在 ERDAS 图标面板菜单条，单击 Main | Image Interpreter | Spatial Enhancement | Convolution 命令，打开 Convolution 对话框，或在 ERDAS 图标面板工具条，单击 Interpreter 图标|Spatial Enhancement | Convolution 命令，打开 Convolution 对话框(图 7-1)。

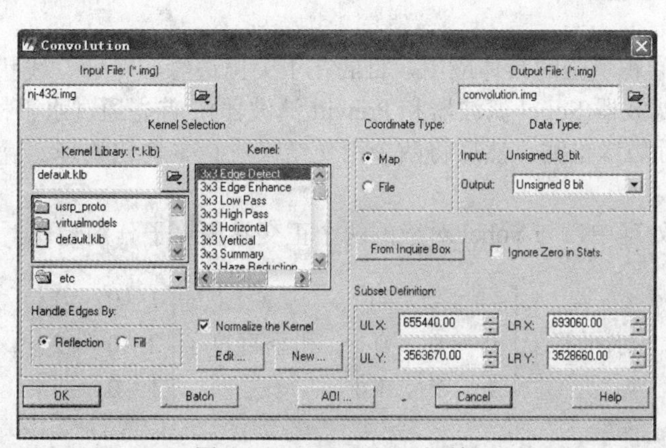

图 7-1　Convolution 对话框

在打开的 Convolution 对话框中，进行参数设置。实验样本为 2000 年 9 月 16 日南京市区 ETM+4，3，2 合成影像，处理结果突出了边缘信息(图 7-2)。

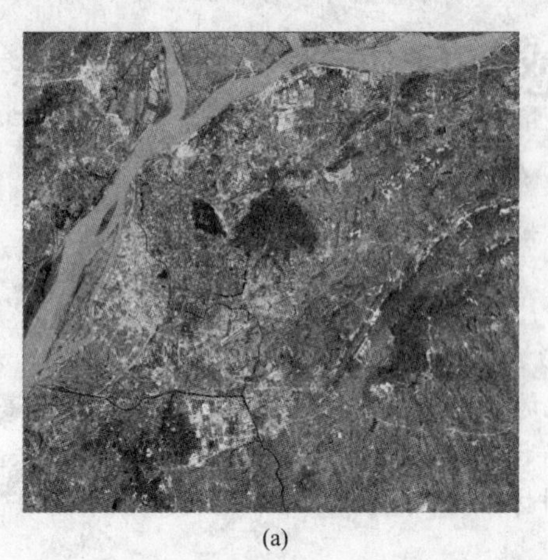

(a)

(b)

图 7-2　Convolution 处理结果

(a) 处理前；(b) 处理后

如果系统所提供的卷积核不能满足影像处理的需求，用户可以随时编辑修改或重新建立卷积核。只要在如图 7-1 所示的 Convolution 对话框中单击 Edit 或 New 按钮，就可以进行卷积核编辑或建立。图 7-3 就是选择 3×3 Edge Detect 卷积核的基础上，单击 Edit 按钮打开的卷积核编辑窗口，用户可以根据需要定义卷积核。

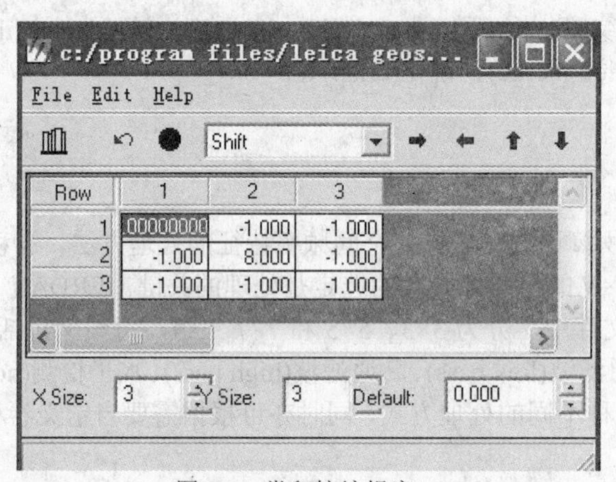

图 7-3　卷积核编辑窗口

二、非定向边缘增强

非定向边缘增强是卷积增强的具体应用，目的在于突出边缘、轮廓、线状目标信息，起到锐化的效果。应用非常通用的滤波器(Sobel 滤波器和 Prewitt 滤波器)，首先通过水平检测算子(horizontal)和垂直检测算子(vertical)进行边缘检测，然后将两个正交结果进行平均化处理。操作过程较简单，关键是滤波器的选择。

在非定向边缘增强处理中，与 Sobel 对应的两个正交卷积算子分别是

$$\text{水平算子}\begin{bmatrix} -1 & -2 & -1 \\ 0 & 0 & 0 \\ 1 & 2 & 1 \end{bmatrix} \quad \text{和垂直算子}\begin{bmatrix} 1 & 0 & -1 \\ 2 & 0 & -2 \\ 1 & 0 & -1 \end{bmatrix}$$

在非定向边缘增强处理中，与 Previtt 对应的两个正交卷积算子分别是

$$\text{水平算子}\begin{bmatrix}-1 & -1 & -1\\ 0 & 0 & 0\\ 1 & 1 & 1\end{bmatrix}\quad\text{和垂直算子}\begin{bmatrix}1 & 0 & -1\\ 1 & 0 & -1\\ 1 & 0 & -1\end{bmatrix}$$

在 ERDAS 图标面板菜单条，单击 Main|Image Interpreter|Spatial Enhancement| Non-directional Edge 命令，打开 Non-directional 对话框。

或在 ERDAS 图标面板工具条，单击 Interpreter 图标|Spatial Enhancement| Non-directional Edge 命令，打开 Non-directional 对话框(图 7-4)。

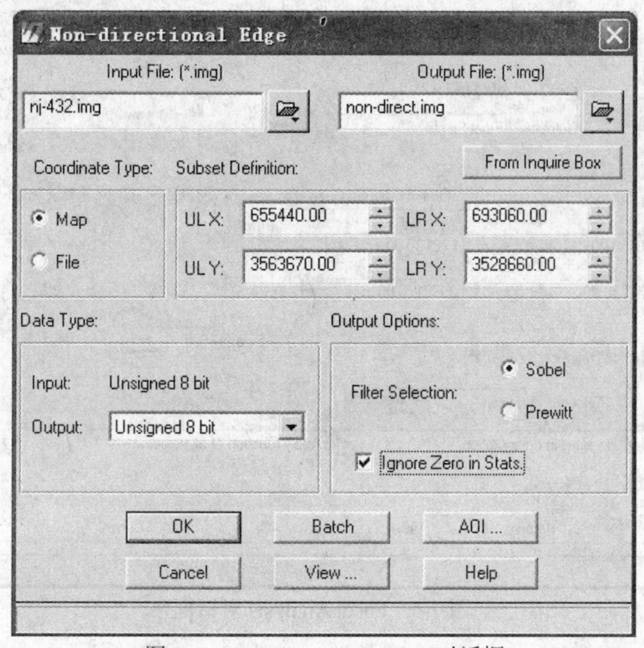

图 7-4 Non-directional Edge 对话框

在 Crisp 对话框中对各参数进行设置。实验样本为 2000 年 9 月 16 日南京市区 ETM+4，3，2 合成影像。处理效果如图 7-5 所示。

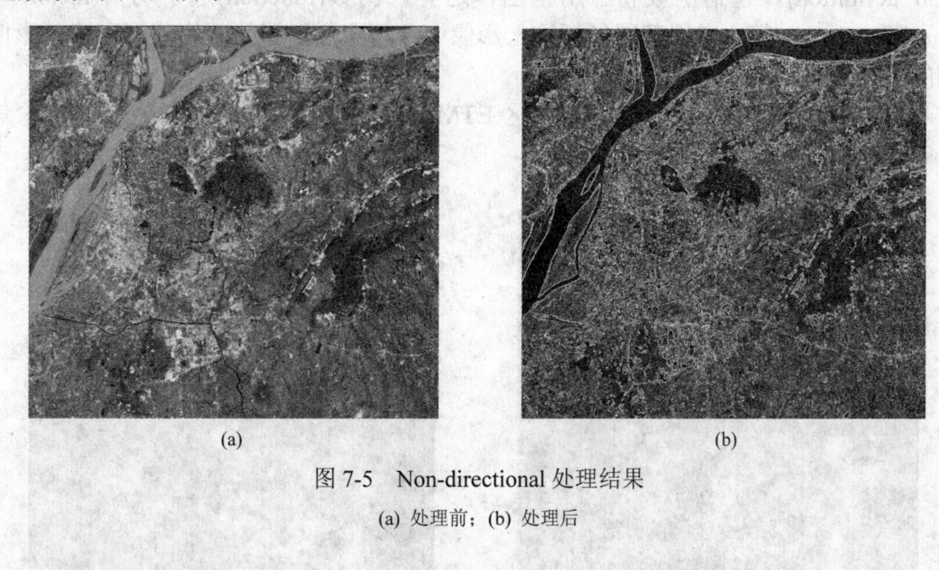

(a) (b)

图 7-5 Non-directional 处理结果

(a) 处理前；(b) 处理后

三、聚焦分析

聚焦分析的处理方法与卷积滤波类似，只是相对更加自由地定义参与运算的像元及函数，完成两者的定义后，就可执行运算，计算出所选窗口中心像元的值，从而达到影像增强的目的。操作相对简单，关键是聚焦窗口的选择(focal definition)和聚焦函数的定义(function definition)。

在 ERDAS 图标面板菜单条，单击 Main|Image Interpreter|Spatial Enhancement|Focal Analysis 命令，打开 Focal Analysis 对话框，或在 ERDAS 图标面板工具条，单击 Interpreter 图标|Spatial Enhancement|Focal Analysis 命令，打开 Focal Analysis 对话框(图 7-6)。

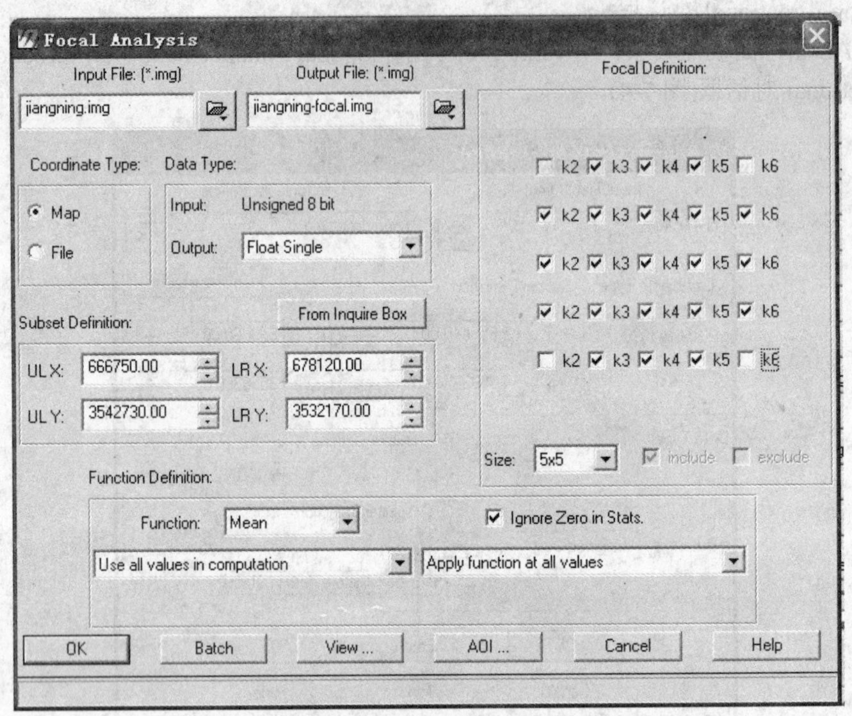

图 7-6　Focal Analysis 对话框

在 Focal Analysis 对话框中对各参数进行设置。确定处理范围(subset definition)，在 UL X/Y、LR X/Y 微调框中输入需要的数值(默认为整个影像范围，用户可应用 Inquire Box 自定义处理范围)。聚焦函数定义(function definition)，包括函数和应用范围，这里，函数(function)选平均值(mean)，也可选如 Max/Min/Sum/SD/Median 等。应用范围包括输入影像中参与聚焦运算的数值范围和输入影像中应用聚焦运算函数的数值范围。

实验样本为 2000 年 9 月 16 日南京市江宁区 ETM+4，3，2 合成影像。实验样本的聚焦分析处理结果如图 7-7 所示。

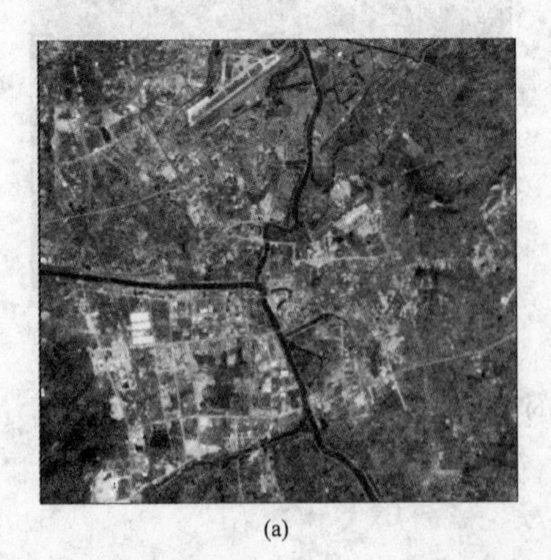

(a)

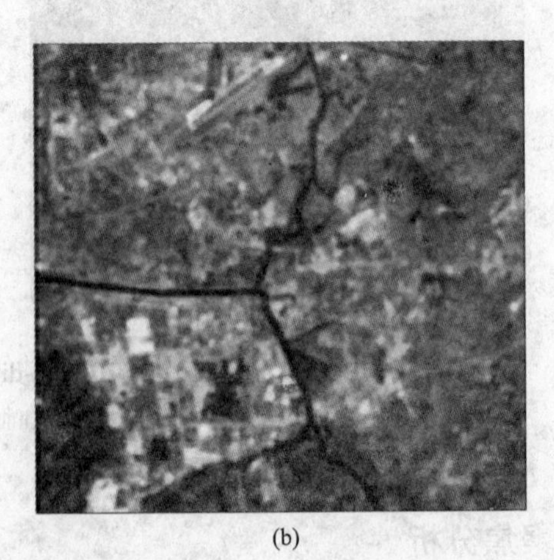

(b)

图 7-7　Focal Analysis 处理结果
(a) 处理前；(b) 处理后

四、纹理分析

纹理分析是通过在一定的窗口进行二次编译分析(2 nd-order variance)或三次非对称分析(3 rd-order skewness)，使雷达影像或其他影像的纹理结构得到增强。关键是窗口大小(window size)的确定和操作函数(operator)的定义。

在 ERDAS 图标面板菜单条，单击 Main|Image Interpreter|Spatial Enhancement|Texture 命令，打开 Texture 对话框。

或在 ERDAS 图标面板工具条，单击 Interpreter 图标|Spatial Enhancement|Texture 命令，打开 Texture 对话框(图 7-8)。

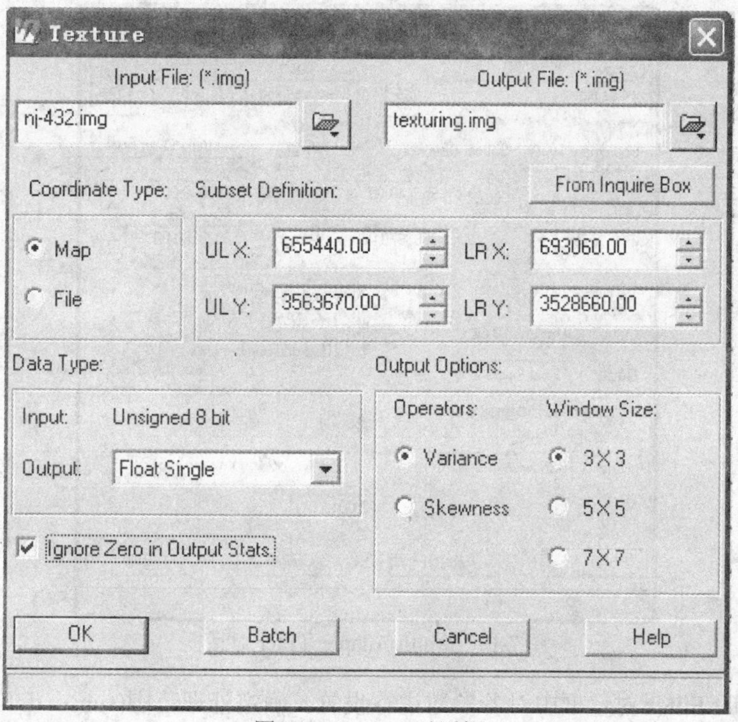

图 7-8 Texture 对话框

在 Texture 对话框中对各参数进行设置。实验样本为 2000 年 9 月 16 日南京市区 ETM+4，3，2 合成影像。纹理分析处理效果如图 7-9 所示。

(a)

(b)

图 7-9 Texture 处理结果

(a) 处理前；(b) 处理后

五、自适应滤波

自适应滤波是应用 Wallis Adapter Filter 方法对影像中感兴趣区域(AOI)进行对比度拉伸处理，从而达到影像增强的目的。操作过程中关键在于移动窗口大小(moving window size)和乘积倍数大小(multiplier)的定义，移动窗口大小可以任意选择，如 3×3、5×5、7×7 等，通常都确定为奇数，而乘积倍数大小是为了扩大影像反差或对比度，可以根据需要确定，系统默认值为 2.0。

在 ERDAS 图标面板菜单条，单击 Main|Image Interpreter|Spatial Enhancement| Adapter Filter 命令，打开 Wallis Adapter Filter 对话框，或在 ERDAS 图标面板工具条，单击 Interpreter 图标|Spatial Enhancement| Adapter Filter 命令，打开 Wallis Adapter Filter 对话框(图 7-10)。

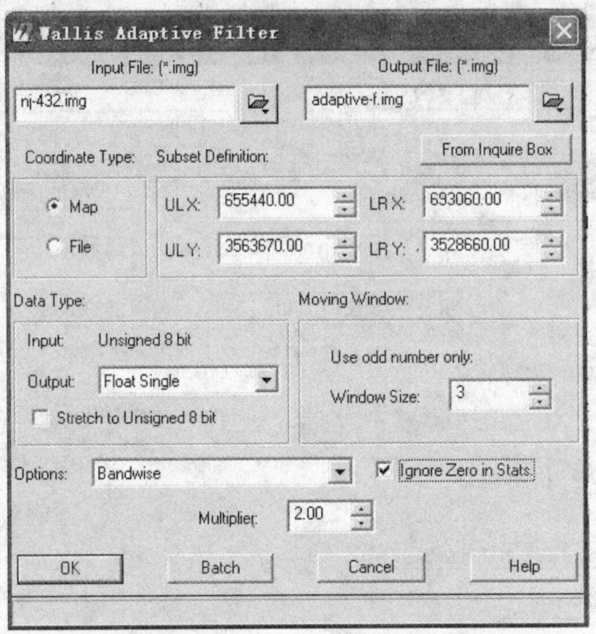

图 7-10 Wallis Adapter Filter 对话框

在 Wallis Adapter Filter 对话框中对各参数进行设置。确定处理范围(subset definition)，在 UL X/Y、LR X/Y 微调框中输入需要的数值(默认为整个影像范围，用户可应用 Inquire Box 自定义处理范围)；输出文件选项(options)Bandwise(逐个波段进行滤波)或 PC(仅对主成分变换后的第一成分进行滤波)，此处选前者。

实验样本为 2000 年 9 月 16 日南京市江宁区 ETM+4，3，2 合成影像。自适应滤波处理结果如图 7-11 所示。

(a)

(b)

图 7-11 Wallis Adaptive Filter 处理结果

(a) 处理前；(b) 处理后

六、统计滤波

统计滤波是应用 Sigma Filter 方法对用户选择影像区域外的像元进行改进处理，从而达到影像增强的目的。统计滤波方法最早应用于雷达影像斑点噪声压缩(speckle suppression)处理中，随后引入到光学影像的处理中。在统计滤波操作中，移动窗口大小固定为 5×5，而乘积倍数大小则可以在 4.0、2.0、1.0 之间选择。其操作简单，关键注意理解其处理的原理，并选择合理的参数，才能获得比较满意的处理结果。

在 ERDAS 图标面板菜单条，单击 Main|Image Interpreter|Spatial Enhancement| Statistical Filter 命令，打开 Statistical Filter 对话框，或在 ERDAS 图标面板工具条，单击 Interpreter 图标|Spatial Enhancement| Statistical Filter 命令，打开 Statistical Filter 对话框(图 7-12)。

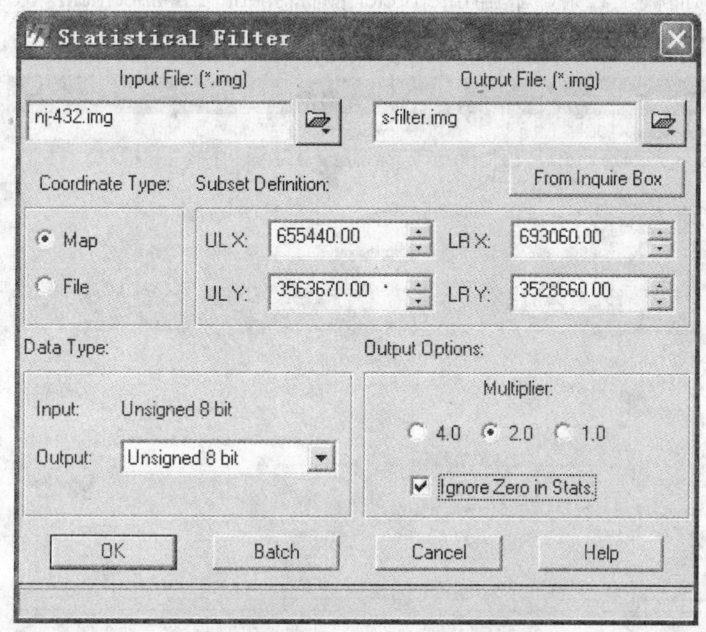

图 7-12 Statistical Filter 对话框

在 Statistical Filter 对话框中对各参数进行设置。实验样本为 2000 年 9 月 16 日南京市江宁区 ETM+4，3，2 合成影像。统计滤波处理结果如图 7-13 所示。

(a)

(b)

图 7-13 Statistical Filter 处理结果

(a) 处理前；(b) 处理后

七、影像融合

影像融合是对不同分辨率的影像进行融合处理，使融合后的影像兼具有高分辨率单波段影像的分辨率和多波段影像的多光谱特性，达到影像增强的目的。现有遥感系统的很多传感器，同时获取高分辨率全色波段和较低分辨率多光谱波段数据，如 Landsat7 的 ETM+、SPOT、CBERS-02B 以及 IKONOS、Quickbird 等许多高分辨率遥感系统。此外，对不同传感器获取的数据的融合，如 SPOT 的 10 m 全色和 TM 的 30 m 多光谱数据的融合，也有其独特的效果。因此，该项处理功能得到广泛应用。

实验样本采用 2000 年 9 月 16 日 Landsat ETM+数据，高分辨率数据为 15 m 的全色波段(8 波段)数据，多光谱采用分辨率为 30 m 的 7,4,2 波段数据。在 ERDAS 图标面板菜单条，单击 Main | Image Interpreter | Spatial Enhancement | Resolution Merge 命令，打开 Resolution Merge 对话框。

或在 ERDAS 图标面板工具条，单击 Interpreter 图标|Spatial Enhancement | Resolution Merge 命令，打开 Resolution Merge 对话框(图 7-14)。

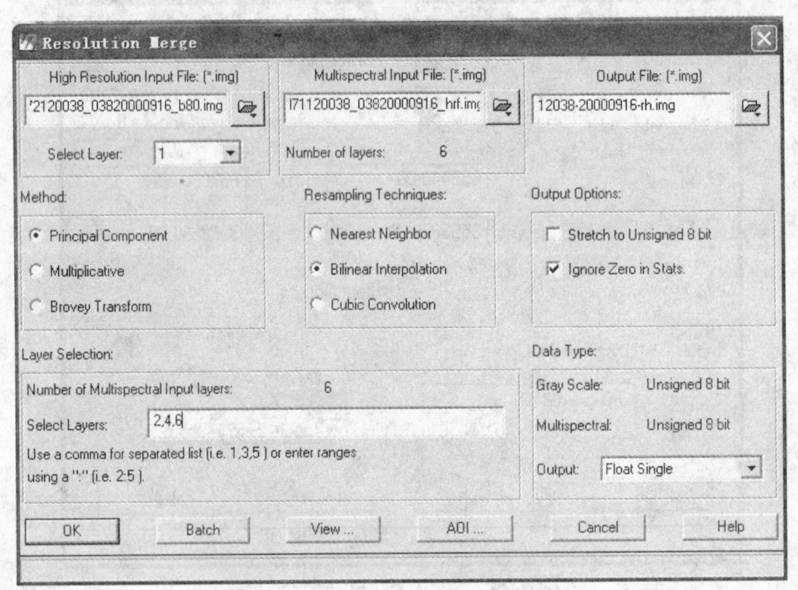

图 7-14　Resolution Merge 对话框

经多光谱数据与全色波段数据融合后的影像，既保留了多光谱信息，空间分辨率也有相应提高。融合后的影像分辨率达到 15 m，与 30 m 分辨率的同一地区影像比较，数据量是原来的 4 倍，道路、河道等细节部分明显清晰(图 7-15)。

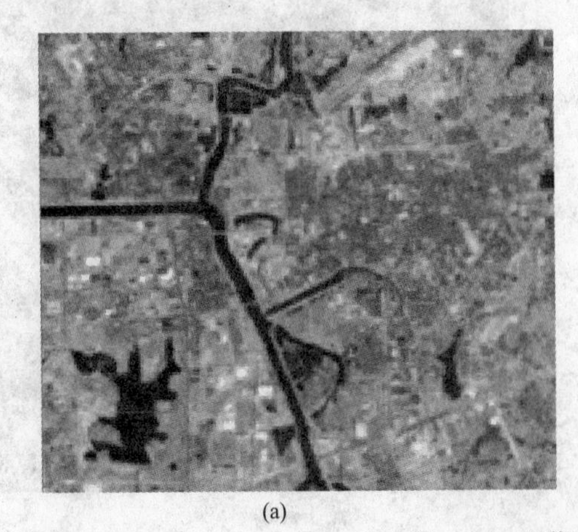

(a)

(b)

图 7-15　影像融合效果图

(a) TM7,4,2 合成影像；(b) 与 8 波段融合后的影像

八、锐化

锐化实质上是通过对影像进行卷积滤波处理，使整幅影像的亮度得到增强而不改变其专题内容，从而达到影像增强的目的。根据底层处理过程可将其分为两种过程：一是根据用户定义的矩阵(custom matrix)直接对影像进行卷积处理(空间模型为(crisp-greyscale.gmd)；二是先对影像进行主成分变换，对第一主成分进行卷积滤波，再进行主成分逆变换(空间模型为 crip-minmax.gmd)。由于以上过程是在底层的空间模型支持下完成，故操作较简单，具体如下：

在 ERDAS 图标面板菜单条，单击 Main | Image Interpreter | Spatial Enhancement | Crisp 命令，打开 Crisp 对话框。

或在 ERDAS 图标面板工具条，单击 Interpreter 图标|Spatial Enhancement | Crisp 命令，打开 Crisp 对话框(图 7-16)。

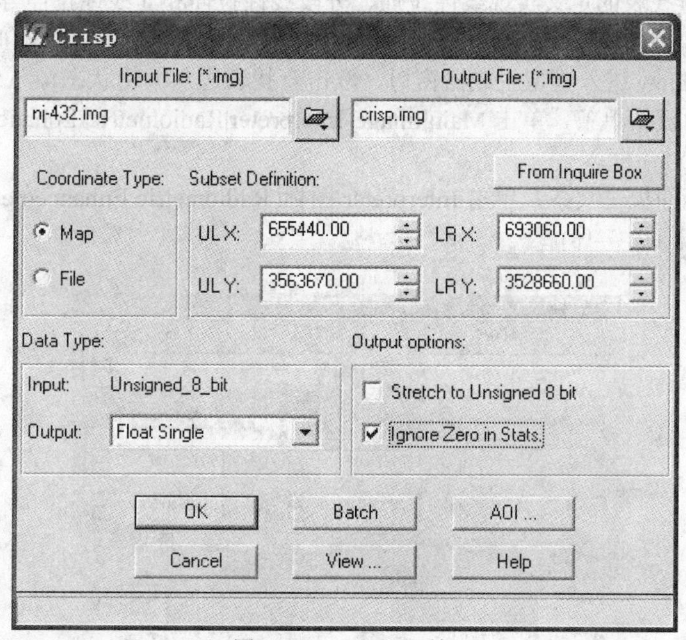

图 7-16 Crisp 对话框

在 Crisp 对话框中对各参数进行设置。对实验样本锐化处理效果如图 7-17 所示。

(a)

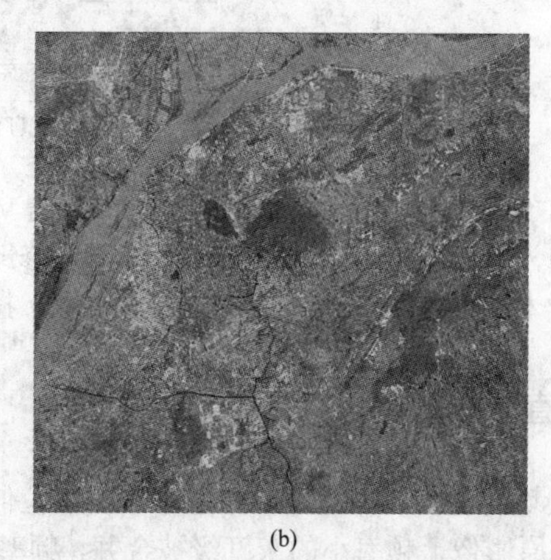

(b)

图 7-17 Crisp 处理结果

(a) 处理前；(b) 处理后

第二节 辐射增强

辐射增强是一种通过直接改变影像中的像元灰度值来改变影像对比度，从而改善影像视觉效果的影像处理方法。

ERDAS 提供以下几种辐射增强功能：查找表拉伸(LUT stretch)、直方图均衡化(histogram equalization)、直方图匹配(histogram match)、亮度反转(brightness inverse)、去霾处理(haze reduction)、降噪处理(noise reduction)，以及去条带处理(destripe TM data)等。

一、查找表拉伸

查找表拉伸是遥感影像对比度拉伸的总和，是通过修改影像查找表(look up table)使影像像元值发生变化。可以根据对查找表的定义实现线性拉伸、分段线性拉伸和非线性拉伸等处理。菜单中的查找表拉伸功能是由空间模型(LUT_stretch.gmd)支持运行的，可以根据自己的需要随时修改查找表(在 LUT Stretch 对话框中单击 View 进入模型生成器窗口，双击查找表进入编辑状态)。

在 ERDAS 图标面板菜单条，单击 Main|Image Interpreter|Radiometric Enhancement|LUT Stretch 命令，打开 LUT Stretch 对话框。

或在 ERDAS 图标面板工具条，单击 Interpreter 图标| Radiometric Enhancement|LUT Stretch 命令，打开 LUT Stretch 对话框(图 7-18)。

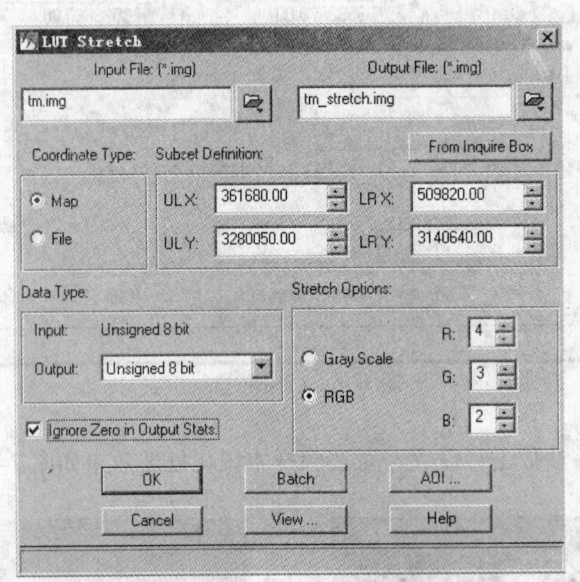

图 7-18 LUT Stretch 对话框

在 LUT Stretch 对话框中进行参数设置，点击 View 按钮可以打开模型生成器窗口，浏览 Equalization 的空间模型，可以双击 Custom Table 根据需要修改查找表；点击 Batch 按钮可以进行批处理。

实验样本采用鄱阳湖地区 TM4,3,2 合成像，拉伸处理效果如图 7-19 所示。

二、直方图均衡化

直方图均衡化实质上是对影像进行非线性拉伸，重新分配像元值，使一定灰度范围内像元的数量大致相等，原影像上频率小的灰度级被合并，频率高的被拉伸，因此可以使亮度集中的影像得到改善，增强影像上大面积地物与周围地物的反差。

(a)

(b)

图 7-19 LUT Stretch 拉伸结果

(a) 拉伸处理前影像；(b) 拉伸处理后影像

在 ERDAS 图标面板菜单条，单击 Main|Image Interpreter|Radiometric Enhancement|Histogram Equalization 命令，打开 Histogram Equalization 对话框。

或在 ERDAS 图标面板工具条，单击 Interpreter 图标|Radiometric Enhancement|Histogram Equalization 命令，打开 Histogram Equalization 对话框(图 7-20)。

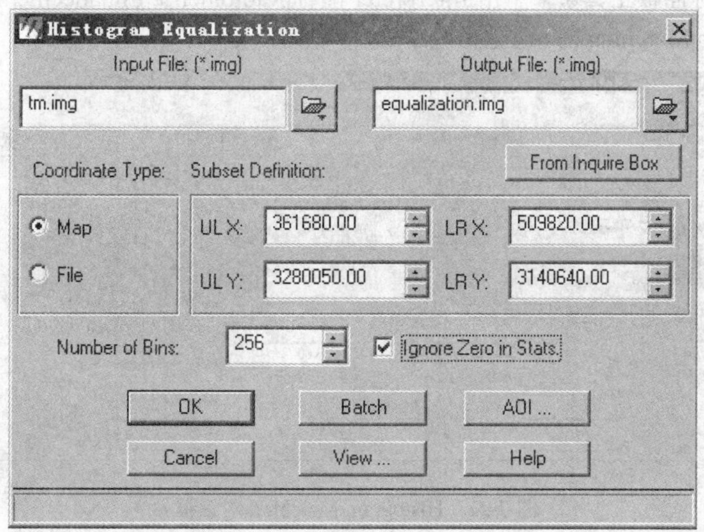

图 7-20 Histogram Equalization 对话框

在 Histogram Equalization 对话框中进行参数设置，点击 View 按钮可以打开模型生成器窗口，浏览 Equalization 的空间模型，也可以在 Viewer 窗口的 Utility|Layer Infor 里面查看它们的直方图，可以看到一定灰度范围内的像元数量已经大致相等了。

实验样本直方图均衡化处理结果如图 7-21 所示。

三、直方图匹配

直方图匹配是对影像查找表进行数学变换，使一幅影像某个波段的直方图与另一幅影像对应波段类似，或使一幅影像所有波段的直方图与另一幅影像的所有对应波段类似。直方图匹配经常作为相邻影像拼接或应用多时相遥感影像进行动态变化研究的预处理，通过直方图匹配可以部分消除由于太阳高度角或大气影响造成的相邻影像的效果差异。

(a)

(b)

图 7-21　Histogram Equalization 处理结果

(a) 处理前；(b) 处理后

直方图匹配的原理是对两个直方图都做均衡化，变成归一化的均匀直方图。以此均匀直方图做中介，再对参考影像做均衡化的逆运算即可。

在 ERDAS 图标面板菜单条，单击 Main|Image Interpreter|Radiometric Enhancement|Histogram Matching 命令，打开 Histogram Matching 对话框。

或在 ERDAS 图标面板工具条，单击 Interpreter 图标|Radiometric Enhancement| Histogram Matching 命令，打开 Histogram Matching 对话框(图 7-22)。

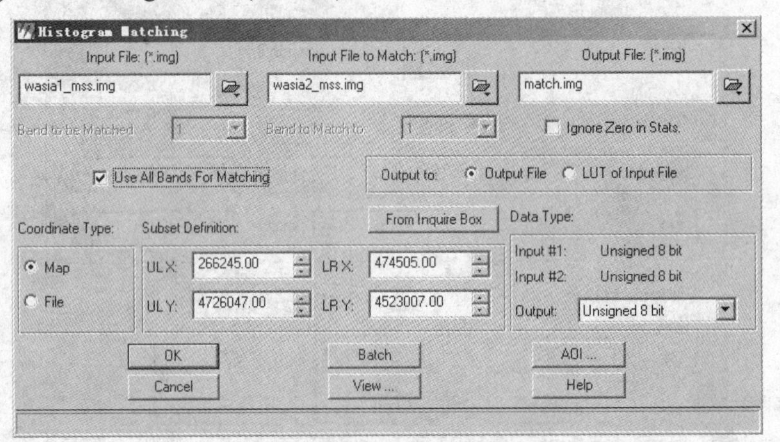

图 7-22　Histogram Matching 对话框

在 Histogram Match 对话框中进行参数设置，Input File 为匹配文件，Input File to Match 为匹配参考文件，Band to be matched 为需要匹配的波段，Band to match to 为匹配参考波段，也可以选择所有波段，此处选的所有波段，Subset Definition 为处理的范围，在 ULX/Y、LRX/Y 微调框中输入数值(默认为整个影像的范围，也可以用 Inquire Box 设定处理范围)，点击 View 按钮可以打开模型生成器窗口，浏览 Equalization 的空间模型。

四、亮度反转

亮度反转(brightness inversion)是对影像亮度范围进行线性或非线性取反，产生一幅与输入影像亮度相反的影像，原来亮的地方变暗，原来暗的地方变亮，它是线性拉伸的特殊情况。亮度反转又包含两个反转算法：一个是条件反转(inverse)，另一个是简单反转(reverse)，前者强调输入影像中亮度较暗的部分，后者则简单取反，同等对待。

在 ERDAS 图标面板菜单条，单击 Main|Image Interpreter|Radiometric Enhancement|Brightness Inversion 命令，打开 Brightness Inversion 对话框。

或在 ERDAS 图标面板工具条，单击 Interpreter 图标|Radiometric Enhancement|Brightness Inversion 命令，打开 Brightness Inversion 对话框(图 7-23)。

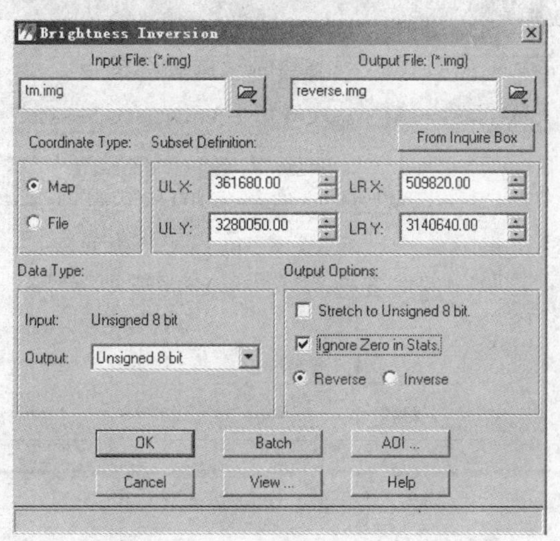

图 7-23 Brightness Inversion 对话框

在 Brightness Inversion 对话框中进行参数设置，输出选项(output option)中的 Inverse 表示条件反转，条件判断，强调输出影像中亮度较暗的部分；Reverse 表示简单反转，简单取反，输出影像与输入影像等量相反。这里选后者。

对实验样本进行亮度反转处理，结果如图 7-24 所示。

(a)

(b)

图 7-24 Reverse 简单反转，输出影像与输入影像等量相反

(a) 反转前；(b) 反转后

五、去霾处理

去霾处理的目的是降低多波段影像或全色影像的模糊度(霾)。对于 Landsat TM 多光谱 6 个波段(除 6 波段外)影像，该方法的实质是基于缨帽变换方法(tasseled cap transformation)，首先对影像进行主成分变换，找出与模糊度相关的成分并剔除，然后再进行主成分逆变换回到 RGB 彩色空间，达到去霾的目的。对于三波段合成彩色影像，该方法采用点扩展卷积反转(inverse point spread convolution)进行处理，并根据情况选择 5×5 或 3×3 的卷积算子分别用于高频模糊度(hight-haze)或低频模糊度(low-haze)的去除。

实验采用 2009 年 9 月 23 日江西南昌市 TM4，3，2 合成影像，在 ERDAS 图标面板菜单条，单击

Main|Image Interpreter|Radiometric Enhancement| Haze Reduction 命令，打开 Haze Reduction 对话框。

或在 ERDAS 图标面板工具条，单击 Interpreter 图标|Radiometric Enhancement|Haze Reduction 命令，打开 Haze Reduction 对话框(图 7-25)。

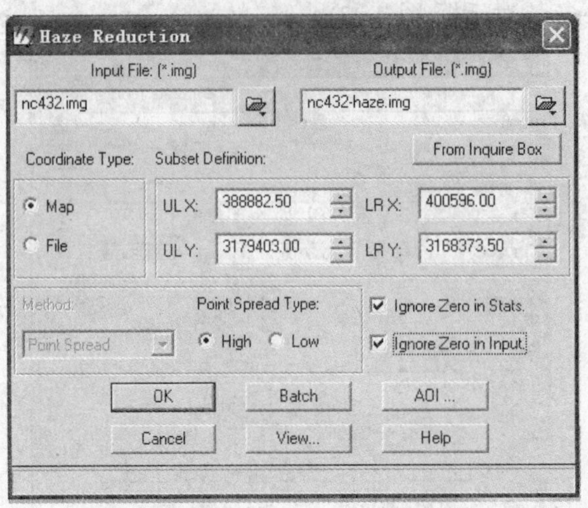

图 7-25 Haze Reduction 对话框

在 Haze Reduction 对话框中进行参数设置，其选项有 High 和 Low 两种。其中，选 High 是采用 5×5 卷积，选 Low 采用 3×3 卷积。处理效果如图 7-26 所示。

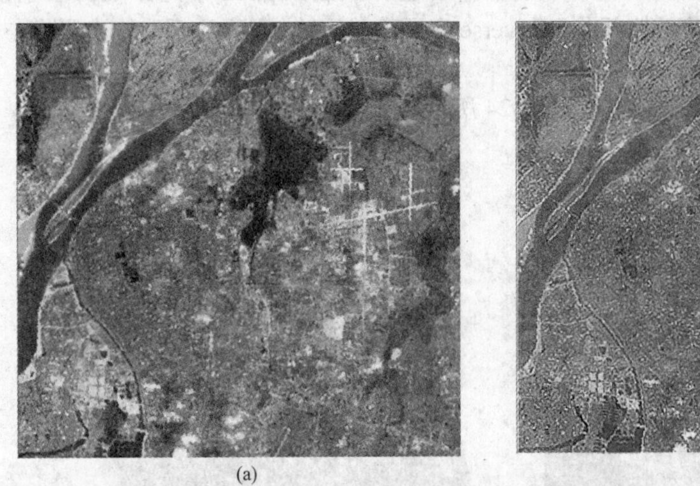

(a)

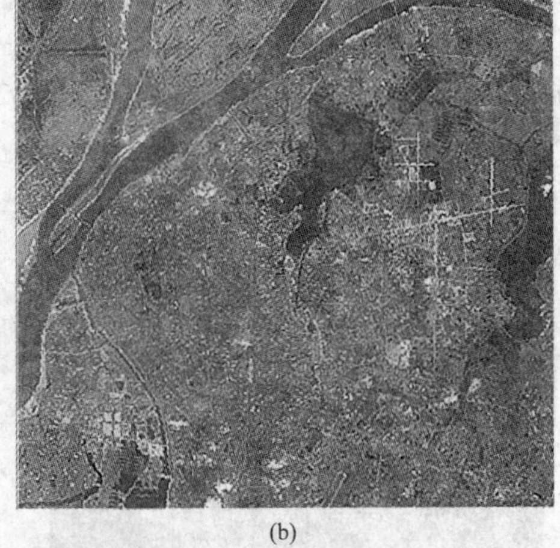

(b)

图 7-26 去霾处理效果图

(a) 处理前影像；(b) 处理后影像

第三节 光谱增强

光谱增强是通过变换多波段数据的每一像元值来进行影像增强。光谱增强要求超过一个波段的数据，其作用包括：压缩相似的波段数据，提取影像特征更明显的新的波段数据，进行数学变换和计算，以及经彩色合成显示变化范围更广的信息。光谱增强模型主要有：主成分分析(principal components analysis)、去相关拉伸(decorrelation stretch)、缨帽变换(tesseled cap transformation)、RGB to IHS、HIS to RGB、指数变换(indices)、模拟真彩色(natural color)等。

一、主成分分析

可以将 n 个波段看成是 n 维，在一个 n 维光谱空间里，如果每个输入波段的数据都是正态分布或近似正态分布，将形成椭圆(二维)、椭球(三维)、或超椭球(大于三维)。主成分分析就是将光谱空间的坐标轴作旋转，每个象元在光谱空间里的坐标的数据文件值都会改变，新的坐标轴与椭圆(或椭球、超椭球)的长轴平行，椭圆(或椭球、超椭球)的最大断面的长度和方向用矩阵代数方法计算，与椭圆(或椭球、超椭球)一致的断面，就称作数据的第一主成分。第二主成分是与第一主成分正交的(垂直的)最大断面，它描述了没有被第一主成分表示的数据的最大变化量。在二维分析中，第二主成分与椭圆的短轴一致。在 n 维分析中，随后的主成分为在散点图的 n 维空间内与其前一主成分垂直的椭圆的最大断面。主成分分析常用作数据压缩的一种手段，它将过多的数据压缩进较少的波段内，也就是数据的维数减少了。主成分分析的目的是用较少的变量去解释原来资料中的大部分变异，将我们手中许多相关性很高的变量转化成彼此相互独立或不相关的变量。通常是选出比原始变量个数少，能解释大部分资料中的变异的几个新变量，即所谓主成分，并用以解释资料的综合性指标。

以江西省多时相植被指数 EVI 数据主成分分析为例，实验数据为江西省范围的 16 天合成的 250 m 空间分辨率 EVI 数据。由于遥感影像的不同波段之间或不同时间遥感获取的生态环境指标(如植被指数)往往存在着很高的相关性，影像信息存在冗余，在本实验中，选择江西省 EVI 植被指数 1 年 23 个时相的数据，采用主成分分析进行降维处理。由于主成分分析方法得到的独立分量难以进行物理解释，需要特别谨慎选用，并根据特征根及其特征向量解释主成分的物理意义。

在 ERDAS 图标面板菜单条，单击 Main|Image Interpreter|Spectral Enhancement|Principal Components 命令，打开 Principal Components 对话框，

或在 ERDAS 图标面板工具条，单击 Interpreter 图标| Spectral Enhancement|Principal components 命令，打开 Principal Components 对话框(图 7-27)，写入输入文件和输出文件，点击 OK 运行程序。图 7-28 显示了 EVI 数据主成分转换前后的效果

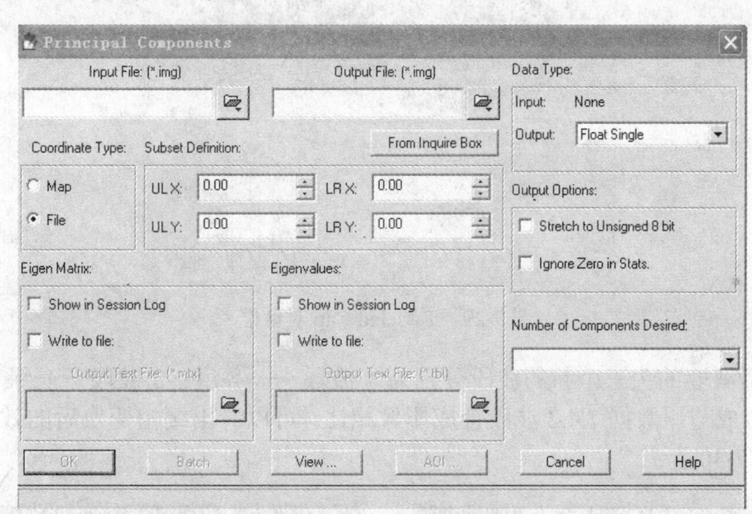

图 7-27 Principal Components 对话框

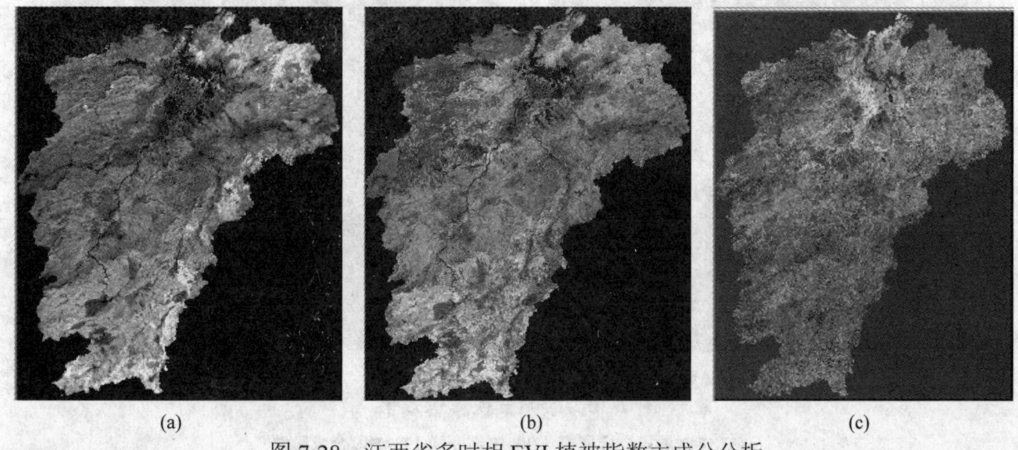

(a) (b) (c)

图 7-28 江西省多时相 EVI 植被指数主成分分析

(a) 原 EVI 影像；(b) 三个时相的 EVI 按 RGB 合成影像；(c) 前三个主成分 RGB 合成效果影像

二、缨帽变换

缨帽变换也是一种坐标空间发生旋转的线性组合变换，但旋转后的坐标轴不是指向主成分方向，而是指向与地面景物有密切关系的方向。缨帽变换的应用主要针对 TM 数据和曾经广泛使用的 MSS 数据。它抓住了地面景物，特别是植被和土壤在多光谱空间中的特征为植被研究提供了一个优化显示的方法。其确定的三个数据结构轴为：亮度轴——所有波段的加权和，定在土壤反射的主要变化方向；绿度轴——与亮度轴垂直，是近红外和可见光波段的对比度，与影像上绿色植物的数量密切相关；湿度轴——与冠层和土壤湿度有关。

实验样本采用 2000 年 9 月 16 日南京地区 ETM+数据，缨帽变换操作程序如下：在 ERDAS 图标面板菜单条，单击 Main|Image Interpreter|Spectral Enhancement|Tasseled Cap 命令，打开 Principal components 对话框，或在 ERDAS 图标面板工具条，单击 Interpreter 图标| Spectral Enhancement|Tasseled Cap 命令，打开 Tasseled Cap 对话框(图 7-29)。

在 Tasseled Cap 对话框中进行参数设置，点击 OK 运行程序。

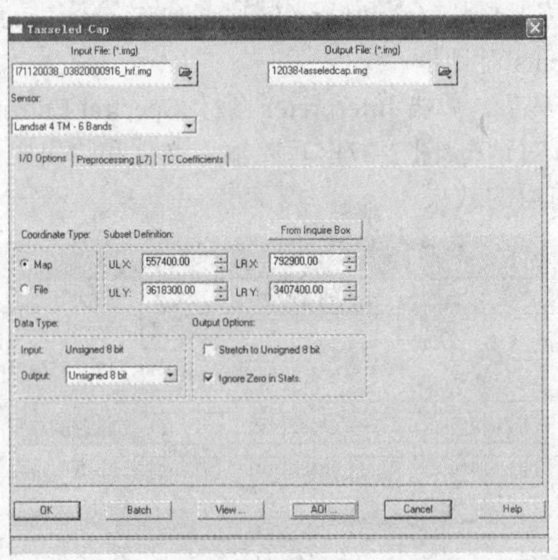

图 7-29　Tasseled Cap 对话框

缨帽变换处理后获取的头三个新的波段分别为 1 波段——亮度；2 波段——绿度和 3 波段——湿度。将该三个波段合成与原数据 7,4,2 波段合成影像相比，可以看出缨帽变换后的效果，植被和土壤信息得到明显突出(图 7-30)。

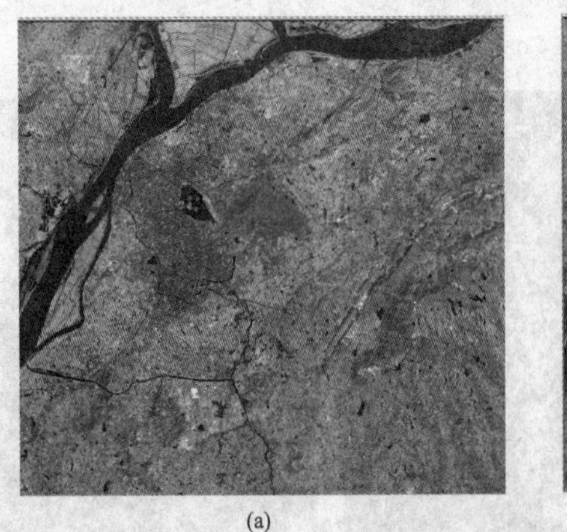

(a)

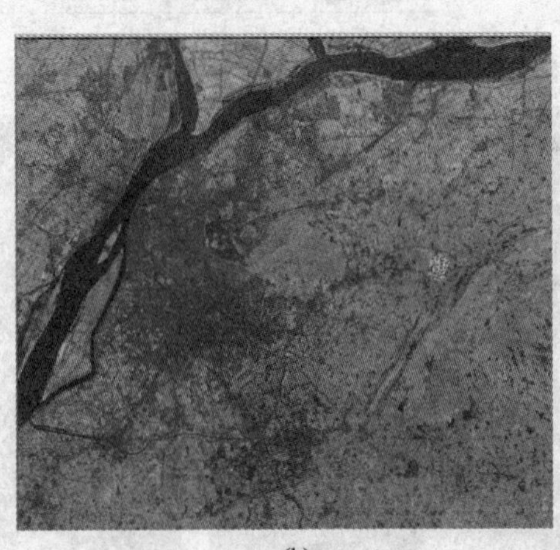

(b)

图 7-30　缨帽变换影像效果

(a) TM742 波段合成影像；(b) 缨帽变换 123 波段合成影像

实验与练习

1. 选用鄱阳湖地区 TM 影像进行影像增强实验，并比较不同增强方法的效果。
2. 选用庐山地区高分辨率 Geoeye 数据，进行全色波段和多光谱波段的融合实验，分析不同融合模型的效果。

主要参考文献

党安荣, 王晓栋, 陈晓峰, 等. 2008. ERDAS IMAGING 遥感影像处理方法. 北京: 清华大学出版社.
杨昕, 汤国安. 2008. ERDAS 遥感数字图像处理实验教程. 北京：科学出版社.
Jensen J R. 2007. 遥感数字影像处理导论(第三版). 陈晓玲, 龚威译. 北京: 机械工业出版社.

建议阅读书目

关泽群, 刘继林. 2007. 遥感影像解译. 武汉: 武汉大学出版社.
杨昕, 汤国安. 2008. ERDAS 遥感数字图像处理实验教程. 北京：科学出版社.
Jensen J R. 2007. 遥感数字影像处理导论(第三版). 陈晓玲, 龚威译. 北京: 机械工业出版社.
Jensen J R. 2011. 环境遥感——地球资源视角(第二版). 陈晓玲, 黄珏译. 北京: 科学出版社.

第八章　遥感目视解译

本章导读

遥感影像的目视解译是解译者应用专业知识、区域知识、遥感知识及经验，通过肉眼对遥感影像上影像特征的分析、判读和鉴别，经综合推理、分析来识别地物特征和现象，进行目标提取或地物分类的技术过程，是遥感应用最基本的方法。本章重点介绍遥感解译标志的建立和基于ERDAS软件采用人机对话目视解译方法进行遥感解译和专题图的制作。

第一节　解译标志

一、遥感解译基本要素

遥感影像是地物电磁波谱特征的实时记录。人们可以根据记录在影像上的影像特征来识别和区分不同地物，包括：地物的光谱特征、空间特征、时间特征等。这些特征构成了遥感解译的基本要素。它们主要有以下 8 方面。

(1) 色调或颜色(tone or color)　指影像的相对明暗程度，在彩色影像上色调表现为颜色。

(2) 阴影(shadow)　指因倾斜照射地物自身遮挡能源而造成影像上的暗色调。它反映了地物的空间结构特征，既增强立体感，又显示地物的高度和侧面形状，有助于地物的识别。阴影可以分为本影和落影，本影——地物未被太阳光直接照射到的部分形成的阴影；落影——在太阳光照射下，地物投落到地面上的阴影。前者反映地物顶面形态，后者反映地物侧面形态，可根据侧影推算出地物的高度。

(3) 大小(size)　指地物尺寸、面积、体积在影像上的记录，是地物识别的重要标志。它直观地反映解释目标相对于其他目标的大小。若提供影像的比例尺或空间分辨率，则可直接测得解释目标的长度、面积等定量信息。

(4) 形状(shape)　指地物目标的外形、轮廓。一般影像记录的多为地物的平面、顶面形状；侧视成像雷达则得侧视的斜像。地物的形状是识别它们的重要而明显的标志，不少地物往往可以直接根据其特殊的形状加以判定。

(5) 纹理(texture)　是影像上以一定频率重复出现而产生的影像细部结构，是一种单一细小特征的组合。这种单一特征可以很小，以至于不能在影像上单独识别，如叶片、叶部阴影、河滩的沙砾等。目视解译中，纹理是指影像上地物表面的质感(平滑、粗糙、细腻等印象)。纹理不仅依赖于表面特征，且与光照角度、影像对比度有关，是一个变化值。对光谱特征相似的物体常通过纹理差异加以识别，如在中比例尺航空像片上的林、灌、草，针叶林粗糙，灌丛较粗糙，幼林有绒感(绒状影纹)，草地有细腻、平滑感等。

(6) 图形(pattern)　即图形结构，指个体目标重复排列的空间形式。它反映地物的空间分布特征。许多目标都具有一定的重复关系，构成特殊的组合形式。它可以是自然的，也可以是人为的。这些特征有助于影像的识别，如住宅区规则排列的建筑群、水田的垄块、果园排列整齐的树冠等。

(7) 位置(site)　指地理位置，它反映地物所处的地点与环境。地物与周边的空间关系，如菜地多分布于居民点周围及河流两侧；机场多分布于大城市郊区平坦地等。位置对植物识别尤为重要，如有的植被生长于高地、有的植被只能生长于湿地等。

(8) 组合(association)　指某些目标的特殊表现和空间组合关系，即地物间一定的位置关系和排列方式——空间配置和布局，如公园往往由绿地、水面、亭台楼阁等组成；砖瓦场由砖瓦窑的高烟囱、取土坑、堆砖场等组合而成等。

二、解译标志

遥感解译就是指根据人的经验和知识，通过影像解译的基本要素和具体的解泽标志来识别目标或现象。解译标志是指在遥感影像上能具体反映和判别地物或现象的影像特征。根据上述的8个解译要素的综合，结合影像获取时间、季节、影像的种类、比例尺、地理区域和研究对象等，可以整理出不同目标在该影像上所特有的表现形式，即建立识别目标所依据的影像特征——解译标志。

解译标志可分为直接解译标志和间接解译标志。直接解译标志指影像上可以直接反映出来的影像标志。直接解译标志有色调、色彩、形状、大小、阴影、纹理、结构、排列组合等。

间接解译标志指运用某些直接解译标志，根据地物的相关属性等地学知识，间接推断出的影像标志，如根据道路与河流相交处的特殊影像特征，可以判断渡口；根据水系的分布格局与地貌及其构造、岩性的关系，来判断构造、岩性(如树枝状水系多发育在黄土区或构造单一、坡度平缓的花岗岩低山丘陵区，放射状、环状水系多与环状构造有关，格状水系多受断裂构造、节理裂隙的控制等)等。

解译标志可分为3个层次：第一层次是色调和色彩，它们取决于地物的光谱特性，是最基本的解译标志；第二层次是形状、大小、高度、阴影，它们取决于地物的几何特性；第三层次是纹理、结构、排列、组合，它们取决于地物的空间分布特性。

三、解译标志的建立

(一) 解译标志的建立原则

1) 解译标志是随着不同地区、不同时相、不同传感器等多种因素而变化的，因而解译标志的建立，必须有明确的针对性。彩色合成影像因波段选择及合成方案的不同，在地物的色调、颜色上的表现是完全不同的。例如，植被在TM4(红)、3(绿)、2(蓝)合成影像上一般呈现不同深浅的红色；而在TM7(红)、4(绿)、2(蓝)合成影像上则呈现深浅不同的绿色。耕地在不同季节的影像上由于种植作物的生长期不同或已收割，也呈现不同色调或颜色。

2) 地物的影像特征是复杂的，解译标志的建立必须有典型性和代表性。作为一种标志，应有明确的含义，不应是模糊不清、似是而非的。此外，解译标志有多种，但应抓住最能反映地物本质的、最突出的影像特征。例如，弯曲的河流与直线形人工渠道、圆形的油库、长达千米直线形跑道的机场、建筑物规则排列的居民小区等。

(二) 解译标志的建立方法

1. 地物光谱特征分析　解译标志中最基本的是色调和色彩，它们是由地物的光谱响应特征决定的。在单波段或全色波段遥感影像上，地物的色调深浅取决于它在该波段光谱反射率的高低。在3波段彩色合成影像上，地物的色彩取决于它在该3个波段反射率的组合，并且其基本色彩与反射率最高的那个波段所选用的颜色相近。例如，植被在TM4波段(近红外波段)反射率最高，那么在彩色合成影像上，植被的基本色彩就与TM4波段所配置的颜色相近，如在TM4(红)、3(绿)、2(蓝)合成影像上就呈现不同深浅的红色。

2. 地物几何特征分析　解译标志第二层次有形状、大小、高度、阴影等，它们取决于地物的几何特征。任何地物都有自己的形状和大小，形状在影像上是比较直观的，大小、阴影在影像上是可以量测的，它们取决于影像的比例尺、成像时的太阳高度角和方位角。有些地物特有的形状或大小是建立其解译标志的主要考虑因素。

3. 地物空间分布特征分析　解译标志第三层次有纹理、结构、排列组合等，它们取决于地物的空间分布特征。这些特征与影像比例尺有关，往往要经过推理和综合分析确定，但对一些较难识别的目标和地物很有用。例如，在高分辨率影像上，针叶林和阔叶林可以通过纹理的差异来建立解译标志，但在中低分辨率影像上只能通过色彩的差异或不同季相的影像对比来识别了。

4. 影像分析 首先，必须对所用解译影像的一些基本属性，如影像来源、合成方案、分辨率和影像比例尺等有所了解。其次，根据调查的目的，如对区域土地利用/覆盖的调查，或是对某特定目标的识别等，在以上地物特征分析的基础上，针对解译用的影像，进行认真观察与分析。

5. 实地踏勘建立解译标志 解译标志建立中，专业人员的知识积累和经验是非常重要的，但为了提高解译标志建立的精度，避免犯经验主义的错误，应该进行实地勘察，特别是在一个不熟悉的地区，一般进行路线性踏勘即可。踏勘前须在室内通过影像的初步分析，确定踏勘路线。踏勘路线要考虑到穿过调查区域尽可能多的地物类型和主要疑难的地物类型，如地质或地貌遥感调查中，踏勘路线尽可能地横切地层走向，同时兼顾交通等情况。踏勘中须注意影像点位和实地位置及方位的吻合。目前多采用 3S 结合的方法，用 GPS 进行样点的准确定位。此外，要注意影像获取的时相和踏勘时间的差异，会出现两种情况，一是由于影像较老，现状已发生变化；二是影像的季相与踏勘时的差异，导致植被、农作物等的变化。经实地踏勘、整理分析后，解译标志基本建成。

四、解译标志的描述

一般解译标志建立后要形成“解译标志一览表”，便于解译中使用，也便于其他人进行检查和参考。往往很多初学者在建立解译标志后虽形成认识，但落实不到文字上，因此，对解译标志的准确描述也是很重要的。解译标志的描述指标和文字主要有 6 方面。

(1) 色调 从浅到深有白、灰白、淡灰、浅灰、灰、暗灰、深灰、淡黑、浅黑、黑等；

(2) 色彩 极其丰富，一般用红、橙、黄、绿、青、蓝、紫七色为基调再加上一些形容词。如红色有褐红、深红、桃红、橘红、粉红等；

(3) 形状 线形(直线形、曲线形)、面状、长方形、长条形、带状、扇形、斑状等；

(4) 纹理 点、斑、块、格、条、线、纹、链、垄、栅等形式，又有粗细、疏密、宽窄、长短、直斜、圆弧、放射、平行、羽状、绒毛状、均匀、连续、断续、隐显等多种组合类型；

(5) 图形 树枝状、环状、扇状、辨状、格状、平行状、羽毛状、网状、放射状、倒钩状等；

(6) 几何组合类型 均一型、镶嵌型、穿插型、杂乱型等。

第二节 解译方法与步骤

一、遥感目视解译的方法

由于遥感信息的模糊性、综合性和不确定性，遥感目视解译要采取由整体到局部、由易到难、由此及彼、由表及里、去伪存真的方法。要多对照地形图、实地或熟悉地物的观测，增强立体感和景深印象，以纠正视觉误差，积累经验。为了提高解译结果的正确性、可靠性，需要结合辅助数据、专业知识，进行遥感与地学的综合分析。遥感目视解译不仅要求解译者掌握、分析研究对象的波谱特征、空间特征、时间特征等，了解遥感影像的成像机理和影像特征，而且离不开对地学规律的认识以及对地表实况的了解。事实上，从遥感影像上所获得信息的类型和数量，除了与研究对象的性质、影像质量密切相关以外，还与解译者的专业知识、经验、使用方法及对干扰因素的了解程度等直接相关。

遥感目视解译所采用的方法主要有：

1) 直接判识；
2) 对比解译；
3) 与已知遥感影像比较；
4) 与相邻遥感影像比较；
5) 逻辑推理法；
6) 历史对比法。

二、遥感目视解译一般程序

遥感目视解释一般程序主要有：

1) 明确目的；
2) 选择、制备影像；
3) 收集地形图、地图及其他有关资料；
4) 综合分析、野外踏勘，建立解译标志；
5) 影像分析、判识和解译，绘制解译草图；
6) 野外验证；
7) 校对、检查、成图、综合分析、编写成果报告。

第三节 遥感解译与专题矢量文件制作

一、人机对话屏幕目视解译方法

早期的遥感目视解译和制图，一般是采用透明纸或薄膜蒙在遥感影像上，用铅笔将解译图斑或线条等要素勾绘在透明纸或薄膜上，然后，经过上墨、扫描、转绘、着色、整饰成图等一系列复杂程序，最后得到遥感解译成果图。随着计算机技术和遥感、GIS 技术的发展，目前已摒弃了传统的以往手工制图做法，将遥感目视解译与计算机制图方法相结合，将遥感数字影像显示在计算机屏幕上直接进行解译和专题图制作，这种方法称之为人机交互屏幕目视解译制图法。其优越性主要表现在以下四个方面。

1) 利用放大/缩小功能，可以从多个尺度地对遥感影像进行从宏观把握到细微差异的观察，并将影像放大到合适的尺度进行勾绘，能充分利用影像的分辨率，很好地保证解译制图精度。

2) 利用遥感或 GIS 软件，在计算机屏幕上除解译用的主要遥感影像外，还可有多层经几何配准的遥感影像、地形图、已有专题成果图等数字文件，这些文件既可以是栅格的也可以是矢量的，其中矢量文件可以同时显示，栅格文件可以根据需要显示其中任一幅，或采用卷帘显示方法进行两幅影像的浏览对比。利用这种功能，可以充分利用已有测绘成果或专题调查成果，或充分利用植被等地物在不同时相的差异，来提高遥感影像的判识率；也可利用这一功能进行多时相动态对比检测与制图。

3) 遥感与 GIS 无缝集成，从遥感影像判识—影像解译—矢量图的制作—属性文件的建立—GIS 制图一气呵成，可以减少中间环节，保证精度，最大程度地将专业人员对遥感影像的认知反映在成果图上。

4) 便于检查、修改、编辑。

目视解译方法是目前遥感实际应用中最行之有效也是最常用的方法，其缺点是工作量较大。一般先采用计算机影像自动分类，然后再采用此方法对分类后影像文件进行加工、修正和完善等后处理，以减少工作量。

二、土地利用遥感调查专题图制作

下面以土地利用遥感调查为例，介绍采用 ERDAS 影像处理软件进行人机对话目视解译制图的一般程序。

1. 打开遥感影像　打开 ERDAS 软件，在自动打开的二维视窗中，点击 File/Open/Raster Layer/Select Layer to Add，选中并打开一幅已制备好的遥感影像(经几何精纠正，与地形图配准的，彩色合成和增强好的影像)；

2. 新建一个矢量文件　在已打开遥感影像的窗口，点击 File/new/vector layer，弹出 Create a New Vector Layer: 对话框(图 8-1)，在该对话框中确定文件类型，由于 Arc Coverage 图层通常情况下包含了点、线、面等所有要素图层，而 Shapefile 的要素数据分别存储在不同的图层上，为绘制方便，文件类型采用 Are Coverage，给出 Arc Coverage 文件名和路径。

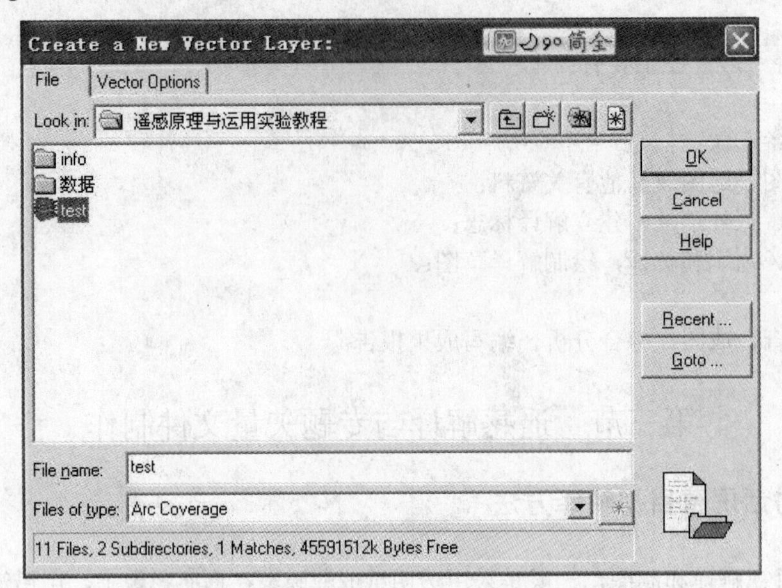

图 8-1 Create a New Vector Layer: 对话框

(1) 点击 OK 后，会出现 New Arc Coverage Option 对话框(图 8-2)，一般用单精度即可。

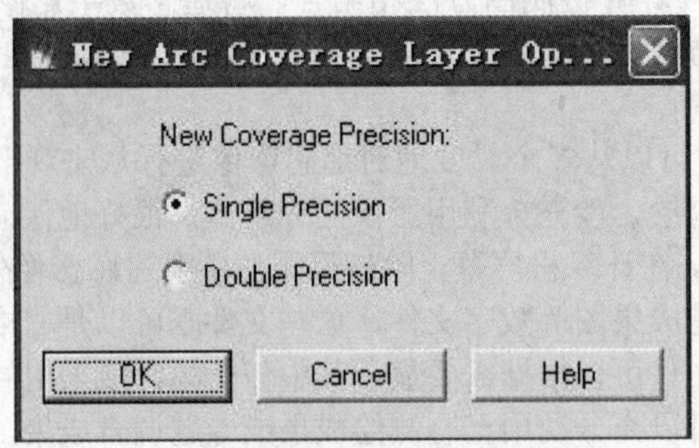

图 8-2 New Arc Coverage Option 对话框

(2) 点击 OK 后，新的矢量文件建立，并叠加在视窗的遥感影像上，这时该矢量文件已处于可编辑状态，并会自动弹出工具栏(图 8-3)，如未见工具栏可点击 View 视窗中的 图标。

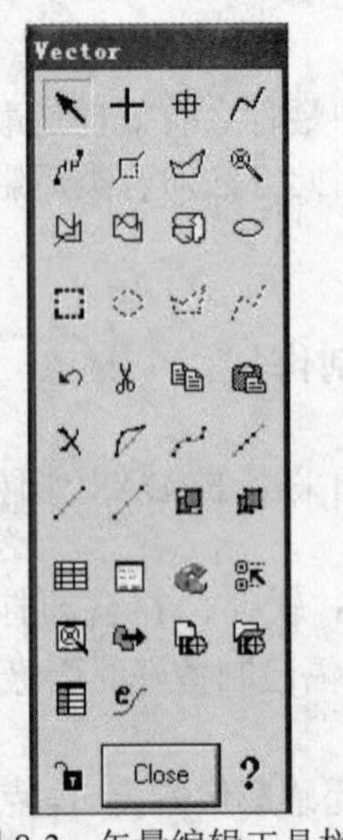

图 8-3 矢量编辑工具栏

(3) 打开视窗的 Vector 下拉菜单，选中 Option(选取工具选择特征)，在出现的界面中进行设置(图 8-4)，数值一般设定为≤遥感影像的分辨率。

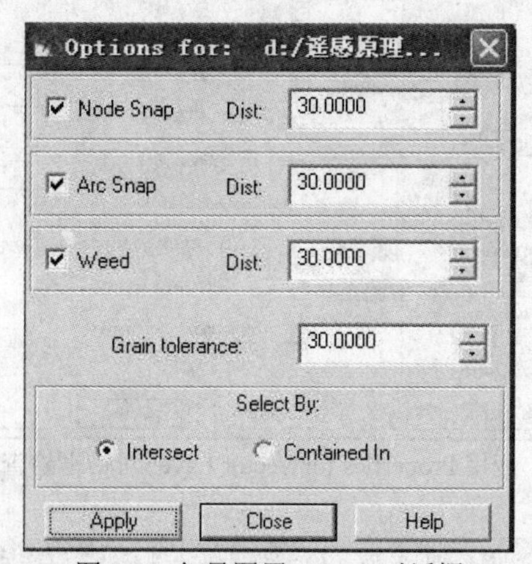

图 8-4 矢量图层 Option 对话框

3. 影像解译勾绘 采用人机对话目视解译进行图形勾绘，选用多边形工具，对叠加在影像上的矢量文件进行绘制，也可选用线画工具，闭合成多边形。编辑中采用先整体后局部以及先易后难的原则，如可对图幅中河流、湖泊等大型水体先用多边形工具勾出，然后，勾绘出主要的林地和耕地界线、城镇建成区界线等。最后再对一些较难确定或细小的地类进行勾绘。绘制中注意存储。

4. 编辑检查 绘好一部分后，注意退出窗口前先存储，然后，在 ERDAS 图标面板工具条中点击 Vector/Clean Vector Layer 打开 Clean Vector Layer(图 8-5)执行 Clean。

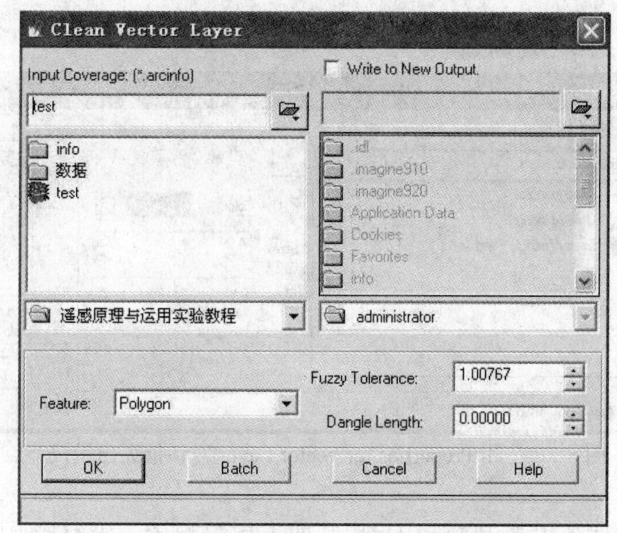

图 8-5 Clean Vector Layer 对话框

(1) 在对话框选中该文件进行 Clean，也可用该窗口将文件输出存储到另外位置。Clean 完后再次打开视窗输入该矢量文件。在视窗的 Vector 下拉菜单中打开 Ciewing Properties，弹出 Properties 界面(图8-6)，选中 Polygon，已成多边形的就会显示为浅蓝色(颜色可自定)，没闭合成多边形的无色。

(2) 开始对图形进行编辑，点击下拉菜单中的 Enable Editing，使其处于可编辑状态。

查错：在可编辑状态下，打开 Properties for Vector Layer 对话框，选中 Nodes/Errors/Dangling，将其用醒目的颜色(如红色)显示。这时连接错误之处会明显显示出(图 8-7)。

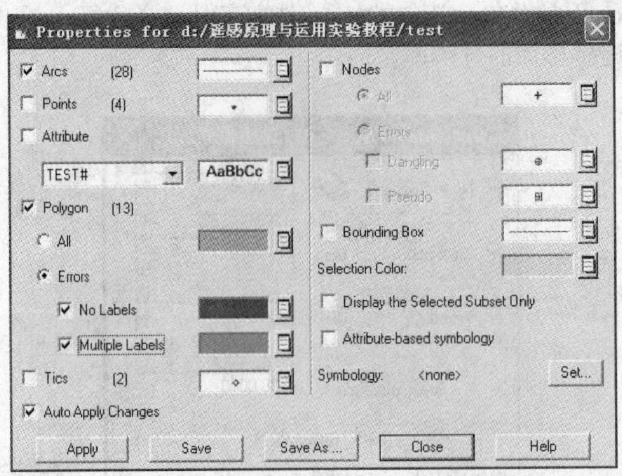

图 8-6　应用 Properties for Vector Layer 对话框检查多边形

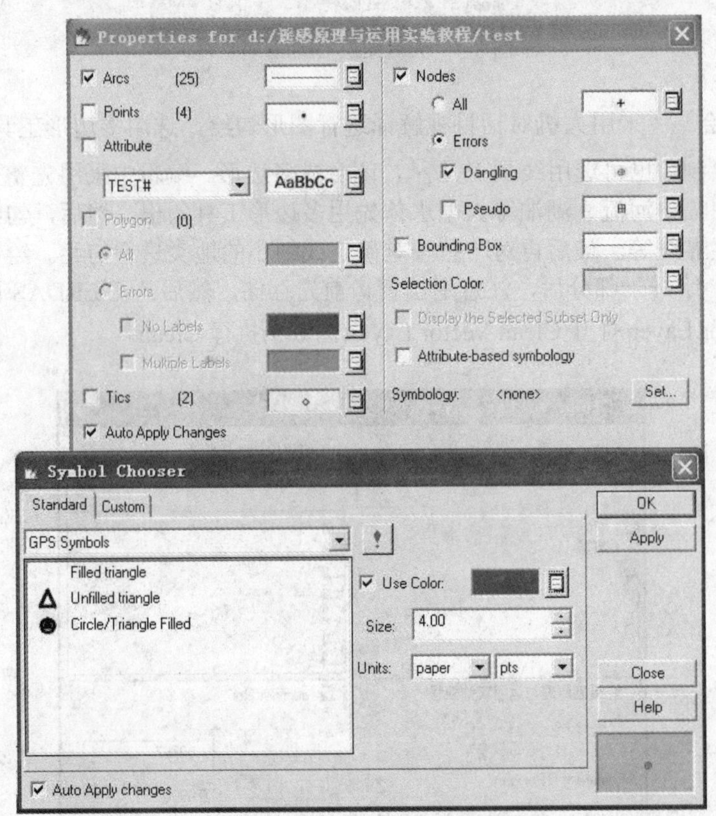

图 8-7　应用 Properties for Vector Layer 对话框突出错误节点

(3) 放大图形，多余线条用箭头选中后用裁剪工具删除；没有接上的地方，将线条选中一亮色(黄色显示)，用工具栏中的弓形工具进行拖动修改。修改好后(红点全部消失)，保存并退出视窗后进行 clean。

5. 属性表建立　将矢量文件处于可编辑状态，然后打开属性表。两种方法可打开属性表，一种是用工具栏的属性表工具图标，另一种是从视窗的 Vector 下拉菜单中打开 Attributes 属性表。

(1) 增加属性字段(属性表中新的一列)，点击属性表的 edit 下拉菜单，选中 Column Attributes，在出现的 Column Attributes 对话框(图 8-8)点击 New，增加新的一列。该列的名称可设定(如用 tdly)。因为是地类代码用数字代表属性，所以在 Column Attributes 界面上 Type 选 Integer，位数 Display Width 根据属性代码的位数确定。

(2) 因为所建为多边形图层，所以在 Attributes 对话框(图 8-9)的 View 下拉菜单中选 Polygon Attributes。

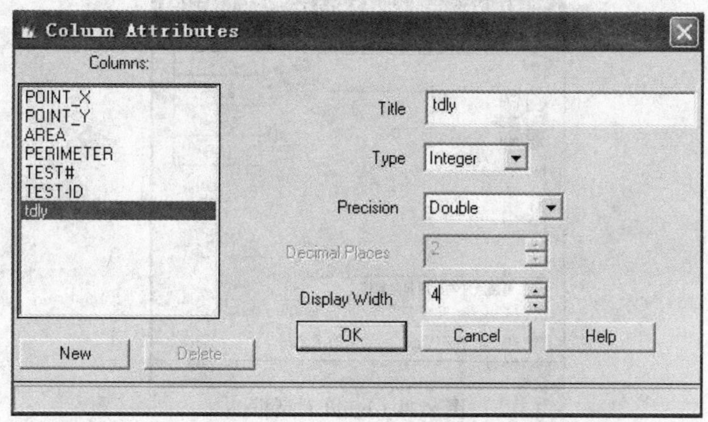

图 8-8　Column Attributes 对话框

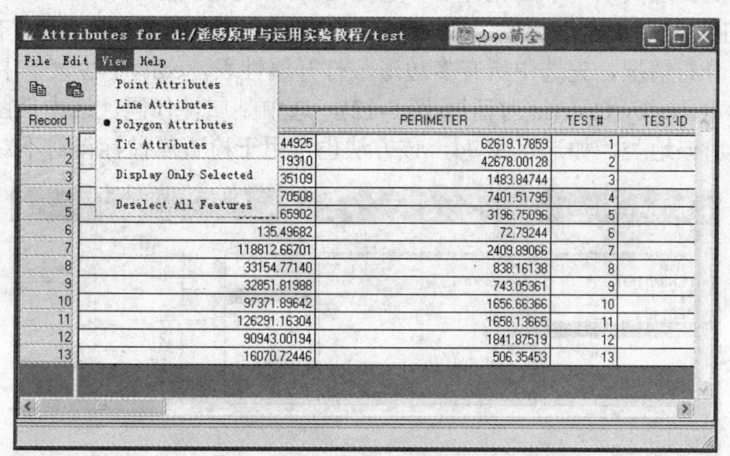

图 8-9　Attributes 对话框中选择面要素图层显示

(3) 显示 label 点(看哪些多边形已有，一般用多边形工具画的会自动生成 label 点)，在 Properties 界面上选中 Points，图上就会显示出 label 点(图 8-10)。

Record	PERIMETER	TEST#	TEST-ID	TDLY
2	42678.00128	2	13	72
3	1483.84744	3	19	74
4	7401.51795	4	1	21
5	3196.75096	5	2	51
6	2409.89066	7	21	21
7	697.73738	8	15	0
8	838.16138	9	11	74
9	852.67383	11	14	0
10	571.20958	12	13	0
11	743.05361	13	5	21
12	1656.66366	14	17	12
13	1658.13665	15	15	74
14	1841.87519	16	3	74
15	506.35453	17	13	74
16	0.00000	16	16	0

图 8-10　Attributes 对话框中添加属性代码

(4) 属性代码的输入：用箭头↖选中图面上的 label 点，属性表中表示该多边形的特性的一栏就会黄色显示，在该条栏目新建的属性字段(列)中输入该多边形的属性代码，如林地代码 21、水库 74 等。没有 label 点的用工具栏中的增加 label 点图标＋点击该多边形中部，添加后赋予属性代码。所有属性代码输入后存储，退出视窗后 build 一下建立拓扑关系，这个矢量文件基本建好(图 8-11)。

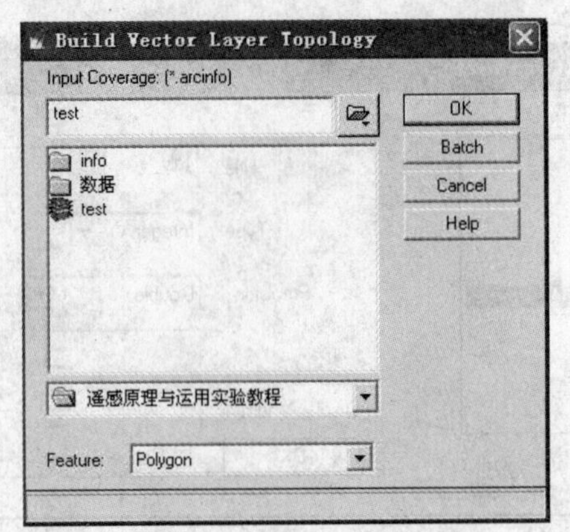

图 8-11 build 对话框

(5) 检查多边形是否缺失或一个图斑有多个重复 label 点，打开 Properties for Vector Layer 对话框检查多边形(图 8-6)，正确时图斑全部无色，缺 label 点时有红色图斑，重 label 点时有绿色图斑。

(6) 查看各地类分布情况，先选中所有多边形，打开属性表，edit 下拉菜单中选 Select Rows by Criteria，出现 Select Rows by Criteria 对话框(图 8-12)，选中某属性代码，选中后图面上和属性表中都会用颜色(黄色)显示出该地类，如选水库 74，该方法也可用于检查属性标得对不对。

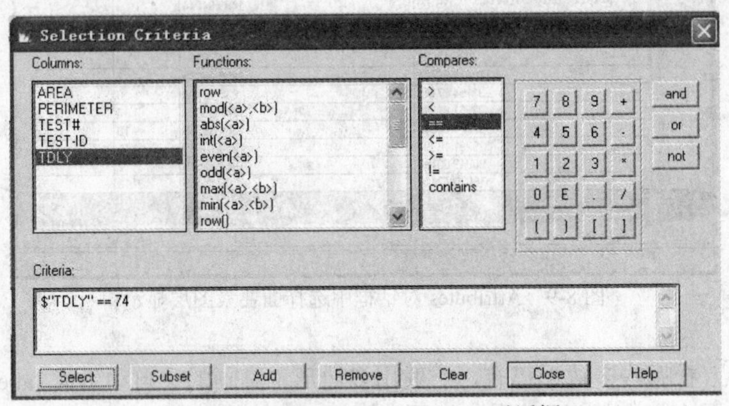

图 8-12 Select Rows by Criteria 对话框

(7) 检查修改完后，退出窗口，如有修改则需 clean，矢量文件建成。

(8) 线要素图层(如单线道路、水系等)的建立采用同样程序，在影像要素设置中设定为 Line Attributes。

(9) 建成的 Arc Coverage 文件采用 ArcGIS 软件进行专题图制作。

实验与练习

1. 采用给出的鄱阳湖地区 TM 影像建立土地利用解译标志，并用表格表示。
2. 采用人机对话目视解译方法，试制作该地区土地利用矢量图。

主要参考文献

党安荣，王晓栋，陈晓峰，等. 2003. ERDAS IMAGINE 遥感影像处理方法. 北京：清华大学出版社.

梅安新，彭望琭. 2001. 遥感导论. 北京：高等教育出版社.

杨昕，汤国安. 2008. ERDAS 遥感数字图像处理实验教程. 北京：科学出版社.

赵英时. 2003. 遥感应用分析原理与方法. 北京：科学出版社.

建议阅读书目

赵英时. 2003. 遥感应用分析原理与方法. 北京：科学出版社.

Jensen J R. 2007. 遥感数字影像处理导论(第三版). 陈晓玲，龚威译. 北京：机械工业出版社.

第九章　计算机遥感分类

本章导读

计算机遥感分类能将遥感影像记录的原始地表繁杂信息通过一定的数学函数归集为少数几种信息，它是遥感影像解译的关键技术。传统的方法主要有监督分类和非监督分类，近来又出现了一系列新的分类方法和思路，如专家分类法。本章主要介绍非监督分类、监督分类、面向对象的分类、专家分类等主要分类方法。

第一节　分类原理和基本流程

一、分类原理

计算机遥感分类是利用计算机手段，将遥感影像中的地表信息分为若干个类别。地表信息在影像中的表征就是像元的灰度值，所有分类的物理基础都是像元的灰度值。在理想的状态下，同种地物像元的灰度值应该是相同的，但是在现实状态中，同种地物像元的灰度值不同，有的甚至相差很大，这也是目前计算机遥感分类精度受到限制的根本原因。如果以某两个波段为坐标轴，则遥感影像中不同地物的像元灰度值在特征空间，即以波段为坐标轴、灰度值大小为坐标形成的空间坐标系中，存在以下三种分布方式：

(1) 理想分布　不同地物在至少一个特征子空间中投影是完全可以分开的；

(2) 典型分布　不同地物在任一特征子空间中都不完全分开，但在总的特征空间中是可以分开的；

(3) 一般分布　不同地物在任一特征子空间中都不完全分开，而且在总的特征空间中也不能分开。

影像像元的灰度值是地物的基本特征，也就是地物的光谱特征。由于地物的分布在空间上也有其规律，因此可以利用其空间分布规律结合分类，这就是空间特征。一般来说，在计算机遥感分类前，需要充分了解分类对象在影像中的光谱特征和空间特征，以便于设计最有利的分类思路。利用相关的数学方法，从地物 *Z* 的基本特征计算得到新的特征值，如空间特征，就是特征提取。从所有特征中，选择最能区分地物的过程称之为特征选择，特征选择包括选择某些波段和空间特征值。例如，对 TM 影像进行分类，其第 6 波段记录的是地物的热辐射信息，因此一般不需要这个波段，而选择其他几个波段。

经过特征提取和特征选择后，可采用适当的分类方法进行计算机遥感分类。由于同种地物的特征值有时候差异较大，分类后存在错分情况，其在结果影像中的表现为噪声点和断点等，因此，有时候需要对分类结果进行后处理，处理方式有平滑、合并等。

精度评估是遥感分类的最后一步，用以评估遥感分类结果的精确程度。通常，精度评估是随机选择一些代表性的样本数据，通过对比和计算，获得最终的分类精度。代表性的评价方式有混淆矩阵和 Kappa 系数。

二、基本流程

计算机遥感分类的基本流程如下。

1. 遥感影像选择　影像选择要针对具体分类对象和应用目的，从影像的空间分辨率、时间分辨率、光谱分辨率、影像质量(如云覆盖程度)、影像价格等因素进行综合考虑。

2. 影像校正　一般包括影像的辐射校正和几何纠正，这部分的工作也可以要求影像的销售商完成。

3. 特征提取和选择 根据专家知识和计算，分析获得有效的地物特征值，如进行水体提取就需要选择近红外波段。

4. 影像分类 目前，成熟的遥感影像处理软件都有影像分类模块，提供了很多影像分类方法。如果这些软件提供的分类方法不能满足需求，则需要技术人员设计特别的分类方法进行影像分类。

5. 分类后处理 分类后处理可有效减少错分的现象，处理方式有平滑和合并等。

6. 分类精度评估 随机选择一些代表性的样本数据，这些数据要包含所有的地物类别，通过对比计算，获得最终的分类精度。

第二节 非监督分类

一、相关概念

非监督分类是无人工干预的遥感分类，遥感影像上的同类地物在相同的表面结构特征、植被覆盖、光照条件下，一般具有相同或相近的光谱特征，从而表现出某种内在的相似性，归属于同一光谱空间区域；不同的地物，光谱信息特征不同，归属于不同的光谱空间区域。这就是非监督分类的理论依据。因此，可以这样定义非监督分类，即对分类过程不施加任何的先验知识，仅根据遥感影像重点地物的光谱特征进行盲目的分类。其分类的结果，只是对不同类别进行区分，不确定类别的属性，其属性需要事后对地物类别的人工识别、各类的光谱响应曲线进行分析以及与实地调查相比较才可以确定。

由于在一幅复杂的影像中，训练区有时不能够包括所有地物的光谱样式，这就造成了一部分像元的归属类别不能够确定。在实际工作中，为了进行监督分类而确定类别和训练区的选取也是不易的，因而，在开始分析影像时，用非监督分类方法来研究数据的结构及其自然点群的分布情况是很有价值的。

二、主要方法

非监督分类主要采用聚类分析的方法，聚类是把一组像元按照相似度归成若干类别。它的目的是使得属于同一类别的像元之间的距离尽可能地小，而不属于同一类别的像元之间距离尽可能地大。在进行聚类分析时，首先要确定基准类别的参量。在非监督分类的情况下，并无基准类别的先验知识可以利用，因而，只能先假设初始的参量，并通过预分类处理来形成集群。由再分类的统计参数来调整预先设置的参数，接着再聚类、再调整。如此不断地迭代，直到有关参数达到允许的范围为止。所以说，非监督分类算法的核心问题是初始类别参数的选择，以及它的迭代调整问题。

主要过程如下：

1) 确定初始类别参数，即确定最初类别数和类别中心(集群中心)；

2) 计算每一个像元所对应的特征矢量与各集群中心的距离；

3) 选取与中心距离最短的类别作为这一矢量的所属类别；

4) 计算新的类别均值向量；

5) 比较新的类别均值与原中心位置。若位置发生明显变化，则以新的类别均值作为聚类中心，再从第 2)步开始重复，进行反复迭代操作。

如果聚类中心不再变化，计算停止。

(一) *K*-均值法

K-均值算法(K-means 算法)是一种较典型的逐点修改迭代的动态聚类算法，也是一种普遍采用的方法，其要点是以误差平方和为准则函数。一般的作法是先按某些原则选择一些代表点作为聚类的核心，然后把其余的待分点按某种方法(判据准则)分到各类中去，完成初始分类。初始分类完成以后，

重新计算各聚类中心，完成了第一次迭代。然后修改聚类中心，以便进行下一次迭代。这种修改有两种方案，即逐点修改和逐批修改。逐点修改类中心就是一个像元样本按某一原则归属于某一组类后，就要重新计算这个组类的均值，并且以新的均值作为凝聚中心点进行下一次像元聚类。逐批修改类中心就是在全部像元样本按某一组的类中心分类之后，再计算修改各类的均值，作为下一次分类的凝聚中心点。

K-均值算法的聚类准则是使每一聚类中，多模式点到该类别的中心的距离的平方和最小。其基本思想是：通过迭代，逐次移动各类的中心，直至得到最好的聚类结果为止(图9-1)。

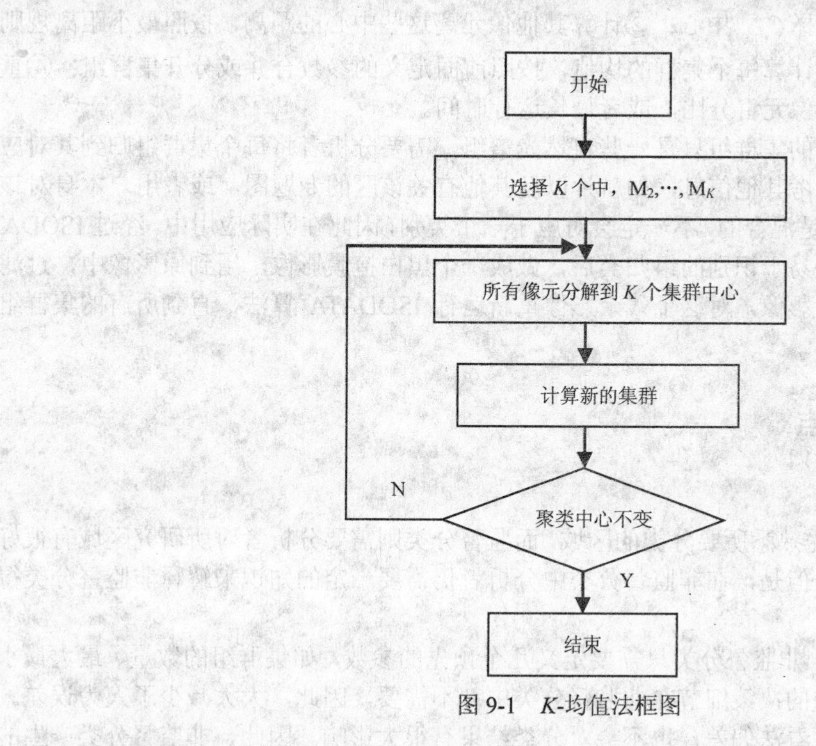

图 9-1　*K*-均值法框图

具体计算步骤如下。假设影像上的目标要分为 *K* 类别，*K* 为已知数。

第一步：任意选择 *K* 个聚类中心，一般选前 *K* 个样本；

第二步：迭代，未知样本 *X* 分到距离最近的类中；

第三步：根据第二步的结果，重新计算聚类中心；

第四步：每一类的像元数目变化达到要求，算法结束。

影响 *K*-均值法的因素主要包括聚类中心数目，初始类中心的选择，样本输入的次序，数据的几何特性等。

这种算法的结果受到所选聚类中心的数目和其初始位置以及模式分布的几何性质和读入次序等因素的影响，并且在迭代过程中又没有调整类数的措施，因此，可能产生不同的初始分类得到不同的结果，这是这种方法的缺点。可以通过其他的简单的聚类中心试探方法，如最大最小距离定位法，来找出初始中心，改进分类效果。

K-均值法分类方法简便易行，实践表明该方法对卫星数据分类处理效果很好，在诸如地球物理和地质探查等分析中获得了成功应用。

(二) ISODATA 算法

ISODATA(Iterative self-organizing data analysis technique)即重复自组织数据分析技术。ISODATA 需要分析者定义：

1) 最大的集群组数量 C_{max} (如 40 个)，通常这个数量都应该比最后的分类图中的类别多；

2) 在循环中，最大的类别不变的像元百分比。当达到设定的百分比时，ISODATA 算法停止。但对有些影像，这个百分比可能永远也达不到，因此，需要其他参数来中断这个计算；

3) 最长的时间，当 ISODATA 算法执行的时间达到这个指标的最大值，不论其 2)中的像元百分比是否达到，ISODATA 算法即中断；

4) 每个集群串中最小的像元数量、最大的标准方差；

5) 最小的集群均值间距离，如果两个之间的距离小于这个值则这两个组合并。

6) 集群分散值，这个值通常为 0。

ISODATA 算法是个循环过程，其初始的集群组是随机地在整幅影像的特征空间选择 C_{max}。其基本的步骤为：①初始随机地选择 C_{max} 中心；②计算其他像元离这些中心的距离，按照最小距离规则划分到其对应的集群中；③重新计算每个集群的均值，按照前面定义的参数合并或分开集群组；④重复②和③，直到其达到最大不变像元百分比，或者最长运行时间。

经过 ISODATA 算法得到的集群组只是一些自然光谱组，需要分析者将每个集群组归到其对应的类别中，这个过程通常需要参考其他信息，如航片以及其他有关该区的专题图，或者用户本身对该区的了解。有时一些自然组可能是混合的，不一定会对应于一个类别，因此在实际应用中，经过 ISODATA 算法得到的图，分析者将一些易于识别的组归类后，做成一个黑白掩膜影像，用到原影像中，过滤掉归类的部分，留下难以归类的影像，对这个残余影像重新运行 ISODATA 算法，直到所有的集群组都能归类。

三、非监督分类的特点

1. 优点

1) 非监督分类不需要事先熟悉所要分类的区域，而监督分类则需要分析者对所研究区域有很好的了解从而才能选择训练样本。但是，在非监督分类中分析者仍需要一定的知识来解释非监督分类得到的集群组。

2) 人为误差的机会减少。非监督分类只需要定义几个预先的参数，如集群组的数量、最大最小像元数量等，监督分类中所要求的决策细节在非监督分类中都不需要，因此，大大减少了人为误差。即使分析者对分类影像有很强的看法偏差，也不会对分类结果有很大影响。因此，非监督分类产生的类别比监督分类所产生的更均质。

3) 独特的、覆盖量小的类别均能够被识别，而不会像监督分类那样被分析者的失误所丢失。

2. 缺点

1) 非监督分类产生的光谱集群组并不一定对应于分析者想要的类别，因此，分析者面临着如何将它们与想要的类别相匹配的问题，实际上几乎很少有一对一的对应关系。

2) 分析者较难对产生的类别进行控制。因此，其产生的类别也许并不能让分析者满意。

3) 影像中各类别的光谱特征会随时间、地形等变化，不同影像以及不同时段的影像之间的光谱集群组无法保持其连续性，从而使不同影像之间的对比变得困难。

第三节 监督分类

一、相关概念

相对于非监督分类，监督分类需要先验知识。从过程来说，监督分类要利用先验知识或样本来定义种子类别，然后利用样本对判决函数进行训练，使其符合定义的样本，最后利用训练好的判决函数对其他待分的遥感影像进行分类。一旦分类结束，不但各类之间得到区分，同时还确定了类别的属性，即是什么地物。

在监督分类中，先验知识或样本的选择非常重要，它直接决定了分类精度的高低。综合来说，对样本有如下几点要求。

(1) 类别要求　选择的样本所包含的类别在种类上应与研究区域所要区分的类别一致。

(2) *代表性要求*　样本应在各类地物面积较大的中心部分进行选取，而不应在各类地物的混交地带和类别的边缘选取，以保证数据的单纯性(均一物质的亮度值)。

(3) *分布要求*　各类样本还必须与采用的分类方法所要求的分布一致，如最大似然法假设各变量是正态分布，样本应尽量满足这一要求。

(4) *数量要求*　要使各类样本能够提供各类的足够信息和克服各种偶然因素的影响，样本应该有足够样品数。样品的个数与所采用的分类方法、特征空间的维数、各类的大小和分布等有关。当采用最大似然法时，样本数目至少要 M+1 个(M 为特征空间的维数)，因为少于这个数协方差矩阵将是奇异的，行列式为 0，也无逆阵。当采用建立在统计意义上的各种方法(如费歇准则法、最大似然法等)时，更是对样本数目有所要求，因为从统计学的观点来看，只有在一定数量上的统计才有意义。但对样本个数的要求也不是越大越好，因为大的数量除了增加计算量外也带来寻找的困难。对于大的类别、分布规律性差的类别有时要多选些样本，反之则少选。

二、主要方法

监督分类过程可简述如下：第一步根据对该地区的了解(先验知识)从影像数据中选择能代表各类别的样区(也称样本)。第二步对选出的样本依据所选用的分类器进行统计分析处理，提取出各类别的数据特征，以此为依据建立适用的判别准则。第三步采用判别准则逐个判定各像元点的类别归属。最后输出分类结果。

1. 最小距离法　最小距离分类法是以特征空间中的距离作为像元分类的依据，包括最小距离判别法和最近邻域分类法。

(1) *最小距离判别法*　这种方法要求对遥感影像中每一个类别选一个具有代表意义的统计特征值(均值)，首先计算待分像元与已知类别之间的距离，然后将其归属于距离最小的一类。

(2) *最近邻域分类法*　这种方法是上述方法在多波段遥感影像分类中的推广。在多波段遥感影像分类中，每一类别具有多个统计特征量。最近邻域分类法首先计算待分像元到每一类别每一个统计特征间的距离，这样该像元到每一类都有几个距离值，取其中最小的一个距离作为该像元到该类别的距离，最后比较待分像元到所有类别间的距离，将其归属到距离最小的一类。

最小距离分类法原理简单，分类精度不高，但计算速度快，可以在快速浏览分类概况时采用。

2. 特征曲线窗口法　特征曲线是地物光谱特征构成的曲线。由于地物光谱特征受到大气散射、天气状况等影响，即使同类地物，它们所呈现的特征曲线也不完全相同，而是在标准特征曲线附近摆动变化。因此，以特征曲线为中心取一个条带，构造一个窗口，凡是落在此窗口范围内的地物即被认为是一类，反之，则不属于该类，这就是特征曲线法。特征曲线窗口法分类的依据是：相同的地物在相同的地域环境及成像条件下，其特征曲线是相同或相近的，而不同地物的特征曲线差别明显。特征曲线选取的方法可以有多种，如地物吸收特征曲线，它将标准地物的吸收特征值连接成曲线，通过与其他像元吸收曲线比较，进行分类；也可以在影像训练区中选取样本，把样本地物的亮度值作为特征参数，连接该地物在每波段参数值即构成该类地物的特征曲线。

特征曲线窗口法可以根据不同特征进行分类，如利用标准地物光谱曲线的位置、反射峰或谷的宽度和峰值的高度作为分类的识别点，结合误差容许范围，分别对每个像元进行分类；或者利用每一类地物的各个特征参数上、下限值构造一个窗口，判别某个待分像元是否落入该窗口，并检查该像元各特征参数值是否落入到相应窗口之内。特征曲线窗口法分类的效果取决于特征参数的选择和窗口大小。各特征参数窗口大小的选择可以不同，需要根据地物在各特征参数空间里的分布情况而定。

3. 最大似然分类法　最大似然分类法(maximum likelihood classifier)是经常使用的监督分类方法之一，它是通过求出每个像元对于各类别的归属概率，把该像元分到归属概率最大的类别中去。最大似然法假定训练区地物的光谱特征和自然界大部分随机现象一样，近似服从正态分布，利用训练区可求出均值、方差以及协方差等待征参数，从而可求出总体的先验概率密度函数。当总体分布不符合正态分布时，其分类可靠性将下降，这种情况下不宜采用最大似然分类法。

在利用最大似然分类法进行多类别分类时，常采用统计学方法建立起一个判别函数集，然后根据这个判别函数集计算各待分像元的归属概率。这里的归属概率是指：待分像元 f 从属于类别 A 的(后验)概率。

设从类别 k 中观测到 x 的条件概率为 $P(x|k)$，则归属概率 L_k 表示为如下形式的判别函数：

$$L_k = P(k|x) = P(k) \times P(x|k) / \sum P(i) \times P(x|i) \tag{9-1}$$

式中，x 为待分像元；$P(k)$为类别 k 的先验概率，它可以通过训练区来决定。此外，由于式(9-1)中分母和类别无关，在类别间比较的时候可以忽略。

最大似然分类必须知道总体的概率密度函数 $P(x|k)$。由于假定训练区地物的光谱特征和自然界大部分随机现象一样，近似服从正态分布(对一些非正态分布可以通过数学方法化为正态问题来处理)，通过训练区，可求出其平均值及方差、协方差等特征参数，从而可求出总体的先验概率密度函数。此时，像元 x 为类别 k 的归属概率 L_k 表示如下(这里省略了和类别无关的数据项)：

$$L_k(x) = \left\{(2\pi)^{n/2} \times \left(\det \sum\nolimits_k\right)^{1/2}\right\}^{-1} \times \exp\left\{(-1/2) \times (x - x_k)^t \sum\nolimits_k^{-1} (x - \boldsymbol{u}_k)\right\} P(k) \tag{9-2}$$

式中，n 为特征空间的维数；$P(k)$为类别 k 的先验概率；$L_k(x)$为像元 x 归并到类别 k 的归属概率；x 为像元向量；$\boldsymbol{u}_k$ 为类别 k 的平均向量(n 维列向量)；det 为矩阵 k 的行列式；$\sum_k$ 为类别 k 的方差、协方差矩($n \times n$ 矩阵)。

须注意，各类别的训练数据至少要为特征维数的 2~3 倍，这样才能测定具有较高精度的均值及方差、协方差。如果两个以上的波段相关性强，那么方差、协方差矩阵的逆矩阵可能不存在，或非常不稳定，在训练样本几乎都取相同值的均质性数据组中，这种情况也会出现。此时，最好采用主成分变换，把维数压缩成仅剩下相互独立的波段，然后再求方差、协方差矩阵。

当各类别的方差、协方差矩阵相等时，归属概率变成线性判别函数。如果类别的先验概率也相同，此时是根据欧氏距离建立的线性判别函数，特别当协方差矩阵取为单位矩阵时，最大似然判别函数退化为采用欧氏距离建立的最小距离判别法。

三、监督分类的特点

1. 优点

1) 可根据应用目的和区域，有选择地决定分类类别，避免出现一些不必要的类；

2) 可控制训练样本的选择；

3) 可通过检查训练样本来决定训练样本是否被精确分类；

4) 避免了非监督分类中对光谱集群的重新归类。

2. 缺点

1) 分类系统的确定和训练样本的选择方面人为主观性较强。分析者定义的类别也许并不是影像中存在的自然类别，导致多维数据空间中各类别间不是独一无二，而是有重叠。分析者所选择的训练样本也可能并不代表影像中的真实情形；

2) 由于影像中同一类别的光谱差异，如同一森林类，由于森林密度等的差异，其森林类的内部方差大，造成训练样本并没有很好的代表性；

3) 训练样本的选取和评估需花费较多的人力和时间；

4) 只能识别训练样本中所定义的类别，若某类别由于训练者不知道或者其数量太少未被定义，则监督分类不能识别。

第四节 面向对象的分类

一、相关概念

面向对象的分类方法是一种智能化的自动影像分析方法，它的分析单元不是单个像素，而是由若干个像素组成的像素群，即目标对象。目标对象比单个像素更具实际意义，特征的定义和分类均是基于目标进行的。根据人类认知心理学的研究表明，人类对外部景物的感知是一个统一的整体，包括对场景中每个物体的形状、大小、颜色、距离等性质都按照精确的时空方位等特点被完整地感知。在目视判读遥感影像时，除感受色调、色相的差别外，还通过形状和位置的辨认来获得大量信息。在遥感影像中，任何地物都可以用其特征进行描述，只要提供足够且合适的特征，某一地物就可以和其他类别区别开。因而，模拟人脑的解译方式，将遥感信息的多种特征充分利用起来，是遥感信息高精度提取的重要途径。

在高分辨率遥感影像上，不仅地物的光谱特征更明显，地物类型的结构、形状、纹理和细节等信息也都非常突出，而传统的基于像元的分类方法提取像元单元的灰度值，在分类时只能用像元的最值、均值、方差等粗略信息来描述像元的特征，因此，所获得的分类结果信息都是十分有限的，而且，其处理结果中往往会存在许多的小斑块。

面向对象分类方法充分利用高分辨率影像特征丰富的特点，利用对象的光谱、形状、拓扑等信息，相对于传统的基于像元的分类方法，分类特征信息丰富，更为接近人脑的解译方式。

目前，面向对象遥感分类方法的代表性软件是 eCognition。

二、eCognition 软件对影像进行分类的方法与步骤

1. 基于对象进行影像分析

eCognition 对影像进行分类并不以像元作为识别的基本单元，而是充分利用影像对象及其相关信息，对地物特征进行详细划分。可用于对象分类的特征主要有：形状特征、纹理特征、灰度特征和层次特征。通过这些特征的提取可以较容易地区分不同类型的对象，如利用对象之间的距离特征，可以区分出水体和房屋的阴影。

2. 影像分割

影像分割就是给影像目标多边形一个特定的阈值，根据指定的色彩和形状的同质准则，基于对象异质性最小原则，将光谱信息类似的相邻像元合并为有意义的对象，使整幅影像的同质分割达到高度优化的程度。影像分割的目的是将影像划分成一个个有意义的分离区域，形成初级的影像对象，为下一步分类提供信息载体和构建基础。eCognition 分割的结果作为目标对象用于下一步分类。

分割前需要设置均质性因子。均质性因子包括光谱因子和形状因子，而形状因子又包括紧密度和光滑度这些因子的合理设置，对分割结果也是有很大帮助的。其中，光滑度指对象边界的光滑程度，通过平滑边界来优化影像对象；紧密度是指影像对象紧凑程度，通过聚集度来优化对象。光滑度和紧密度这两个因子并不是对立的，一般情况下，如果要求得到边界比较平滑的结果，可将光滑度因子设置大一些。

3. 分类

(1) *建立分类体系* 面向对象的分类方法在分割后的影像上提取地类的特征信息，创建类的成员函数，进行类别信息的提取。高分辨率多光谱遥感数据具有丰富光谱和空间信息，便于认识地物目标的属性特征，有助于提高地物定位和判读精度，使得认识地物的内部差异、地表细节成为可能；

(2) *选择训练样本* 训练样本的选择需要对待分类影像所在的区域有所了解，或进行过初步的野外调查，或研究过有关图件和高精度的航片。训练样本的选择是监督分类最关键的部分，最终选择

的训练样本应该能准确地代表整个区域内每个类别的光谱特征差异。同一类别训练样本必须是均质的，不能包含其他类别，也不能是和其他类别之间的边界或混合像元；其大小、形状和位置必须能同时在影像和实地(或其他参考图)容易识别和定位；

(3) 分类　可以进行基于样本的监督分类和基于知识的模糊分类以及二者结合分类。面向对象的信息提取有两种方法：标准最邻近法和成员函数法。eCognition 有两种最邻近表达式：最邻近(NN)和标准最邻近(standard NN)。最邻近分类器 Nearest Neighbor (NN)利用给定类别的样本在特征空间中对影像对象进行分类。最邻近分类器需要对每一个类都定义样本和特征空间，此特征空间可以组合任意的特征。初始的时候，选用较少的样本，如三个进行分类。分类结果必然会有一些错分，但可以反复增加错分类别的样本，然后再次进行，不断优化分类结果。它们的主要差别是最邻近特征空间可以对每个单独的类进行定义；相反，标准最邻近的特征空间适用在整个工程和所有选择这个最邻近表达式的类中。标准最邻近是非常有用的，因为很多情况下在同一特征空间下区分类才有意义。

标准最邻近法是基于样本的分类方法，即选取样本后再分类。通过定义特征空间，计算特征空间中影像对象间的距离，选择具有代表性的样本来实现某种信息的提取。定义特征空间时需要注意一点：尽量使用少的特征来区分尽可能多的类型。在一个类描述中，如果使用太多的特征，会在特征空间中导致巨大的重复，使分类复杂化且会降低分类精度。

标准最邻近分类方法是一种特殊的监督分类方法，只能建立一级分类，对于高分辨率遥感影像来说，其可分类别增多，类别内部异质性增大，基本不可能只在一种等级上提取每种地物类别，因此，分等级的地物类别信息提取是信息提取的一种发展趋势。

三、实验案例

本试验采用基于样本的监督分类：使用标准最邻近分类器，在基于决策树分析的基础上利用标准最邻近法进行草地、旱地、建设用地(包括道路、学校操场、各类建筑)、开发用地、水田、水系、林地 7 种信息提取。

选择庐山地区高分辨率快鸟数据，在 eCognition 软件中打开要分类的影像(图 9-2)。

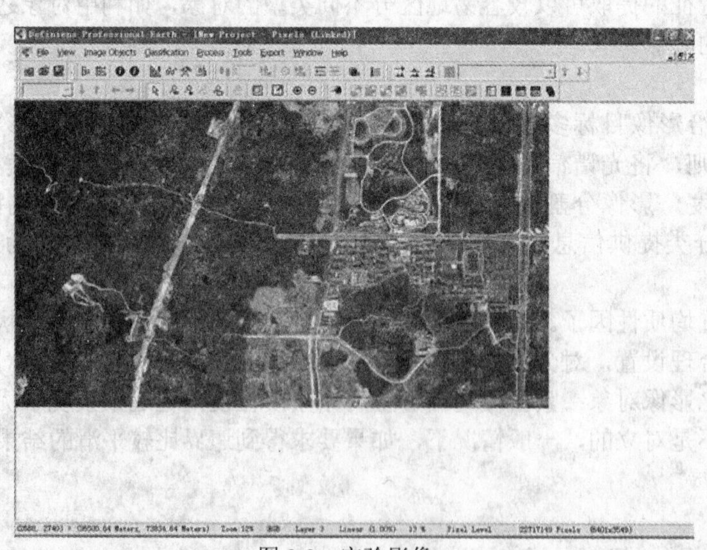

图 9-2　实验影像

设置影像分割参数(图 9-3)，进行影像分割。

从试验区的具体情况和特点看，在实验区中主要存在 7 类地物信息：草地、旱地、建设用地(包括道路、学校操场、各类建筑)、开发用地、水田、水体和林地。采用目视方法选择各地类的训练样本(图 9-4)。获取的分类结果如图 9-5 所示。

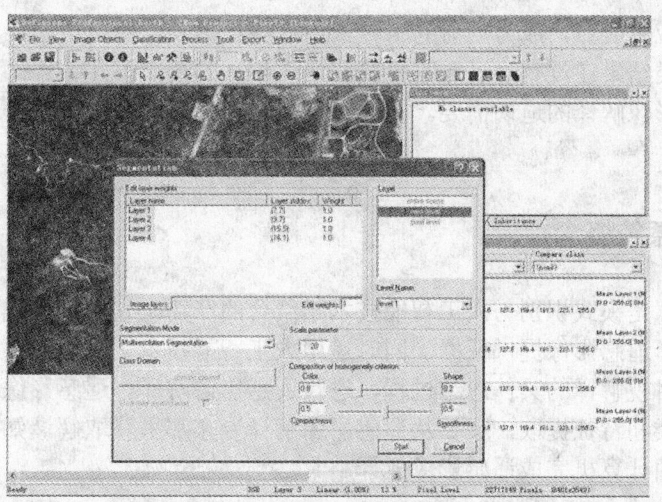

图 9-3　影像分割参数设置

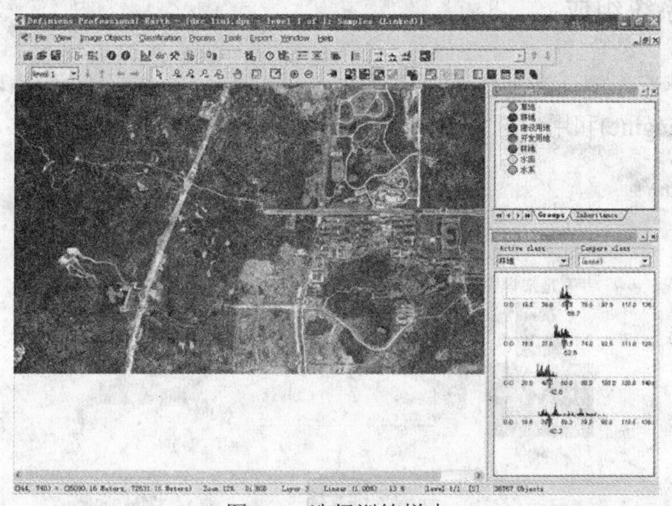

图 9-4　选择训练样本

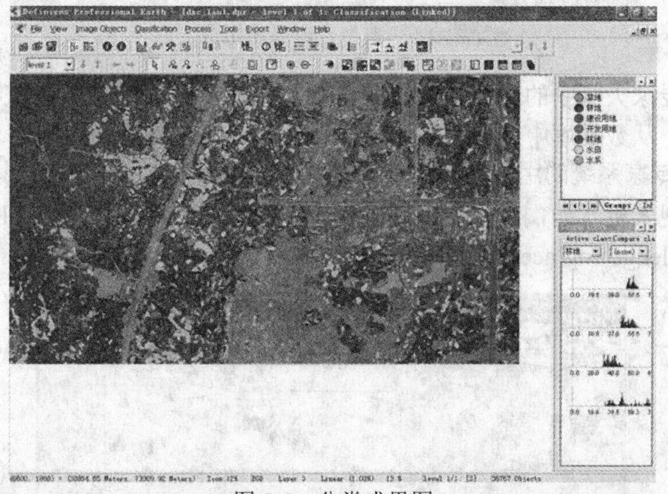

图 9-5　分类成果图

第五节　遥感影像解译专家系统

目前，随着遥感影像获取技术的进步，海量多时相高光谱数据的处理成为遥感影像解译发展的极富挑战性的机遇。一方面，如何提高多类型、多专题、多空间分辨率、多光谱分辨率、多时相环境遥感数据的综合处理和应用能力，成为当前的一项紧迫任务；另一方面，由于各种因素的限制，传统的监督分类和非监督分类结果在没有经过专家检验和多次纠正的情况下，精度一般很难超过90%，因此，提高分类精度是遥感影像解译的迫切需要。在此背景下，各种新的分类方法纷纷出现，专家分类便是其中一种。

一、遥感专家系统概念

遥感影像解译专家是模式识别与人工智能技术相结合的产物。它用于模式识别方法获取地物多种特征，为专家系统解译遥感影像提供证据，同时运用人工智能技术，采用遥感影像解译专家的经验和方法，模拟遥感影像目视解译的具体思维过程，进行遥感影像解译。遥感影像解译专家系统既要对遥感影像进行处理、分类和特征提取，又要从遥感影像解译专家那里获取解译知识，构成影像解译知识库，在知识指导下，由计算机完成遥感影像解译。

二、遥感专家系统组成

遥感专家系统遥感影像解译专家由用户界面(knowledge engineer)、知识库(knowledge base)、推理机、数据库(inference engine)和用户五大部分组成(图 9-6)。

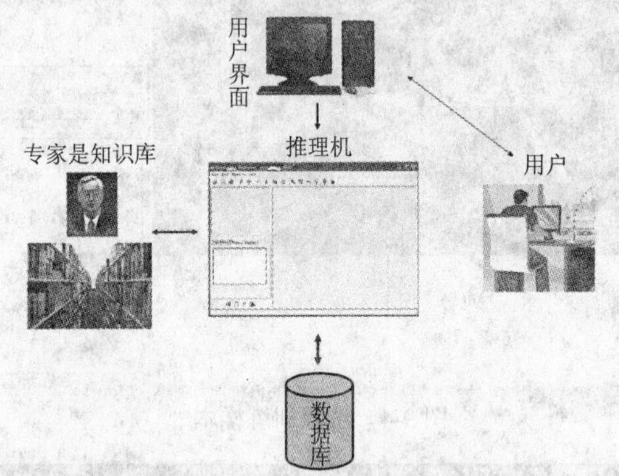

图 9-6 典型专家系统组成

专家系统首先将专家大脑中的专业知识提取出来，构建专家知识库，通过用户界面和推理机对知识库的规则进行编码，从数据库中提取所需信息并解决问题，最终满足用户需求。

1. 用户界面 专家系统的用户界面主要用于显示、查询和对知识库的规则进行编码，具有友好的交互环境，以便实现人机互动，完成知识库的创建和影像的最终解译。以 ERDAS IMAGINE 8.7 为例，其用户界面(knowledge engineer)如图 9-7 所示。

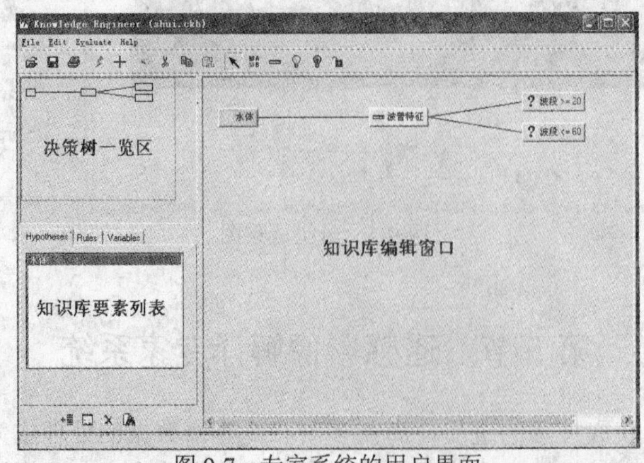

图 9-7 专家系统的用户界面

该用户界面包括决策树一览区、知识库要素列表和知识库编辑窗口。决策树一览区显示整个决策树的一览图，用户可以直观地了解整个决策树的组织结构和知识库要素之间的组织关系。其中，绿色方框显示目前知识库编辑窗口的范围，用户可以通过拖拉方框了解自己所编辑的部分在决策树中的位置及要素之间的关系。知识库要素列表包括假设(hypothesis)、规则(rules)、变量(variable)三类要素列表，相当于知识库的组织中心，上述三要素均可在列表中查看、调用和编辑，同时也可向知识库添加新的假设、规则和变量。知识库编辑窗口支持对决策树的编辑，用户可以通过界面提供的工具，按照要素的逻辑关系绘制树状关系图——决策树，树中的每一个支脉由绘制为方框的结点及连线组成。

2. 知识库创建　知识获取被视为专家系统的“瓶颈”。知识库不仅包括波谱特征，还有地物的坡向、高程、坡度、NDVI 等特征(如 john.R.Jensen 用 TM、NDVI 和 DEM 数据提取犹他州 MAPLE 山的白杉木林地)，以及地物的形状特征、纹理特征、地物间的空间结构和空间关系(如河滩地与水体，城镇河流与道路)等。专家知识的获取需要长期积累、反复试验、艰苦的调查。但专家知识的主体仍是地物的光谱特征，这是可以通过遥感处理软件获得的，目前多数遥感专家知识也是通过这种方式获得的。

应用 ERDAS IMAGINE 8.7 的相关工具来提取鄱阳湖地区的水体光谱特征，先用 AOI 工具选取 5 个样本区，再运用分类模板编辑器(signature editor)统计工具(statistics)获得各点的波谱特征：单变量(univariate，包括最大值、最小值)、均值和协方差(covariance)，据此对采样点的亮度值进行统计分析，提取波谱特征，如图 9-8 所示。

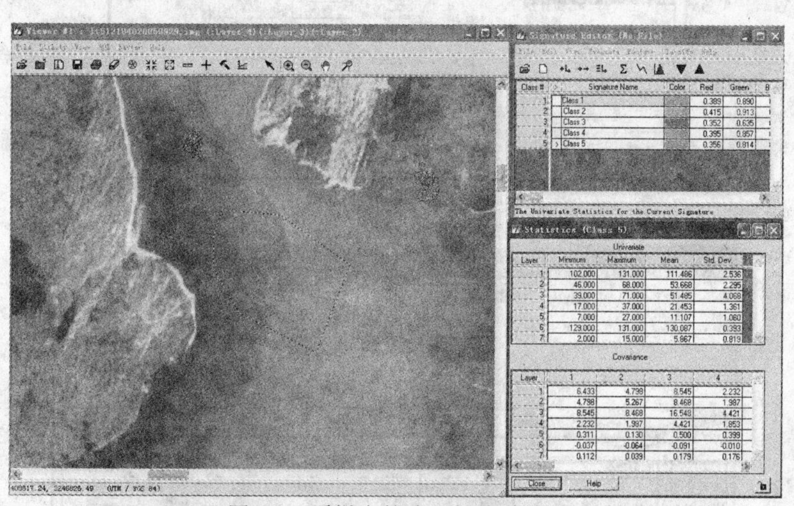

图 9-8　采样点的选取与波谱统计

利用上述工具提取地物之间的波谱关系。提取出鄱阳湖地区的水体、植被、居民地及沙滩的波谱特征，并比较他们之间的波谱关系(图 9-9)。

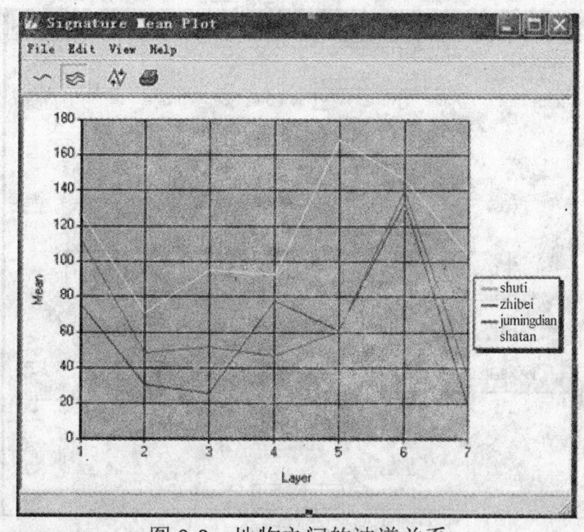

图 9-9　地物之间的波谱关系

用户可以通过用户界面(knowledge engineer)知识库编辑器，将上述方法获得的地物亮度特征和地物之间的波谱关系特征，定义支持假设的规则、条件和变量，建立知识库。规则通常用一个或多个“IF 条件 THEN 假设 CF”(CF 为置信度)的语句来表达，如：

IF　TM4+TM5 亮度≥20

AND TM4+TM5 亮度≤68

THEN 该地物为水体　置信度为 0.9

具体的操作步骤为：新建假设(图 9-10)、新建规则(图 9-11)、新建变量(图 9-12)，完成知识库的建立，保存知识库。

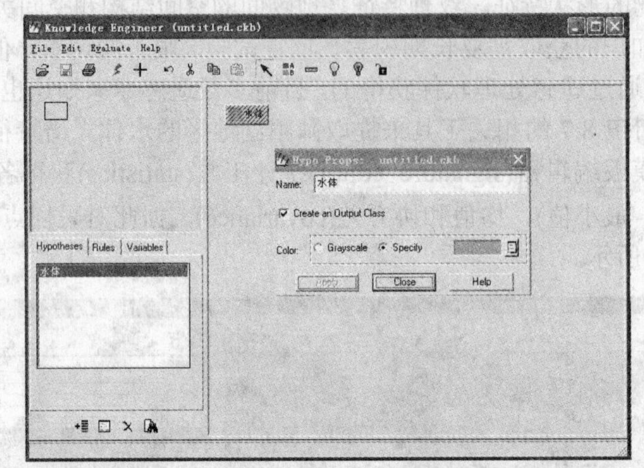

图 9-10　新建假设

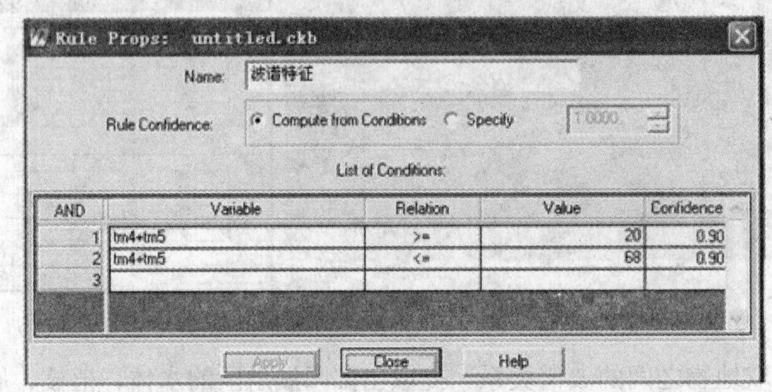

图 9-11　新建规则

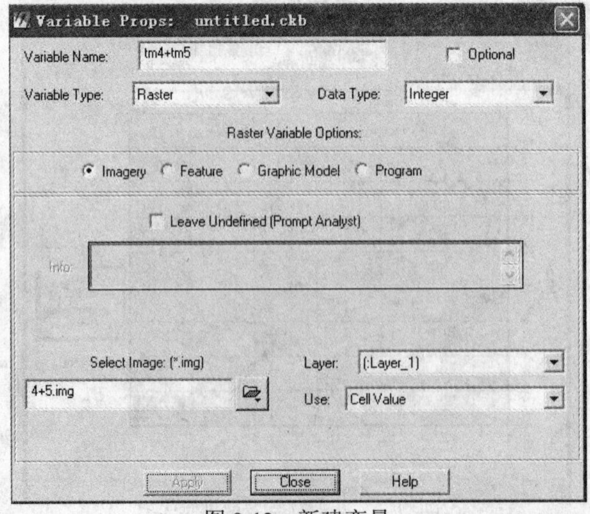

图 9-12　新建变量

3. 推理机 推理机是一组用来控制、协调整个专家系统的方法、策略的程序，它根据用户的输入数据，利用知识库中的知识，按一定推理策略，求解当前问题，解释用户的请求，最终得出结论。

推理机是遥感影像解译专家系统的核心，其作用是提出假设，利用地物多种特征作为证据进行推理验证，实现遥感影像理解。推理机采用正向推理与反向推理结合的方式进行遥感影像解译。

推理机主要包括数字遥感影像处理和分析算法、根据识别对象的特点挑选算法的策略及负责将各种算法组织成具有一定逻辑顺序的算法序列的能力。当遥感影像等数据输入基于知识的遥感影像分析系统后，推理机在知识库的支持下完成影像目标的识别和解译。在推理机解释知识库中的规则时，规则中的所有条件都要满足这条规则，假设中的任何一条规则都会使假设被接受或被拒绝。在某些情况下，假设中的规则和推理结果不一致，这时规则置信度和规则的次序就成为决策的因素。

4. 数据库 数据库用于存储遥感解释所需的事实、数据、初始状态、推理过程的各种中间状态及目标等。数据库里的数据形式很多，可以是包括矢量或栅格格式的遥感影像、专题图等空间数据。数据库中也包括图表、图形、算法、图片和文本等一些专家认为很重要的数据，还应包括详细而标准的元数据。实际上，数据库相当于专家系统的工作存储区，存放用户回答的事实、已知的事实和推理得到的事实。

三、专家分类在鄱阳湖地区水体、植被、居民地提取中的应用

1. 水体的提取 据周成虎等的研究，将水体、林地、居民地、水田、旱地和阴影采样点值做均值统计，并作出地物波谱图进行比较，发现水体、阴影的第5波段明显小于第2波段；在第2波段，水体的灰度值大于阴影，在第3波段阴影的灰度值不超过水体的灰度值，将这两个波段相加可以增大这种差异；在第4、5波段上，阴影的值一般大于水体，将这两个波段相加也可以增大这种差异；将2、3波段相加，4、5波段相加，再比较发现只有水体具有波段2加波段3大于波段4加波段5的特征。因此，用 $TM_2+TM_3>TM_4+TM_5$ 来提取水体。

2. 植被的提取 根据归一化植被指数公式：$NDVI=TM_4-TM_3/TM_4+TM_3$，对鄱阳湖地区的TM影像进行代数运算，然后采样获取植被指数值，统计分析见表9-1。

表 9-1 样本的植被指数统计表

NDVI 值	最小值	最大值	均值	标准差	协方差
样本 1	0.245	0.600	0.477	0.068	0.005
样本 2	0.233	0.574	0.473	0.049	0.002
样本 3	0.333	0.581	0.486	0.045	0.002
样本 4	0.324	0.568	0.473	0.043	0.002
样本 5	0.345	0.596	0.484	0.043	0.002
样本 6	0.283	0.635	0.497	0.062	0.004
样本 7	0.233	0.574	0.470	0.051	0.003
样本 8	0.333	0.514	0.429	0.035	0.001
样本 9	0.132	0.473	0.365	0.042	0.002
样本 10	0.340	0.504	0.428	0.029	0.001
样本 11	0.224	0.490	0.417	0.032	0.001
样本 12	0.333	0.514	0.429	0.035	0.001

据表9-1分析，鄱阳湖地区植被指数为0.365~0.497，当阈值取0.35时有漏提现象，当阈值取0.25时出现多提地物的现象，经过反复试验，将阈值设为0.289时，可以较好地提取植被。

3. 居民地的提取 所选用的试验区内，人口众多，多分布于零散的城市、集镇和乡村中。一般城市四周都有公路与其他城市、城镇相连，多呈辐射状分布。与城市相邻的地类有耕地、菜地等。集

镇居民地主要是由楼房、水泥地面、裸土地等组成，乡村居民地主要是由房屋、空地及零星树木组成。房屋与房屋之间的空地一般不超过 20 m。因而，对于地面分辨率为 30 m×30 m 的传感器而言，居民地的像元多为混合像元，这种混合像元是由房屋和房屋间的空地、绿地及林木组成。鄱阳湖地区的居民地四周一般为农田、部分居民地周围有水塘，居民地与居民地之间有道路相连通。大的居民地之间由宽的道路相连，连接小的居民地之间的道路则较窄。宽度不超过 10 m 的道路在 TM 影像上一般难以识别。

对原始影像进行标准差拉伸处理，就每一种地物选取一定的研究样本，测定其各波段的光谱亮度均值，列于表 9-2 中。

表 9-2 典型地物部分采样点的波谱亮度均值

地物	波段 1 亮度均值	波段 2 亮度均值	波段 3 亮度均值	波段 4 亮度均值	波段 5 亮度均值	波段 6 亮度均值	波段 7 亮度均值
居民地	115	51	54	52	66	138	37
水体	90	39	33	17	9	131	6
植被	82	37	32	85	63	134	22

在ERDAS中选择Classifier，打开signature tools，根据采样点的样本均值做出不同地物的亮度均值波谱曲线，如图9-13所示。

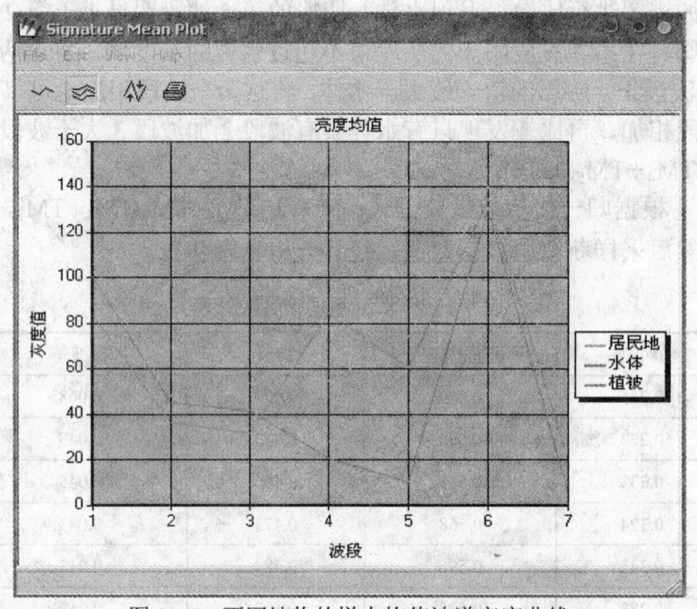

图 9-13 不同地物的样本均值波谱亮度曲线

从光谱均值曲线中可以看出，居民地与其他地物在光谱上的明显差异主要集中在 TM_4 和 TM_5，且居民地的第 2、3、4、7 波段的值比较接近，其他地物则没有这一特点。对于居民地而言，TM_4-TM_7 的值比其他地物的值要小，因此，居民地具有 TM_4-TM_7 这一特征。根据对居民地的光谱分析，建立如下基于光谱知识的居民地提取模型：$TM_4-TM_7<K_1$；$TM_6>K_2$。首先，利用 $TM_4-TM_7<K_1$ 对居民地进行提取，从光谱曲线可以大致得出 K_1 的值为 14~17，利用 $TM_6>K_2$ 进行提取，经过试验，取 K_1 为 16 最为合适。该模型利用了城镇的另一个特征即在热红外的值比较大，取 $TM_6\geqslant138$。用该模型，提取的精度较高，但仍有少量错误，即将河滩地当城镇，这种错误难以靠光谱知识来消除。

4. 专家分类 根据上述专家知识，利用鄱阳湖地区的遥感影像，对水体、植被、居民地进行分类。

先创建专家知识库，完成决策树的编辑，如图 9-14 所示。

再利用知识分类器进行分类，结果如图 9-15 所示。

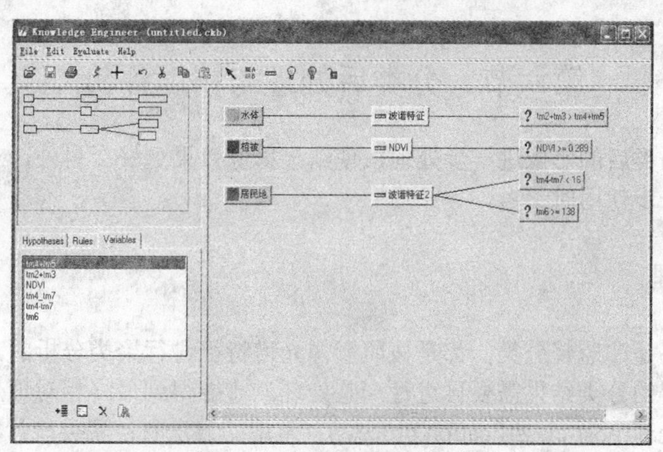

图 9-14　专家知识库的创建

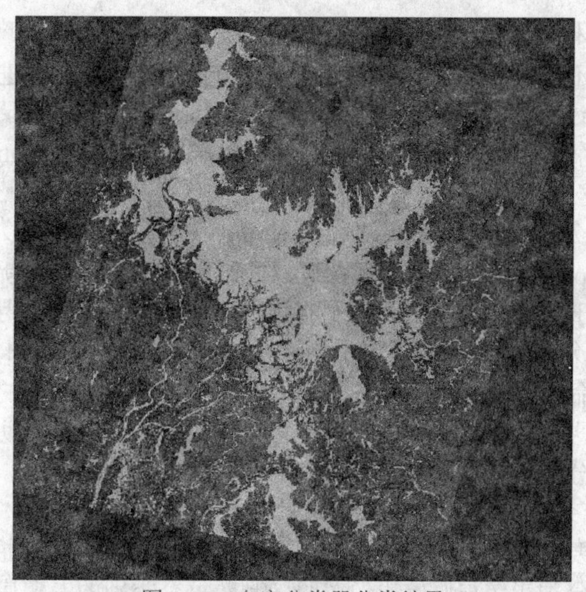

图 9-15　专家分类器分类结果

再与 7、4、1 波段合成影像复合，结果如图 9-16 所示。根据卷帘显示目视分析结果，水体提取整体效果较好，局部山体阴影、云的阴影也被去除，漏提的很少，包括鱼塘都被提取，只有较窄的河流没有被提取，但这些河流由目视判读也很难判读出来；绝大部分植被得以提取，有少量多提或漏提现象，分类精度有待进一步评价；居民地整体效果良好，但局部滩地被多提，需要采取一些方法去除。

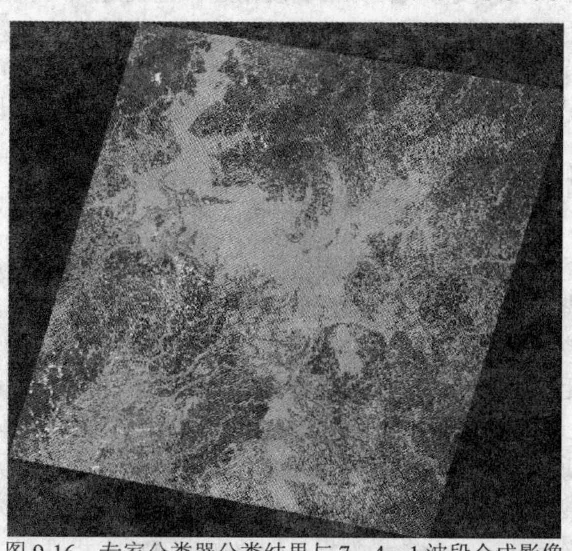

图 9-16　专家分类器分类结果与 7、4、1 波段合成影像

第六节 分类后处理与精度评价

分类完成后须对分类后的影像进一步处理，使结果影像效果更好。另外，对分类的精度要进行评价，以供分类影像进一步使用时参考。

一、分类后处理

无论是监督分类还是非监督分类，都是按照影像光谱特征进行聚类分析的，因此，都带有一定的盲目性。所以，对获得的分类结果需要再进行一些处理，才能得到最终相对理想的分类结果，这些处理操作统称为分类后处理(post-classification process)。常用的方法有：聚类统计、过滤分析、去除分析和分类重编码等。

1. 聚类统计 无论利用监督分类还是非监督分类，分类结果中都会产生一些面积很小的图斑。无论从专题制图的角度，还是从实际应用的角度，都有必要对这些小图斑进行剔除。

聚类统计(clump)是通过对分类专题影像计算每个分类图斑的面积、记录相邻区域中最大图斑面积的分类值等操作，产生一个clump类组输出影像，其中每个图斑都包含clump类组属性；该影像是一个中间文件，用于进行下一步处理。

2. 过滤分析 过滤分析(sieve)功能是对经过clump 处理后的clump类组影像进行处理，按照定义的数值大小，删除clump影像中较小的类组图斑，并给所有小图斑赋予新的属性值0。sieve经常与clump 命令配合使用，对于无须考虑小图斑归属的应用问题，有很好的作用。

3. 去除分析 去除分析(eliminate)是用于删除原始分类影像中的小图斑或 clump 聚类影像中的小 clump 类组，与 sieve 命令不同，eliminate 将删除的小图斑合并到相邻的最大的分类当中，而且如果输入影像是clump聚类影像，经过去除处理后，将分类图斑的属性值自动恢复为clump处理前的原始分类编码，得到简化的分类影像。

4. 分类重编码 分类重编码(recode)主要是针对非监督分类而言的，因在非监督分类过程中，用户一般要定义比最终需要多一定数量的分类数；在完全按照像元灰度值通过ISODATA聚类获得分类方案后，首先是将专题分类影像与原始影像对照，判断每个类别的专题属性，然后，对相似或类似的分类通过影像重编码进行合并，并定义分类名称和颜色。

二、精度评价

进行遥感影像分类，必然会涉及分类结果的精度问题。也就是说，影像分类精度评价是分类过程中不可或缺的组成部分。因为通过精度分析，分类者能确定分类模式的有效性，改进分类模式，提高分类精度；使用者能根据分类结果的精度，正确、有效地利用分类结果中的信息。

分类精度的评价通常是用分类图与标准数据(图件或地面实测值)进行比较，以正确的百分比来表示精度。评价方法有两种：非位置精度和位置精度。

非位置精度：以一个简单的数值，如面积、像元数目等表示分类精度，因未考虑位置因素，所获得的精度值偏高。

位置精度：位置精度是通过比较两幅图位置之间一致性的方法进行评价的，将分类的类别与其所在的空间位置进行统一检查。目前普遍采用混淆矩阵方法。

1. 误差矩阵 当分类训练完成时，有必要评价一下所获取结果的准确性。这将使结果达到一定程度的可信度，同时能够用来指出是否达到分析的目的。

准确性由经验决定，通过从专题图中选择像元样本(最好是独立随机样本)，并检查按照参考数据(最好是在现场勘察时搜集的)所确定的类别标号。通常参考数据是真实地物图，为考察准确性而选择的像元为检验像元。从这些检测中，可以估计影像中被分类器正确分类的每一类像元的百分比，以及被错误地分到其他类的比例。然后，将这些结果列表，构成混淆或误差矩阵。

概况而言，在混淆矩阵中，检验用的实际类别来源有三种：

1) 分类前选择训练区和训练样本时确定的各个类别及其空间分布图；

2) 类别已知的局部地段的专业类型图；

3) 实地调查结果。

对分类结果的定量化评价，最常用方法是误差矩阵。误差矩阵是一个 $n \times n$ 的矩阵(n 是分类数)，它表示了抽样单元中被分到某一类而经过检验属于某一类的数目(表 9-3)

表 9-3　误差矩阵定量化评价方法表

		参考数据(i)			
		类别 1	类别 2 ···	类别 n	行数据和
分	类别 1	P_{11}	P_{21}	P_{1n}	P_{+1}
类	类别 2	P_{21}	P_{22}	P_{2n}	P_{+2}
			…		
据	类别 n	P_{n1}	P_{n1}	P_{nn}	P_{+n}
(j)	列数和	P_{1+}	P_{2+}	P_{n+}	P

注：$P_{i+}=\sum_{j=1}^{n} P\mathrm{m}_{ij}$；$P_{+j}=\sum_{i=1}^{n} P\mathrm{m}_{ij}$；$P$ 为样本总数。

基于误差矩阵能够计算出各种精度测量指标，如总体精度(overall accuracy, OA)、用户精度(producer’s accuracy，PA)和制图精度(user’s accuracy, UA)，即

$$\mathrm{OA}=\sum_{k=1}^{n} P\mathrm{m}_{kk} \big/ P/// \tag{9-3}$$

$$\mathrm{PA}=P_{jj} \big/ P_{+j} \tag{9-4}$$

$$\mathrm{UA}=P_{jj} \big/ P_{j+} \tag{9-5}$$

2. Kappa 系数　利用总体精度、用户精度或制图精度的一个缺点是像元类别的小变动可能导致其百分比变化，运用这些指标的客观性取决于采样样本以及方法。除了以上各种描述性的精度测量，在误差矩阵基础上利用各种统计分析技术，可以用于比较不同的分类方法，其中最常用的是 Kappa 分析技术。Kappa 系数作为测定两幅图之间吻合度或精度的指标，是根据误差矩阵的元素定义的，令这些元素用 x_{ij} 表示，并设误差矩阵中代表检验像元(观测值)的总数为 P。此外，令

$$x_{i+}=\sum_{j} x_{ij},\mathrm{m}\text{，即 } i \text{ 行所有列的和}$$

$$x_{+j}=\sum_{i} x_{ij},\mathrm{m}\text{，即 } j \text{ 列所有行的和}$$

那么 Kappa 系数可以表示为

$$k=\frac{P\sum_{k} x_{kk}-\sum_{k} x_{k+}x_{+k}}{P^{2}-\sum_{k} x_{k+}x_{+k}}\mathrm{m} \tag{9-6}$$

Kappa 分析技术是一种多变量统计分析技术，它在统计意义上反映分类结果在多大程度上优于随机分类结果，并可以用于比较两个分类器的误差矩阵是否具有显著差别。

总体精度只用到了位于对角线上的像元数量，而 Kappa 系数则既考虑了对角线上被正确分类的像元，同时也考虑到了不在对角线上各种漏分和错分的误差。因此，这两个指标往往并不一致。

对于精度评定，样本像元的选择很重要。一般评价分类器性能的最简单策略是给每一类选择一个检验区的集合，类似于用来估计类特征的训练区，这些训练区也用可以得到的参考数据来标记，大致是与训练区在同一时间。分类后，分类器的精度是以它在检验像元上的性能来决定的。

3. 分层随机采样　在专题图中选择个体像元的随机样本进行比较，该方法具有更多的统计学意义，因为它避免了采用相关的近邻像元。但以这种趋向于更多数目的样本点来表述，一些非常小的类别可能根本不会被表述，因此，标记小类别的准确性评价会出现偏差。为要确保小类别得到充分表达，一种广泛采用的方法就是分层随机采样，首先确定影像分类的一个分层集合，然后，在每个层面上进行随机采样。这些分层可以是专题图上任意方便的区域分割，如栅格单元，最适合采用的分层是专题类本身。因此，应该在每个主题类中选择随机样本来评价该类的分类精度。

如果采用按类分层的随机采样，那么，一个必须回答的问题是，在每一类中应该选择多少个检验像元以确保输入到混淆矩阵的结果能准确反映分类器的性能？由此所获得的正确分类的百分比是专题图实际精度的一个可靠估计。

用随机变量 x 代表来自专题图中一个特定类的像元，若一个像元得以正确分类，x 取值为 1，否则为 0。设这一类别的真正地图精度是 θ（这是我们希望通过采样来评价的)。那么，该类 n 个像元的随机样本中 x 个像元是正确的概率，可以用以下二维概率密度表示：

$$p(x;n,\theta)=nC_x\theta^x(1-\theta)^{n-x},\quad x=0,1,\cdots,n \tag{9-7}$$

如果样本太少，那么，那些被选定的像元能够全部正确标识的机会是有限的(如上面考虑的一个像元的极端情况)，由此来设定最小采样数目，令式(9-4)中 $x=n$，可以说明这种情况，给出对于所有 n 个样本都是正确的概率。

$$p(x;n,\theta)=\theta^n \tag{9-8}$$

一旦通过采样估计了精度，就有必要估计一下由每类获得的实际数据的可信度。事实上，能够表示一个地图精度所在的区间是很有用的，这个区间可以由式(9-8)的精度估计来确定。

$$p\left\{-z_{a/2}<\frac{x-n\theta}{\sqrt{n\theta(1-\theta)}}<z_{a/2}\right\}=1-a \tag{9-9}$$

式中，x 为 n 个样本中正确标识的像元数；θ 为真实地图精度(通常用 x/n 估计)；$1-a$ 为置信限。如果选择 $a=0.05$，那么式(9-9)表明 $(x-n\theta)/\sqrt{n\theta(1-\theta)}$ 在 $\pm z_{a/2}$ 之间的概率是 95%；$\pm z_{a/2}$ 为正态分布上的点，两点之间包含了总体的 $1-a$。对于 $a=0.05$，表中显示 $z_{a/2}=1.960$，式(9-9)由正态分布的性质获得。然而，对大量的样本(一般 30 个或更多)，二项式分布足以用一个使式(9-9)可接受的正态模型来表示。对于式(9-9)的兴趣是，看它对 θ 的限制是什么。很容易看到，在置信度为 95%的情况下，θ 的极值为

$$\frac{x+1.921\pm1.960\{x(n-x)/n+0.960\}^{1/2}}{n+3.842} \tag{9-10}$$

分层随机采样的优势在于：所用层不管占整个区域的比例多小，都将为其分配样本进行误差评价。如果没有分层，那么，对于区域中所占比例较小的类别，就很难找到足够的样本。而其不足在于：它必须等专题图完成后才能将样本分配到不同的层中，而且，很少能获得与遥感数据采集同一天的地面参考验证信息。

4. 留一个交叉验证　一个有趣的精度评价方法是留一个方法(LOO)，它不依赖于扩展像元的检验集合。它建立在以下基础上，即去掉训练像元集中的一个，然后，用剩余样本训练分类器，并采用训练的分类器标识去掉的像元。替换该像元，去掉另一个像元，这个过程反复进行。对训练集上的所

有像元进行上述处理，然后，确定平均分类精度。倘若原始训练集是有代表的，则该方法能够产生分类精度的无偏估计。

留一个方法是交叉验证的一个特例。在交叉验证中，可用的标记像元被分到 k 个子集中，其中一个子集作为检验数据，其他的所有子集组成训练集。该过程重复 k 次，所以，每个子集被依次用作检验数据，其他的用来做训练。

实验与练习

1. 简述遥感影像计算机分类的基本过程。
2. 利用 ERDAS IMAGINE 软件，采用 ISODATA 法进行非监督分类，并给出具体的操作流程。
3. 利用 ERDAS IMAGINE 软件，采用最大似然比法进行监督分类，给出具体的操作流程。体会训练样本选择对分类的影响。
4. 在以上实验基础上，比较监督分类与非监督分类的优缺点。
5. 利用 ERDAS IMAGINE 软件，对鄱阳湖的样本数据进行专家分类。
6. 叙述分类精度评价的概念与基本方法。

主要参考文献

戴昌达, 姜小光. 2004. 遥感影像应用处理与分析. 北京: 清华大学出版社.
党安荣, 王晓栋, 陈晓峰, 等. 2003. ERDAS IMAGINE 遥感影像处理方法. 北京: 清华大学出版社.
傅肃性. 2002. 遥感专题分析与地学图谱. 北京: 科学出版社.
关泽群, 刘继林. 2007. 遥感影像解译. 武汉: 武汉大学出版社.
梅安新, 彭望琭, 秦其明, 等. 2001. 遥感导论. 北京: 高等教育出版社.
彭望琭, 白振平, 刘湘南, 等. 2002. 遥感概论. 北京: 高等教育出版社.
杨昕, 汤国安, 邓风东, 等. 2009. ERDAS 遥感影像处理实验教程. 北京: 科学出版社.
张永生, 巩丹超. 2004. 高分辨率遥感卫星应用——成像模型、处理算法及应用技术. 北京: 科学出版社.
周成虎, 骆剑承, 杨晓梅, 等. 1999. 遥感影像地学理解与分析. 北京: 科学出版社.
Jensen J R. 2007. 陈晓林, 龚威译. 遥感数字影像处理导论. 北京: 机械工业出版社.

建议阅读书目

关泽群, 刘继林. 2007. 遥感影像解译. 武汉: 武汉大学出版社.
杨昕, 汤国安, 邓风东, 等. 2009. ERDAS 遥感影像处理实验教程. 北京: 科学出版社.
Jensen J R. 2007. 遥感数字影像处理导论(第三版). 陈晓玲, 龚威译. 北京: 机械工业出版社.
Jensen J R. 2011. 环境遥感——地球资源视角(第二版). 陈晓玲, 黄珏, 等译. 北京: 科学出版社.

第五篇　遥 感 应 用

第十章　植 被 遥 感

本章导读

植被是地球生态环境的重要组成部分，广泛分布于地球表层，是遥感影像反映的最直接的信息之一。植被遥感的主要目的是在遥感影像上有效确定植被的分布、类型、长势等信息，以及对植被的生物量、作物产量等进行估算。本章以植被指数计算及水稻遥感估产两个实验为例，有助于加深对植被遥感相关原理及其应用方法的理解。

第一节　植被指数及其提取

一、植被光谱特征

地物大都有自己特有的反射(辐射)光谱特性，植被具有非常显著的光谱特征，因此，在遥感影像上可以有效地与其他地物区分开来。

植被在可见光波段 0.45μm(蓝光波段)和 0.65μm(红光波段)处有两个反射率的凹谷，这是绿色植物强烈吸收所造成的吸收谷。从 0.7μm 开始，绿色植物的反射率陡然上升，到 0.8μm 处变得平缓(即所谓的“红边”)，直到 1.3μm 才有一个明显的下降。该波段是近红外光区，主要是由于叶肉内的海绵组织有许多空腔，具有很大的反射表面，而且，细胞内的叶绿素呈水溶胶状态，具有强烈的红外反射，这也是植物为预防过度增热的一种适应。

不同植物种类(图 10-1)，或同一植物在生长发育的不同阶段，其光谱特征会有所不同。另外，气候、土壤、地形、灌溉、施肥等因素也都对植物的光谱特征产生影响。因此，可以根据不同的光谱曲线鉴别植物种类，并监测其生长状况。

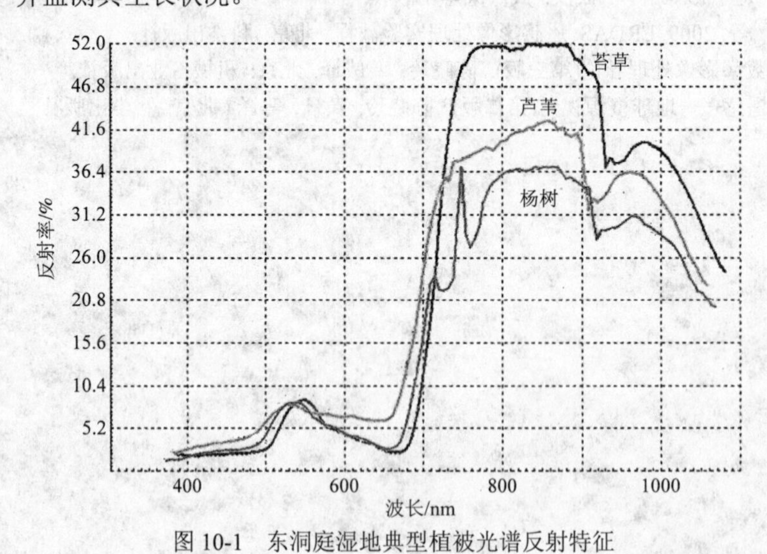

图 10-1　东洞庭湿地典型植被光谱反射特征

二、 植被指数主要类型

基于植被的光谱特性，需要采用量化的方法进行研究。仅用个别波段或多个单波段数据分析对比来提取植被信息是相当局限的，因而，往往选用多光谱遥感数据经分析运算(加、减、乘、除等线性或非线性组合方式)，产生某些对植被长势、生物量等有一定指示意义的数值——即所谓的“植被指数”。以这种简单有效的方式来实现对植物状态信息的表达，定性和定量地评价植被覆盖、生长活力及生物量等。在植被指数中，通常选用对绿色植物(叶绿素引起的)强吸收的可见光红波段和对绿色植物(叶内组织引起的)高反射的近红外波段。这两个波段不仅是植物光谱中的最典型的波段，而且，它们对同一生物物理现象的光谱响应截然相反，它们的多种组合有利于增强或揭示植被信息。

主要的植被指数有以下几种。

1. 比值植被指数(RVI) 由于可见光红波段(*R*)与近红外波段(NIR)对绿色植物的光谱响应十分不同，且具倒转关系，两者简单的数值比能充分表达两反射率之间的差异。

比值植被指数可表达为

$$\mathrm{RVI} = \rho_{\mathrm{NIR}} / \rho_{\mathrm{RED}} \tag{10-1}$$

或

$$\mathrm{RVI} = \mathrm{DN}_{\mathrm{NIR}} / \mathrm{DN}_{\mathrm{R}}$$

2. 归一化植被指数(NDVI) 归一化植被指数被定义为近红外波段与可见光红波段数值之差与这两个波段数值之和的比值，是目前应用最广的植被指数。

$$\mathrm{NDVI} = (\rho_{\mathrm{NIR}} - \rho_{\mathrm{Red}}) / (\rho_{\mathrm{NIR}} + \rho_{\mathrm{Red}}) \tag{10-2}$$

或

$$\mathrm{NDVI} = (\mathrm{DN}_{\mathrm{NIR}} - \mathrm{DN}_{\mathrm{R}}) / (\mathrm{DN}_{\mathrm{NIR}} + \mathrm{DN}_{\mathrm{R}})$$

3. 差值植被指数(DVI) 差值植被指数(DVI)又称环境植被指数(EVI)，被定义为近红外波段与可见光红波段数值之差。

$$\mathrm{DVI} = \mathrm{DN}_{\mathrm{NIR}} - \mathrm{DN}_{\mathrm{R}} \tag{10-3}$$

在此基础上，为消除大气、土壤等因子的影响，国内外学者还提出了抗大气植被指数(ARVI)、全球环境监测植被指数(GEMI)、垂直植被指数(PVI)、缨帽变换绿度植被指数(GVI)、土壤调节植被指数(SAVI)、转换型土壤调整植被指数(TSAVI)、改进型土壤调整植被指数(MSAVI)，以及改进型土壤大气修正植被指数(EVI)等几十种指数。

三、基于 ENVI 的植被指数计算

ENVI 软件中，植被指数计算主要有三种方法：一是通过 Transform 主菜单下面的 NDVI 模块直接进行计算；二是通过 Spectral 主菜单里面植被分析功能中的植被指数计算器；三是通过 Basic Tools 主菜单中的 Band Math 模块，建立相关数学表达式进行计算。本实验简单介绍前两种方法。

1. 方法一

1) 在 ENVI 中导入鄱阳湖 TM 遥感数据 lt512104020050929.img，可以看到影像各波段显示到“**Available Bands List**”(可用波段列表)，如图 10-2(a)所示。

2) 单击 ENVI 主菜单条里面的 Transform 菜单栏，在弹出的下拉菜单中选择倒数第二栏 NDVI(归一化植被指数)，即：**Transform | NDVI**。而后，在弹出的 NDVI **Calculation Input File** 窗口选择待计算 NDVI 的影像文件，如图 10-2(b)所示。

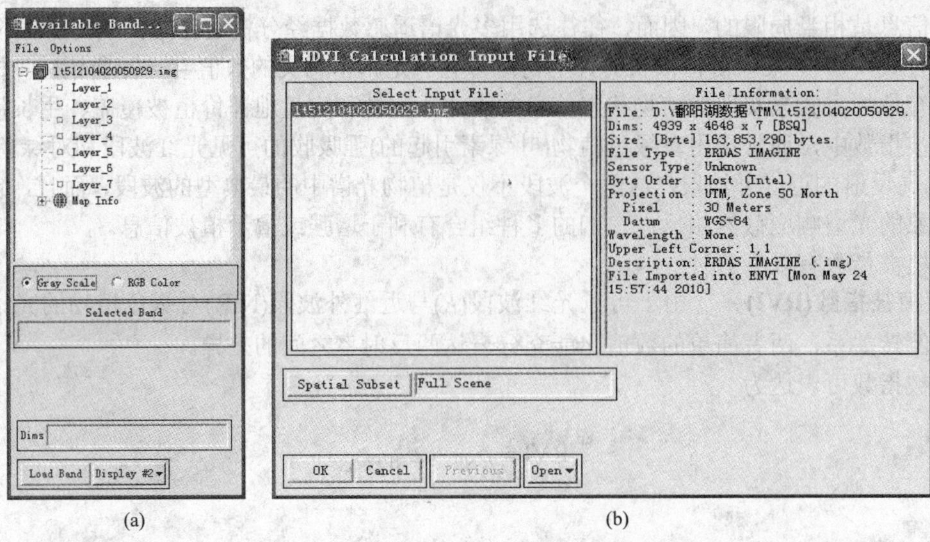

(a) (b)

图 10-2 导入待计算 NDVI 的 TM 遥感数据

3) 点击**“OK”**确认，在 **NDVI Calculation Parameters** 弹出窗口中设置 NDVI 计算的相关参数。包括在 NDVI Bands 中选择 NDVI 计算的相关波段，在**“Enter Output Filename”**后面点击 Choose，在空白栏中选择 NDVI 计算结果的存储地址并键入保存的文件名称(默认状态下，TM 数据的 Red 波段是第 3 波段，Near IR 波段是第 4 波段。另外，ENVI 软件还预设了 MSS、AVHRR、SPOT、AVIRIS 等数据进行 NDVI 计算时的默认波段)(图 10-3)。

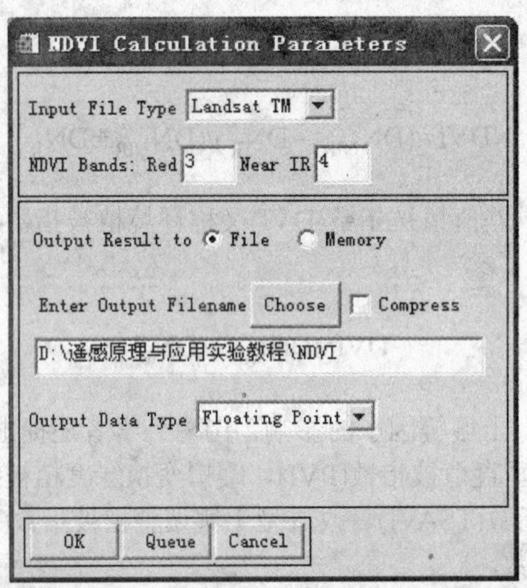

图 10-3 NDVI 计算参数设置

4) 参数设置完之后，点击**“OK”**，执行 NDVI 计算，可见计算进度条(图 10-4)。

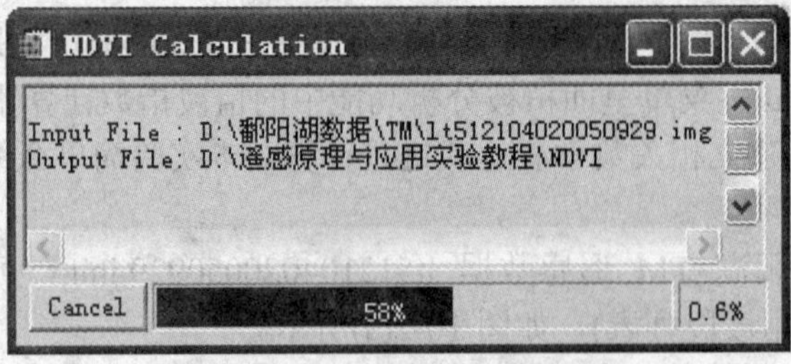

图 10-4 NDVI 计算进度显示条

5) NDVI 计算结果显示。计算结束后，系统将结果显示到**“Available Bands List”**(图 10-5(a))。点击所保存 NDVI 文件，以 **Gray Scale** 方式打开影像(图 10-5(b))。

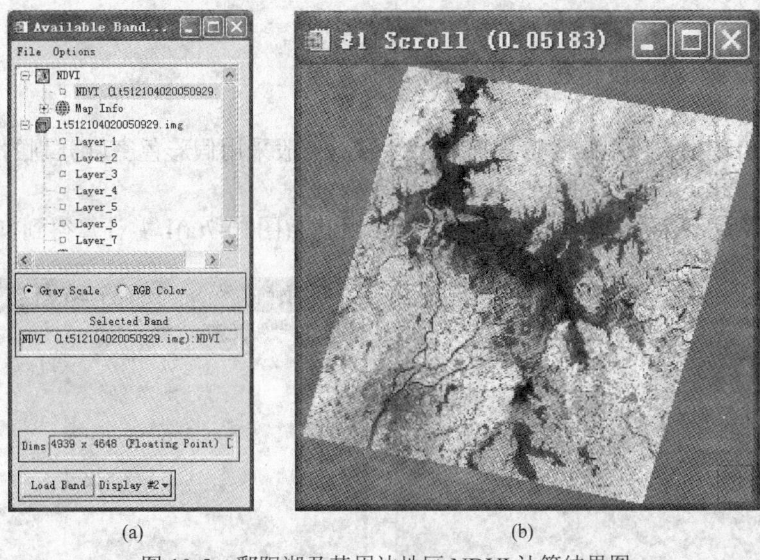

(a) (b)

图 10-5 鄱阳湖及其周边地区 NDVI 计算结果图

2. 方法二

植被指数计算器(vegetation index calculator)能够根据影像信息自动列出能够计算的植被指数，并可自动进行植被指数计算。它提供了 6 类 27 种常用植被指数的计算(ENVI 软件版本不同，可供选择的植被指数种类也有区别)。包括：绿度(greenness)、光利用率(light use efficiency)、氮、干旱或碳衰减(dry or senescent carbon)、叶绿素胁迫(stress pigments)、冠层水分含量(canopy water content)等。植被指数计算器还提供了生物物理学交叉检验，能够提高植被指数的计算精度。

ENVI 植被指数计算器能根据输入数据的波长情况，自动列举出所能计算的植被指数。

1) 单击主菜单|Spectral |Vegetation Analysis |Vegetation Index Calculator，选择输入数据 lt512104020050929.img，系统列出能获取的植被指数如图 10-6 所示。

2) 选择输出到“File”或“Memory”。若选择输出到“File”，在标有“Enter Output Filename”的文本框里键入要输出的文件名。

3) 点击**“OK”**开始进行植被指数计算。计算完成后，ENVI 将各植被指数计算结果影像输出到**“Available Bands List”**。

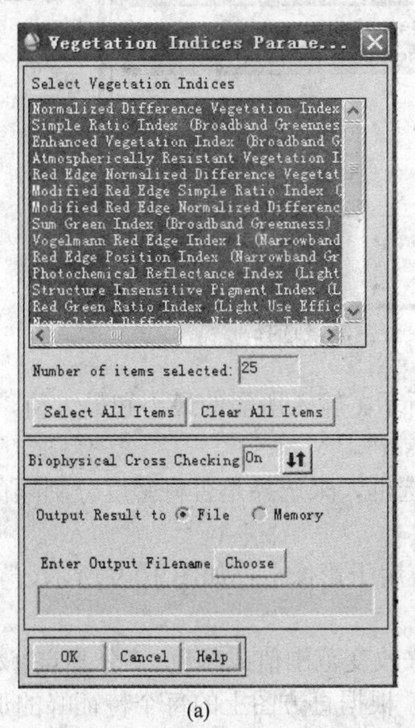

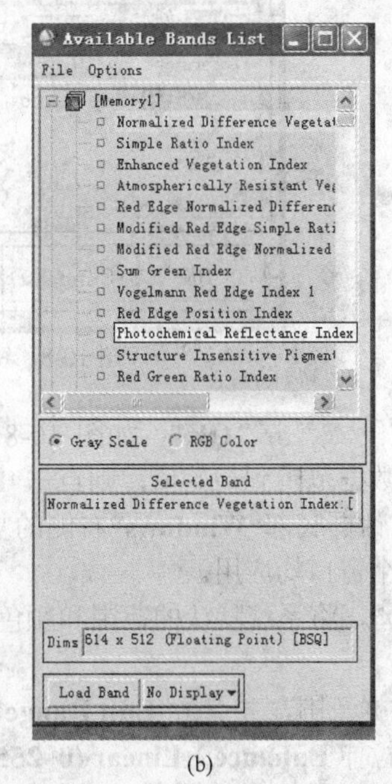

(a) (b)

图 10-6 植被指数计算

四、植被指数影像的假彩色密度分割

经计算得到的植被指数影像是一幅黑白结果影像，一般采用假彩色密度分割的方法来直观显示植被指数提取的效果。其实验操作流程如下：

1) 打开待进行NDVI计算的遥感影像poyang_subset.img(图10-7(a))，并计算得到NDVI图(图10-7(b))。

(a)

(b)

图 10-7 江西省都昌县城周边地区 TM 742 合成影像与 NDVI 计算结果图

2) 主影像窗口中选择 Tools | Color Mapping | Density Slice，或者主影像窗口中选择 Overlay | Density Slice，出现如图 10-8 对话框。

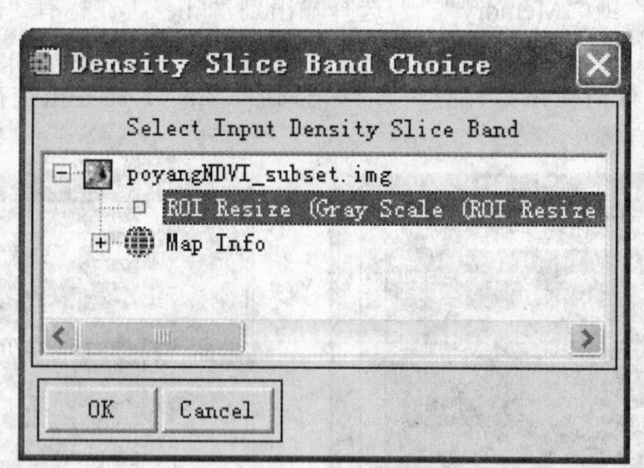

图 10-8 密度分割波段选择

3) 选择输入波段，点击**“OK”**，如图 10-8 所示。输入所需的最小和最大值，来改变密度分割的范围。要重新设置数据范围到初始值，则点击**“Reset”**。

4) 通过选择对话框底部**“Windows”**右侧的复选框，来选择是否将密度分割颜色应用到影像窗口、滚动窗口或在这两个窗口均应用。

5) 点击**“Apply”**，将系统默认的范围和颜色应用于影像上，如图 10-9 所示。

编辑数据范围：

1) 选择一个数据范围，并点击**“Edit Range”**来改变范围值或颜色。“分割点”阈值的确定，先对原影像进行灰度线性拉伸 **Enhance | Linear (0~255)**，根据直方图上的每个特征峰的形状和位置等细节，确定分割端点(图 10-9(a))。也可以直接根据拉伸后 NDVI 影像的直方图进行分割点确定。

2) 当出现“**Edit Density Slice Range**”对话框时，输入所需要的最小和最大值，并从“**Color**”菜单中选一种颜色(图 10-9(b))。

3) 点击“OK”，执行“Defined Density Slice Ranges”。

4) 点击“**Apply**”，将新的范围和颜色应用到影像上(图 10-10)。

5) 运行后得到影像分割结果(图 10-11)。

- 从列表中删除一个范围，选择数据范围，然后点击“**Delete Range**”。
- 清除密度分割范围列表，点击“**Clear Ranges**”。

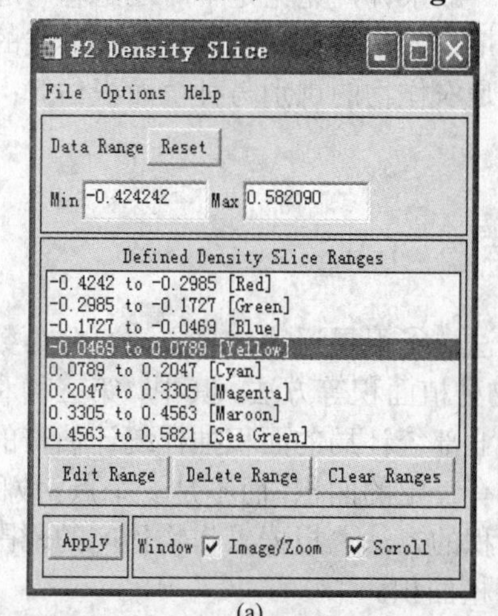

(a)

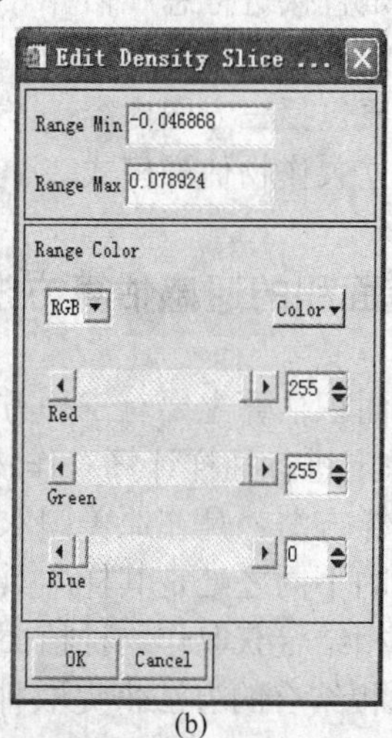

(b)

图 10-9 密度分割编辑窗口

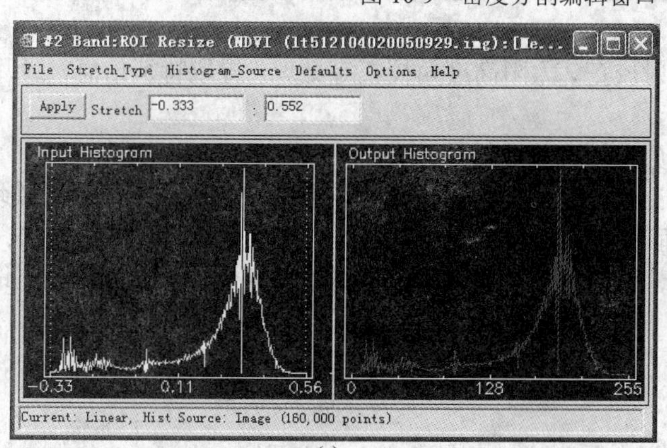

(a)

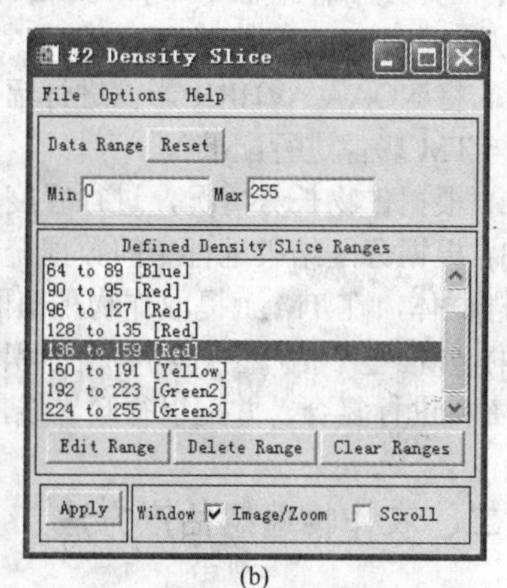

(b)

图 10-10 拉伸后直方图特征及其密度分割点确定

(a)

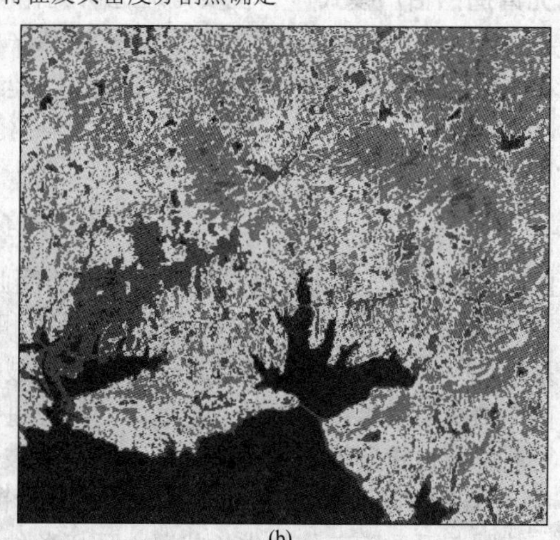

(b)

图 10-11 江西省都昌县城周边地区原 NDVI 影像及密度分割后影像

(a) NDVI 影像；(b) 分割后影像

第二节 农作物估产

农作物产量常规估算方法是统计估产和气象模式估产，但是，由于耕地面积很大，要用地面上抽样调查的统计方法获取这些信息以及气象模式估产中的有关信息并不容易。应用遥感技术获取农作物产量信息是一种新方法。目前，遥感估产主要有两条途径：一是通过卫星影像估算种植面积和建立单产模型来估算总产；二是直接进行总产估算。一般来说，无论是单产还是总产遥感模型，均是利用作物生长发育关键期内的某种植被指数与实测产量或统计数据间建立起各种形式的相关方程来实现。

遥感农作物估产主要包括三方面内容：一是农作物的识别与种植面积估算；二是对农作物长势的全程动态监测；三是建立农作物估产模式。

一、农作物种植面积的遥感估算方法

农作物识别与种植面积估算主要有三种方法：①卫星遥感估算方法。分为数字资料处理、建立绿度-面积模式以及在影像上进行抽样计算农作物种植面积等方法。其中，第三种利用 TM 影像的方法效果较好；②面积框图取样方法。是在原美国农业部统计局的面积抽样统计估产的基础上发展起来的，它与一般统计样点抽样的不同之处是其样本具有一定的面积，而不是一个点，故称之为面积抽样；③地理信息系统与遥感信息相结合获取作物种植面积的方法。根据农作物估产的范围和遥感资料特性，一般利用 GIS 和遥感技术相结合的方法来提取种植面积。

下面介绍一种结合 TM 和 NOAA/AVHRR 影像，配合已建立的地理信息系统，获取作物种植面积的方法：

1) 将 NOAA/AVHRR 影像进行辐射校正、太阳高度角校正等处理，提取特征信息，经几何精校正后，与 TM 影像进行配准；

2) 根据作物长势情况，进行绿度分区，去除非耕地；

3) 根据分区结果进行空间数据统计，确定采样模块，确定相应的 TM 影像上的采样模块，以 TM 为采样群体，在 TM 上提取作物种植面积，推算 NOAA/AVHRR 不同绿度等级代表的面积；

4) 外推整个估产区作物种植面积，用地理信息系统中的遥感估产区划、土地利用、土地类型、作物等资料进行复合，并配以行政界线，最后给出相应行政单元内的作物种植面积。

二、农作物遥感估产方法

1. 光谱遥感估产模式 主要是通过研究作物光谱特征、作物长势以及产量构成要素之间的联系，确定它们之间的数量关系，建立相应光谱估产模型。关键是选择农作物的最佳生育期，运用光谱仪测定农作物的反射率，找到适宜的光谱变量，建立光谱变量与农作物产量以及农学参数之间的相关模式。

最常见的单产光谱模式类型为

$$Y = A + BX \tag{10-4}$$

式中，Y 为估测单产；X 为光谱变量；A 与 B 为回归系数。

2. 卫星遥感估产模式 主要是利用近红外和红光波段组合成各种植被指数，以扩大不同长势农作物的差异，来实施农作物遥感估产。常用的植被指数有比值植被指数、归一化植被指数、差值植被指数和正交植被指数等。要根据卫星遥感的特点进行特殊处理，然后建立估产模型。目前的模型主要包括：①遥感植被指数模型；②遥感动态跟踪植被指数模型；③遥感动力模型等。

3. 光谱遥感估产与作物生长模型估产的复合模型 光谱模型和卫星遥感估产模型属于统计回归模型，其回归系数随着作物生长状况、环境条件和农艺技术的不同而变化。根据实验资料建立模型的相关系数有时可以相当高，但外推应用的稳定性不高。因此，一些研究引进作物生长模型与光谱估

产模型进行复合来建立作物气候产量预报模型，取得了较为理想的初步成果。

三、基于 ENVI 的水稻遥感估产实验

1. 估产流程

本实验选取 Landat7 ETM+遥感影像(2001 年 9 月 15 日)。选取湖南省益阳地区南县为研究区。实验流程如图 10-12 所示。

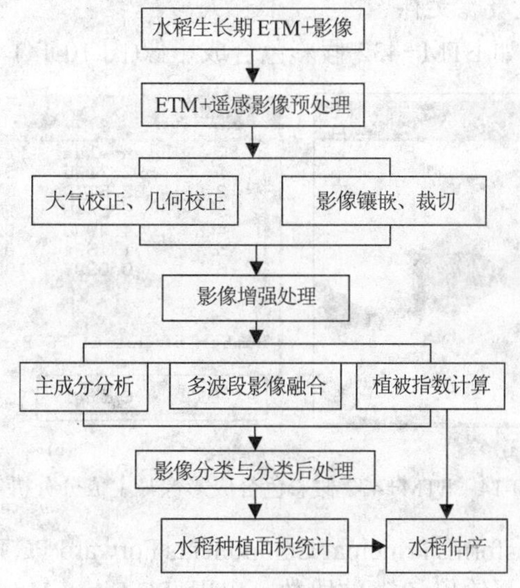

图 10-12 水稻遥感估产流程图

2. 影像预处理

1) 利用矢量数据生成研究区 ROI。本实验以南县为例，将南县边界矢量图转换为感兴趣区 ROI。**主菜单|File|Open Vector File**，打开裁剪影像所在区域的 Shape file 矢量文件：南县 1.shp。

2) 在打开的“Import Vector Files Parameters”面板中，如图 10-13 所示。选择 Memory，其他参数默认，点击 OK。

3) “Available Vectors list”面板中，选择 **File｜Export Active Layer to ROIs**，在弹出的对话框中选择裁剪影像，单击 OK，如图 10-13 所示。

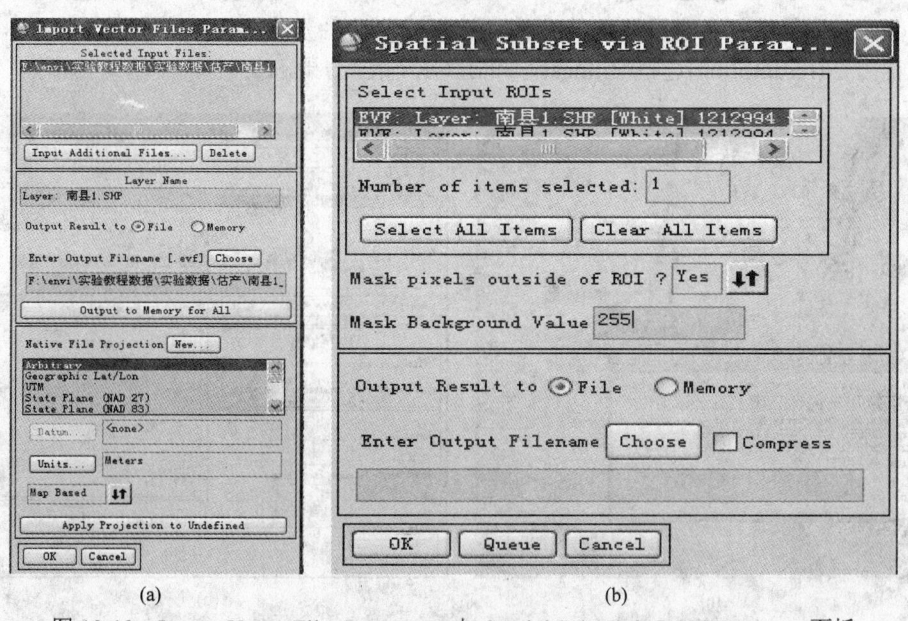

(a) (b)

图 10-13 Import Vector Files Parameters 与 Spatial Subset via ROI Parameters 面板

4) 在“Export Active Layer to ROI_S”选择对话框中，选择“Convert all record of an EVF layer to one ROI”，单击OK。

5) Basic Tools｜Subset Data via ROI，选择裁剪影像。

6) 在“Spatial Subset via ROI parameters”中，选择由矢量生成的ROI，在“Mask pixels outside of ROI”项中选择YES，Mask Background Value设为255(白)。

7) 选择输出路径及文件名，单击OK裁剪研究区影像。

3. 影像增强

(1) 生成波段并生成多波段数据文件

1) 打开经过裁剪的影像。如ETM+432假彩色合成影像(图10-14)。

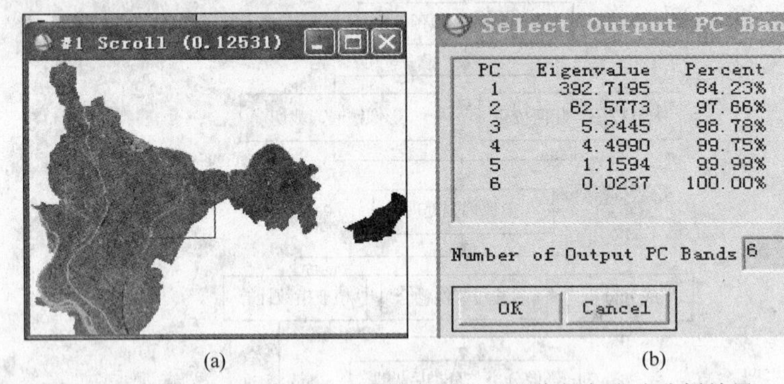

(a) (b)

图10-14 ETM+432假彩色合成影像与主成分分析结果

2) 在主菜单中，选择Transforms|Principal Components|Forward PC Rotation|Compute New Statistics and Rotate，选择输入文件，选择输出 PC 波段数，出现 PC Eigen Values 绘图窗口。如图10-15(a)所示。

3) 主菜单中，选择 **Transforms｜NDVI**，计算南县影像的NDVI，输出浮点型结果。如图10-15(a)所示，影像经过NDVI变换后的影像，Data值为NDVI数值，大小在−1~+1。

4) **主菜单｜Basic tools｜layer stacking**，在“Layer Stacking”面板中(图10-15(b))，单击“Import File”按钮，在“Layer Stacking Input File”中选择ETM+多波段影像文件。

5) 单击“Import File”按钮，在“Layer Stacking Input File”中选择主成分分析结果，单击“Spectral Subset”，只选择第一主成分分量。

6) 单击“Import File”按钮，在“Layer Stacking Input File”中选择NDVI。选择“Inclusive”(并集)另外“exclusive”是选择各个波段间的交集。选择输出路径及文件名，其他为默认。

7) 重采样方法(resampling)选择Bilinear，单击OK输出结果。

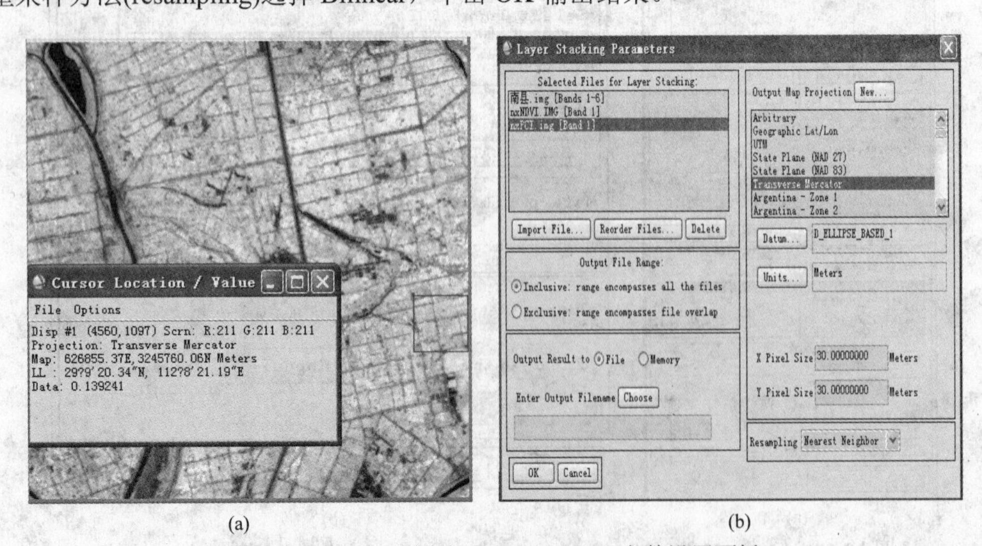

(a) (b)

图10-15 NDVI影像与Layer Stacking参数设置面板

(2) 选择 RGB 合成波段

1) 主菜单中，选择 Basic Tools｜Statistics｜Computer statistics，选择第一步中合成的多波段文件作为统计文件。

2) **“Computer statistics Parameters”**面板中，选择**“Covariance(协方差)”**，选择**“Output to Screen”**直接在窗口中显示统计结果，点击 OK，如图 10-16(a)所示。

3) 在显示统计结果窗口中，找到相关系数(correlation)，或者其他系数可以得到统计信息。如图 10-17 所示。

4) 分析统计结果：ETM+1~3 波段具有很高的相关系数，ETM+5 和 ETM+7 波段相关性较高。从视觉效果和 RGB 彩色合成分析最佳波段组合方案。

5) 在波段列表中，选择 RGB Color，分别选择 PCA 第一主成分、NDVI 和 ETM+1(或 ETM+7、ETM+4)合成 RGB 彩色影像，查看结果，如图 10-16(b)所示。

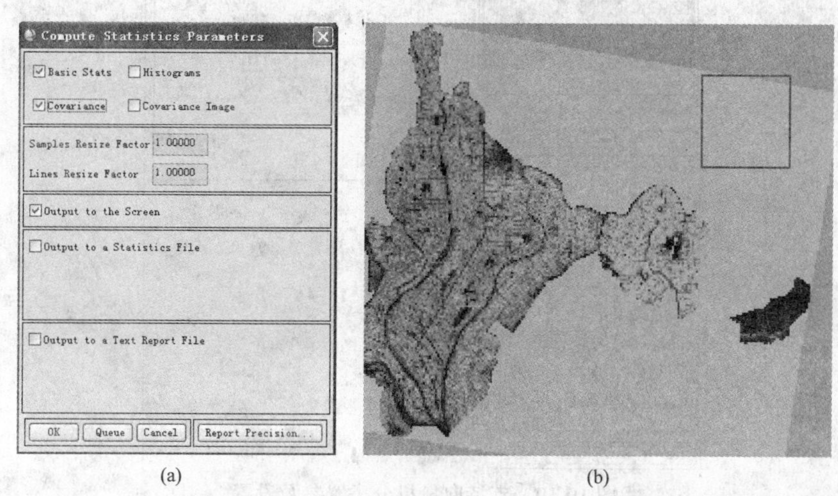

(a) (b)

图 10-16 计算统计表文件与 RGB 合成影像

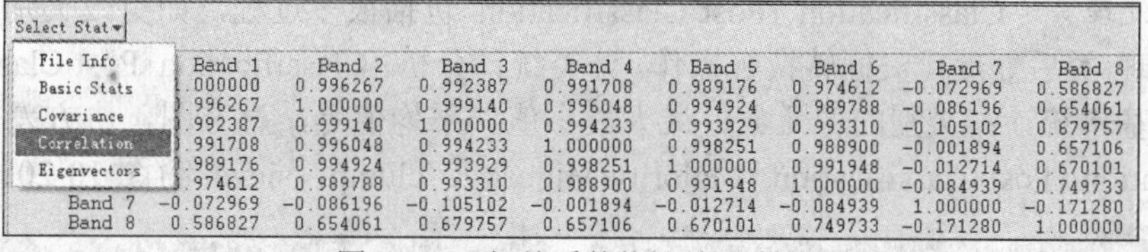

Select Stat
File Info
Basic Stats
Covariance
Correlation
Eigenvectors

	Band 1	Band 2	Band 3	Band 4	Band 5	Band 6	Band 7	Band 8
	1.000000	0.996267	0.992387	0.991708	0.989176	0.974612	-0.072969	0.586827
	0.996267	1.000000	0.999140	0.996048	0.994924	0.989788	-0.086196	0.654061
	0.992387	0.999140	1.000000	0.994233	0.993929	0.993310	-0.105102	0.679757
	0.991708	0.996048	0.994233	1.000000	0.998251	0.988900	-0.001894	0.657106
	0.989176	0.994924	0.993929	0.998251	1.000000	0.991948	-0.012714	0.670101
	0.974612	0.989788	0.993310	0.988900	0.991948	1.000000	-0.084939	0.749733
Band 7	-0.072969	-0.086196	-0.105102	-0.001894	-0.012714	-0.084939	1.000000	-0.171280
Band 8	0.586827	0.654061	0.679757	0.657106	0.670101	0.749733	-0.171280	1.000000

图 10-17 相关系数统计结果查看

(3) 假彩色合成图应用　　经过假彩色合成，颜色反差拉大，易于选择训练区，能提高分类精度。

4. 影像分类：分离水稻种植区

(1) 样本选择　　打开经上述一系列处理的影像，在 **Display｜Overlay｜Region of Interest**，默认 ROI 为多边形，按照默认设置在影像上选择训练样本，设置好颜色和类别名称。如图 10-18 所示。

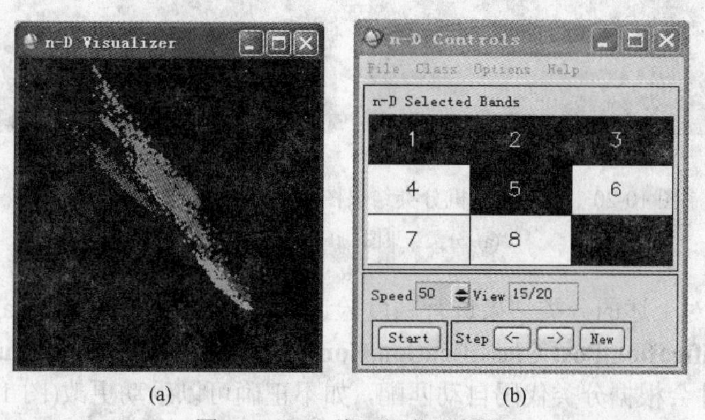

(a) (b)

图 10-18 N 维可视化分析器

(2) 训练样本的优化和提纯 ROI 用 N 维可视化分析器(N-Dimensional Visualizer)对选择的训练区像元进行提纯。**ROI|file | Export ROIs to n-D Visualizer |n-D Control**；n-D Visualizer 选择波段组合，点击 Start 进行旋转，从而对像元进行提纯，如图 10-18 所示。

(3) 分类器选择 根据分类的复杂度、精度需求等确定一种分类器。目前监督分类可以分为基于传统统计分析学的方法，包括平行六面体、最小距离、马氏距离、最大似然，基于神经网络，基于模式识别，包括支持向量机、模糊分类等。针对高光谱的波谱角(SAM)、光谱信息散度、二值编码等。

(4) 影像监督分类 Classification | supervised |Support Vector Machine。按照默认设置参数输出分类结果，如图 10-19 所示。

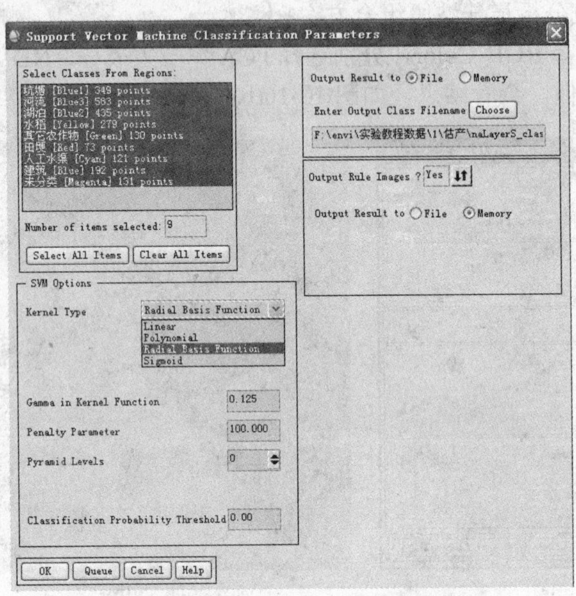

图 10-19 支持向量机分类器参数设置

(5) 分类后处理 Classification |Post Classification 包括很多过程，如更改类别颜色、分类统计分析、小斑点处理(类后处理)、矢栅转换等操作。分类统计分析：Classification|Post Classification | Class Statistics。包括基本统计：类别的像元数、最大最小值、平均值等，直方图，协方差等信息。小斑点处理：Classification |Post Classification |Majority/Minority，clump，sieve 等(图 10-20)。

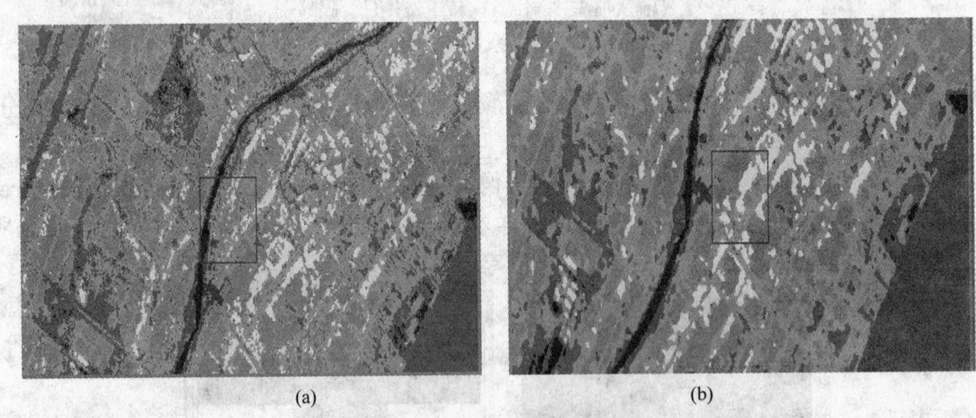

(a) (b)

图 10-20 支持向量机分类结果图与 Majority 处理后结果比较

(a) 分类结果图；(b) 处理后结果

(6) 结果验证 对上述的分类结果进行精度验证。分类结果如图 10-21(a)。

选择主菜单 **Classification|Post Classification|Confusion Matrix|Using Ground Truth ROIs**。将分类结果和 ROI 输入，软件会根据分类代码自动匹配，如不正确可以手动更改(图 10-21)。点击 OK 选择报表的表示方法(像元和百分比)，就可以得到精度报表。如图 10-22 所示。

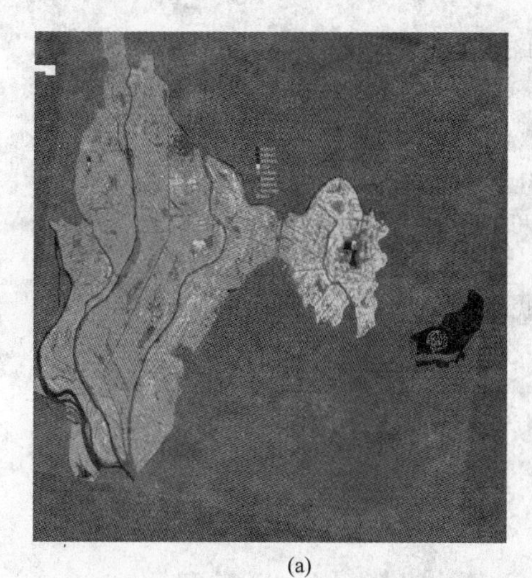

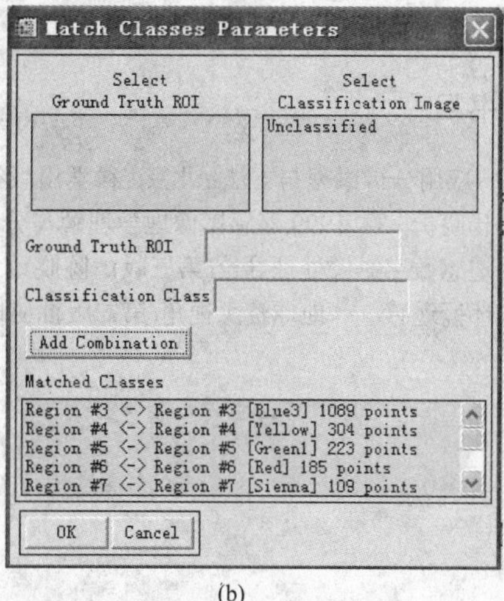

(a) (b)

图 10-21 分类结果图与精度验证属性操作

(a) 分类结果图；(b) 属性操作图

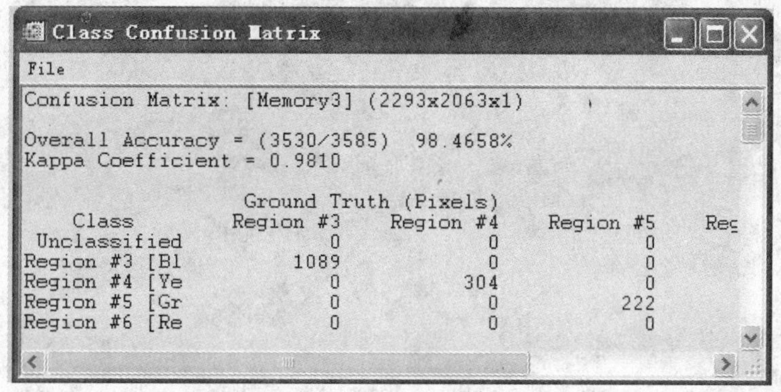

图 10-22 分类精度评价混淆矩阵

5. 水稻种植面积估算

以水稻遥感估产比值模型为例，根据公式计算：

$$\frac{y_i}{y_{i-1}} = \frac{\mathrm{NDVI}_i}{\mathrm{NDVI}_{i-1}} \tag{10-5}$$

式中，i 和 i–1 分别为两个连续的年份；y 为总产量；NDVI 为归一化植被指数。利用前一年和当年的卫星资料可以计算出 NDVI_i 和 NDVI_{i-1}，由前一年的总产 y_{i-1} 可以计算当年的产量。也可以采用比值植被指数如 RVI。例如，NDVI_{20}=0.461 0，NDVI_{21}=0.360 9，由 2001 年统计年鉴得到调查区域 2000 年晚稻的产量是 498 787.96 t，这样就可以估算 2001 年晚稻产量是 390 482.81 t。2001 年水稻减产，可以为农业区划者提出规划决策。

实验与练习

1. 植物的光谱特征是什么？为什么能通过光谱特征识别植物类型、判断植物长势？
2. 遥感在植物监测中主要有哪些方面应用？当前发展水平如何？

主要参考文献

陈述彭，赵英时. 1990. 遥感地学分析. 北京：测绘出版社.
傅肃性. 2002. 遥感专题分析与地学图谱. 北京：科学出版社.
彭望琭. 2002. 遥感概论. 北京：高等教育出版社.
尹占娥. 2008. 现代遥感导论. 北京：科学出版社.

Jensen J R. 2011. 环境遥感——地球资源视角(第二版). 陈晓玲，黄珏，等译. 北京：科学出版社.

建议阅读书目

赵英时. 2003. 遥感应用分析原理与方法. 北京：科学出版社.
周成虎，骆剑承，杨晓梅，等. 1999.遥感影像地学理解与分析. 北京：科学出版社.
Jensen J R. 2007. 遥感数字影像处理导论(第三版). 陈晓玲，龚威译. 北京：机械工业出版社.
Jensen J R. 2011. 环境遥感——地球资源视角(第二版). 陈晓玲，黄珏译. 北京：科学出版社.

第十一章　土地利用与土地覆盖变化遥感监测

本章导读

土地利用和土地覆盖在某种程度上是描述地表景观特征的不同内涵。遥感反映的是地表及其以下一定深度环境信息的综合特征。由于卫星遥感信息的周期性和信息质量的连续性，因此，土地利用和土地覆盖的动态监测一直是卫星遥感重要的应用之一。本章介绍了土地利用和土地覆盖的遥感信息提取及其动态变化的监测方法，重点介绍逐个像元比较和分类后变化检测两种基本的变化检测方法。

第一节　概　　述

利用遥感技术快速、准确获得土地利用与土地覆盖变化的时空分布信息是资源与生态环境动态监测以及国际土地利用与土地覆盖变化研究的核心技术，常常用于全球变化研究、环境监测、灾情监测与分析、城市规划、森林或植被分布分析、土地利用和土地覆盖状况分析等，可直接为决策者提供科学的依据。由于时空尺度、检测算法和精度要求与所采用的影像空间、光谱、时域及被识别的专题密切相关，采用的方法不同，结果会有较大的差别，因此，尽管各国学者都在致力于研究变化检测技术，并已相继发展了许多基于遥感影像的变化检测方法，但目前的研究表明，没有任何一种变化检测方法具有绝对的优势。在实际应用中，要根据具体应用目的选取合适的变化检测方法。

遥感变化检测是遥感瞬时视场中地表特征随时间发生的变化引起多个时期影像像元光谱响应的变化，所以，遥感检测的变化信息必须考虑可能造成像元光谱响应变化的其他要素提供的信息，如土壤水分、植物物候特征、大气条件、太阳角、传感器参数(如时间、空间、光谱和辐射分辨率)等。这些影响因素可分为两类：遥感系统因素和环境因素。在进行变化检测时必须充分考虑这些影响因素，并尽可能地消除这些影响，否则会导致分析结果出错。

常用的变化检测方法有影像差值法、影像比值法、影像回归法、直接多时相影像分析法、主成分分析法、光谱特征变异法、假彩色合成法、分类后比较法、波段替换法、变化向量分析法、波段交叉相关分析以及混合检测法等，具体应用中应该根据检测对象和影像性质等条件的不同加以选择。这些方法要求对多个不同时期的遥感影像首先进行精确的几何和辐射校正，校正的精度将会直接影响到变化检测的结果。本章主要介绍基于像元的比较法(pixel to pixel comparison)和分类后比较法(post classification comparison)。

第二节　土地利用与土地覆盖变化遥感监测方法

一、基于像元的比较法

基于像元的比较法是对同一区域不同时相影像系列的光谱特征差异进行比较，确定影像发生变化的位置，在此基础上，再采用分类的方法来确定影像变化类型信息。该方法优点是首先确定了影像变化的位置，因此缩小了分类范围，提高了检测速度，同时也避免了分类过程中引入虚假的变化类型，在理论上较易理解和掌握。但常常不能确定所变化的区域属于什么类型即很难确定区域变化的性质，还需要对变化的区域进一步地分析。

1. 假彩色合成方法和波段替换法　在影像处理系统(软件)中将不同时相的某一波段数据分别赋以R(红)、G(绿)、B(蓝)颜色并显示，用目视解译的方法直观地解译出相对变化的区域。这种变化检测方法得到的变化区域是由于其对应的灰度值变化引起的，可以在合成影像上清晰地显示，但无法定量提供变化类型和大小。一般反射率变化越大，对应的灰度值变化也越大，可指示对应的土地利用和土地覆盖类型已发生变化；而没有变化的地表常显示为灰色调。如，在土地利用和土地覆盖变化检测中，对 3 个时相的 SPOT-Pan 影像从早期至后期分别赋予 R、G、B 颜色，若合成影像显示青色(cyan)，则表示低反射率到高反射率的地表变化(从植被至裸土)。

波段替换法是通过利用某一时相的某一波段的数据替换另一时相合成影像的该波段数据，用假彩色合成方法分析变化的区域。

2. 影像差值法和比值法　影像差值法是将一个时间影像的灰度值与另一时间影像对应的灰度值或光谱反射率值相减，也可以是变换后的 NDVI 影像差值。比值法是将一个时间影像的灰度值与另一时间影像对应的灰度值相除。影像差值法表达式为

$$D_{X_{ij}} = X_{ij(t_2)} - X_{ij(t_1)} \tag{11-1}$$

式中，X_{ij} 为像元灰度值；(i,j) 为像元坐标值；t_1 和 t_2 分别为两幅影像的获取时间。

纹理特征影像差值法是采用某一像元的纹理特征(f_{ij})替代这一像元的灰度值，表达式为

$$D_{X_{ij}} = f_{ij(t_2)} - f_{ij(t_1)} \tag{11-2}$$

针对特定应用，选择适当的纹理特征是影响纹理特征差值检测效果的重要因素。

比值法表示式为

$$\Delta = X_{ij(t_2)} \big/ X_{ij(t_1)} \tag{11-3}$$

通常，选择 t_1 和 t_2 为不同年份的相同或相近的日期，以尽量排除季节不同等因素引起的变化等。这两种方法在数学上很容易实现，而实际情况是同一时相遥感影像的波段之间往往是互为相关的，而且两个时相影像间也是互为相关的，所以当影像简单相减或相除时会存在很多问题，如既可能损失很多信息，又可能出现很多噪声(由影像相关性引起)。因此，如果应用这些方法进行变化检测，就必须考虑选取适当的阈值将有变化像元和无变化像元区分开来。阈值的选择需要根据区域研究对象及其周围环境的特点来确定，在实际应用中，阈值的选择颇为困难。通常，通过差值或比值影像的直方图来选择“变化”与“无变化”像元间的阈值边界，并需要多次反复实验。

影像相减法和比值法的优点是在理论上较简单，易理解和掌握，但常常不能确定所变化的区域属于什么类型即很难确定区域变化的性质，还需要对变化的区域做进一步的分析，如农业用地和城市用地仅仅作为变化而被检测出来，并不能确定是从农业用地变化到城市用地还是从城市用地变化到农业用地，因此，为了能确定变化性质还需要应用其他方法进行更进一步的分析，提取有关变化性质的信息以便找出感兴趣的变化。

3. 相关系数法　相关系数法计算多时相影像中对应像元灰度的相关系数，结果代表了两个时间影像中对应像元的相关性。一般是取窗口，计算两个影像中对应窗口的相关系数，来表示窗口中心像元的相关性。如果相关系数值接近 1 则说明相关性很高，该像元没有变化；反之，则说明该像元发生了变化。如果相关系数 r 满足式(11-5)，就认为该像元发生变化，T_{r} 为阈值。

$$r_{ij} = \frac{\sum_{m=1}^{n}(x_m - \overline{x})(y_m - \overline{y})}{\sqrt{\sum_{m=1}^{n}(x_m - \overline{x})^2}\sqrt{\sum_{m=1}^{n}(y_m - \overline{y})^2}} \tag{11-4}$$

式中，n 为一个窗内所有像元的个数；$\overline{x}$、$\overline{y}$ 分别为待配准影像和基准影像的相应窗内像元灰度的平均值。

$$r \leqslant T_{\mathrm{r}} \tag{11-5}$$

4. 主成分分析法 主成分分析法是根据协方差矩阵或相关系数矩阵对多波段影像数据进行线性变换，按照方差的大小分别提取一系列不相关的主成分的方法。其意义是在不损失原始数据有用信息的条件下，选择部分有效特征，而舍弃多余特征。主成分分析法是在考虑到原始多光谱影像的大部分变化的前提下，将光谱波段数目减少到几个主要成分，然后再通过影像相减法或比值法来比较两个或多个时相影像的变化。这种方法比影像相减法进了一步，可以很好地消除影像内部各波段间的相关性，可以抑制由于影像内部相关性引起的噪声，但是，这种方法仍然没有考虑到不同时相的两幅影像间的相关性影响，检测的结果只能反映变化的分布和大小，难以表示从某种类型向另一种类型变化的特征。

5. 变化向量分析法 变化向量分析法(change vector analysis，CVA)通过由第一时间变化到第二时间的方向、幅度这一谱变化向量描述地表变化，该方法利用由通过经验法或模型表示的阈值决定发生变化的最小幅度临界值(图 11-1)。这种方法的基本思想是将两个时相的多光谱遥感影像中对应像元光谱值视为多维光谱空间中的一对点，用这对点所构成的向量来描述该像元在两时相间发生的变化，称这个向量为光谱变化向量，简称变化向量。变化幅度($\mathrm{CM_{Pixel}}$)通过确定n维空间中两个数据点之间的欧氏距离求得，即

$$\mathrm{CM_{Pixel}}=\sqrt{\sum_{k=1}^{n}\left(\mathrm{BV}_{ijk(t_2)}-\mathrm{BV}_{ijk(t_1)}\right)^2} \tag{11-6}$$

式中，$\mathrm{BV}_{ijk(t_1)}$和$\mathrm{BV}_{ijk(t_2)}$分别为某一像元(i,j)分别对应的时相 1 和时相 2 在波段k上的光谱值；$k=1,2,\cdots,n$，n为所选用的光谱波段数。

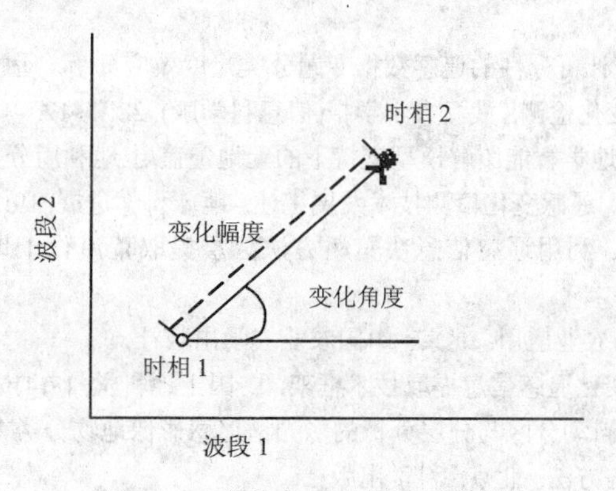

图 11-1 变化矢量分析法示意图

对于每个像元来说，其变化方向反映了该像元在每个波段的变化是正向还是负向，可根据变化的方向和变化的角度来确定。每个像元的变化方向可归为2^n种模式。

二、分类后比较法

分类后比较法是对每一时相的多光谱影像先进行分类，然后比较不同时相分类结果的变化。先分类后比较的方法是最直观、最常用的技术，可以直接依据不同地物的波谱特性确定该区域发生了什么变化和变化特征。先分类后比较方法之所以有效是因为多个时相的遥感数据是相互独立地进行分类，因而减小了不同时间大气状态的变化、太阳角的变化、土壤湿度的变化以及传感器状态不同的影响，但变化检测的结果在很大程度上依赖于分类的精度。这种方法的精度和可靠性依赖于多个不同时相所采用不同的分类器，存在着分类误差累积现象，这就影响了变化检测结果的准确性，也就是说影像分类的可靠性影响着变化检测的准确性。

1. 人工神经网络法 人工神经网络是由大量神经元相互连接组成的网络结构，其信息处理是由神经元之间的相互作用来实现的。人工神经网络在遥感中主要是用于遥感影像的分类、专题信息提取

等领域。在土地利用与土地覆盖变化检测中输入的训练数据是变化区域的光谱特征，利用后向传播算法训练神经元网络，最终输出变化区域。研究证明，神经网络在土地利用与土地覆盖变化检测中能够获得较高的检测精度，特别是当分类数据明显偏离正态分布时，其优势更为突出。

2. 影像匹配的变化检测方法 影像匹配的变化检测方法是利用不同时期单幅影像匹配进行的一种变化检测方法。该方法首先是将用于变化检测的新影像相对于老影像做相对配准，然后将老影像与配准的新影像进行影像匹配，找到匹配不好的影像窗口，认为该窗口内可能发生了变化，是待选变化的区域，再利用数学形态学方法把相邻的待选变化区域合并，并去除一些小的孤立的区域，然后对待选变化区域内进行边缘检测，并提取直线，最后基于提出的直线特征对待选变化区域进行比较，确定变化了的区域。单幅影像匹配的变化检测方法的优点是能够检测出细微的、具体的变化，同时该方法对变化的情况只做了定性的分析，而没有对其进行定量分析和评价。

除了以上介绍的常用的土地利用与土地覆盖变化遥感检测方法，许多学者还发展了其他变化检测方法。主要包括基于空间相互关系的变化检测方法；基于知识的影像识别方法；植被指数、地表温度、空间结构综合法；普通线性模型；基于结构的检测方法等。这些方法一般针对特定检测情况，普适性较差，所以实际应用较少。

实验与练习

1. 常用土地利用与土地覆盖变化监测的方法有哪些？
2. 基于像元的比较方法与分类后比较法有何差异，他们各自优缺点在哪里？
3. 利用人工神经网络的方法，构建一个土地利用变化监测的过程。

主要参考文献

柏延臣, 王劲峰. 2004. 基于特征统计可分性的遥感数据专题分类尺度效应分析. 遥感技术与应用, 19: 443~449.

李德仁. 2003. 利用遥感影像进行变化检测. 武汉大学学报(信息科学版), 28: 7~12.

骆剑承, 周成虎, 杨艳. 2001. 遥感地学智能图解模型支持下的土地覆盖/土地利用分类. 自然资源学报, 16: 179~183.

马建文, 田国良, 王长耀, 等. 2004. 遥感变化检测技术发展综述. 地球科学进展, 19: 192~196.

王建, 董光荣, 李文君, 等. 2000. 利用遥感信息决策树方法分层提取荒漠化土地类型的研究探讨. 中国沙漠, 20: 243~247.

严泰来, 王鹏新. 2008. 遥感技术与农业应用. 北京: 中国农业大学出版社.

张继贤. 2003. 论土地利用与覆盖变化遥感信息提取技术框架. 中国土地科学, 17(4): 31~36.

张翊涛, 陈洋, 王润生. 2005. 结合自动分区与分层分析的多光谱遥感影像地物分类方法. 遥感技术与应用, 20: 332~337.

赵英时. 2003. 遥感应用分析原理与方法. 北京: 科学出版社.

周成虎, 骆剑承, 刘庆生, 等. 2003. 遥感影像地学理解与分析. 北京: 科学出版社.

Jensen J R. 2005. Introductory Digital Image Processing: A Remote Sensing Perspective. Prentice Hall.

Jensen J R. 2011. 环境遥感——地球资源视角(第二版). 陈晓玲, 黄珏, 等译. 北京: 科学出版社.

建议阅读书目

赵英时. 2003. 遥感应用分析原理与方法. 北京: 科学出版社.

周成虎, 骆剑承, 刘庆生, 等. 2003.遥感影像地学理解与分析. 北京: 科学出版社.

Jensen J R. 2011. 环境遥感——地球资源视角(第二版). 陈晓玲, 黄珏译. 北京: 科学出版社.

第十二章　水色遥感应用

本章导读

水色遥感(ocean color remote sensing)利用可见光近红外对海洋及陆地水体进行的遥感观测，为水体生物光学特性研究提供有效技术手段。水色遥感在全球循环、初级生产力、海洋与海岸带环境变化方面具有重要的作用。水色遥感按照其研究目标差别可分为内陆(inland water)水体、近岸水体(coastal water)、大洋开阔水体(case I water)，目前除I类大洋开阔水体外其余统称为II类水体。海洋水色遥感的主要目的是监测海洋初级生产力的变化，评估海洋初级生产力，其重要指标包括叶绿素、悬浮泥沙等。近年来，随着遥感技术的不断成熟和海洋光学理论的发展，极大地推动了水色遥感技术的发展。

在进行遥感定量反演前，需对遥感数据进行大气校正、反演建模等工作。本章在介绍水色卫星传感器和大气校正算法的基础上，分别介绍了叶绿素、悬浮泥沙浓度反演方法。

第一节　卫星水色传感器的发展

Clarke 等(1970)发现海水近表层的浮游植物叶绿素 a 浓度能通过航空影像的海水颜色的变化反映出来，成功验证了通过机载传感器接收的光谱信号反演水体光敏感物质浓度的可能性，为以后的卫星水色遥感技术发展奠定了基础。虽然高光谱遥感在空间、光谱分辨率方面具有一定的优势，但不能实现大范围面积内的遥感快速监测，星载传感器能达到海洋初级生产力评估所要求的精度，能够实施大面积范围内持续性、周期性的遥感监测，而且成本低。因此，水色遥感的主要数据平台仍然是星载传感器。本节将对几种主要的水色传感器 CZCS、SeaWiFS、MODIS、MERIS、HY-1 进行介绍，其他传感器如 AVHRR/NOAA、Landsat TM、HJ CCD 等在水色遥感监测中也得到及其广泛的应用。

一、第一代水色传感器 CZCS

1978 年 10 月在 Clarke 等(1970)的发现基础上，美国航空航天局(National Aeronautics and Space Administration，NASA)在 Nimbus-7 卫星上搭载了第一个实验性的水色遥感传感器——沿岸带水色扫描仪(costal zone color scanner)。CZCS 运行的主要目的是获取世界大洋表层浮游植物叶绿素的数量及其分布情况。CZCS 在轨运行 8 年(1978~1986 年)期间收集了大量有关世界大洋初级生产力研究数据。CZCS 水色资料被各国科学家广泛研究应用，提高了人们对海洋的认识以及了解海洋在全球生物地球化学循环中的作用。CZCS 前 4 个通道的中心波长分别为 0.443μm、0.52μm、0.55μm、0.67μm，位于可见光范围。第 5 通道位于近红外，中心波长为 0.75μm。第 6 个通道位于热红外，波长范围 10.5~12.5μm。CZCS 可见光波段的光谱带较窄，仅为 20 nm，地面分辨率 825 m，观测角沿轨迹方向倾角可达到 20°，用以减少太阳耀斑的影响。刈幅宽度 1 636 km，8 bit 量化，CZCS 传感器技术指标见表 12-1。

表 12-1　CZCS 传感器技术指标以及波段设置

通道	波长范围/μm	饱和辐亮度	性噪比	波段设计
1	0.433~0.453	5.41	158	叶绿素
2	0.510~0.530	3.50	200	叶绿素
3	0.540~0.560	2.86	176	CDOM、悬浮泥沙
4	0.660~0.680	1.34	118	叶绿素、大气校正
5	0.700~0.800	23.9	350	地面植被
6	10.5~12.5	0.22K*		海表温度

注：*为 270K 时噪声等效温度误差。

二、第二代水色传感器

CZCS 的成功运行使世界各国纷纷发展自己的水色遥感计划。德国于 1996 年 3 月发射了 MOS(modular optoelectric scanner)，日本于 1996 年 8 月发射了海洋水色水温扫描仪 OCTS(ocean color and temperature scanner)，法国于 1996 年 8 月发射了 POLDER(polarization and directionality of the earth's reflectances)，该仪器具有多角度观测能力，并且能够确定卫星接收的地球表面反射的辐射率的偏振状态。我国也在 2002 年 5 月发射了第一颗海洋实验型业务卫星 HY-1，其上搭载有十波段水色扫描仪 COCTS 和四波段 CCD 成像仪。其他星载传感器还有美国的宽视场水色扫描仪 SeaWiFS，中等分辨率成像仪 MODIS、MERIS、MISR、OCM、GLI 等已经和即将发射的水色扫描仪。目前，水色传感器在运行状况和数据应用可靠性方面，以 SeaWiFS 和 MODIS 水色资料的应用最为广泛。

1. SeaWiFS　SeaWiFS(Sea–viewing wide field -of -view sensor)是装载在美国 SEASTAR 卫星上的第二代海色遥感传感器，1997 年 8 月发射成功，运行状况良好。SeaWiFS 共有 8 个通道，前 6 个通道位于可见光范围，中心波长分别为 412 nm、443 nm、490 nm、510 nm、555 nm、670 nm。7、8 通道位于近红外，中心波长分别为 765 nm 和 865 nm。SeaWiFS 地面分辨率为 1.1 km，刈幅宽度 1 502~2 801 km，观测角沿轨迹方向倾角为 20°、0°、–20°，10 bit 量化，SeaWiFS 传感器技术指标见表 12-2。

表 12-2　SeaWiFS 传感器技术指标以及波段设置

通道	波长范围/μm	饱和辐亮度	信噪比	波段设计
1	0.402~0.422	13.63	499	CDOM
2	0.433~0.453	13.25	674	叶绿素
3	0.480~0.500	10.50	667	K490
4	0.500~0.520	9.08	640	叶绿素
5	0.545~0.565	7.44	596	色素，光学性质，悬浮泥沙
6	0.660~0.680	4.20	442	大气校正、叶绿素
7	0.745~0.785	3.00	455	大气校正，气溶胶
8	0.845~0.885	2.13	467	大气校正，气溶胶

2. MODIS　MODIS 是美国发射的极轨地球观测系统环境遥感卫星 EOS-Terra(降交点 10:30 am)和 EOS-Aqua(升交点 13:30 pm)上搭载的中分辨率成像光谱仪(moderate resolution imaging spectroradiometer)，分别于 1999 年 12 月和 2002 年 5 月成功发射。MODIS 传感器是当前世界上新一代的高性能光学传感器，具有 36 个光谱波段，分布在 0.4~14μm 的电池波谱范围内。该传感器空间分辨率为：1~2 波段 250 m，3~7 波段 500 m，8~36 波段为 1 km，刈幅宽为 2 330 km，1~19、26 波段为太阳光反射波段，20~25、27~36 为太阳热辐射波段。

MODIS 传感器可同时监测海洋水色、陆地和大气参数变化。海洋水色通道主要集中在 8~16 波段(表 12-3)。MODIS 比 SeaWiFS 信噪比(signal-to-ratio，SNR)更高，带宽更窄，波段设置更加合理，有助于提高大气校正算法精度。MODIS 将 I 类水体和 II 类水体算法明确加以区分，并分别计算得到各类算法所获得的产品，因此，数据应用更加广泛。

表 12-3　MODIS 传感器技术指标以及波段设置

波段号	波段宽度/μm	频谱强度	信噪比	主要应用
1	0.620~0.670	21.8	128	植被叶绿素吸收
2	0.841~0.876	24.7	201	云和植被覆盖变换
3	0.459~0.479	35.3	243	土壤植被差异
4	0.545~0.565	29.0	228	绿色植被
5	1.230~1.250	5.4	74	叶面/树冠差异
6	1.628~1.652	7.3	275	雪/云差异
7	2.105~2.155	1.0	110	陆地和云的性质

续表

波段号	波段宽度/μm	频谱强度	信噪比	主要应用
8	0.405~0.420	44.9	880	叶绿素
9	0.438~0.448	41.9	838	叶绿素
10	0.483~0.493	32.1	802	叶绿素
11	0.526~0.536	27.9	754	叶绿素
12	0.546~0.556	21.0	750	悬浮物
13	0.662~0.672	9.5	910	悬浮物，大气层
14	0.673~0.683	8.7	1 087	叶绿素荧光
15	0.743~0.753	10.2	586	气溶胶性质
16	0.862~0.877	6.2	516	气溶胶/大气层性质
17	0.890~0.920	10.0	167	云/大气层性质
18	0.931~0.941	3.6	57	云/大气层性质
19	0.915~0.965	15.0	250	云/大气层性质
20	3.660~3.840	0.45	0.05	洋面温度
21	3.929~3.989	2.38	2.00	森林火灾/火山
22	3.929~3.989	0.67	0.07	云/地表温度
23	4.020~4.080	0.79	0.07	云/地表温度
24	4.433~4.498	0.17	0.25	对流层温度/云片
25	4.482~4.549	0.59	0.25	对流层温度/云片
26	1.360~1.390	6.00	150	红外云探测
27	6.535~6.895	1.16	0.25	对流层中层湿度
28	7.175~7.475	2.18	0.25	对流层中层湿度
29	8.400~8.700	9.58	0.05	表面温度
30	9.580~9.880	3.69	0.25	臭氧总量
31	10.78~11.280	9.55	0.05	云/表面温度
32	11.77~12.270	8.94	0.05	云高和表面温度
33	13.18~13.485	4.52	0.25	云高和云片
34	13.48~13.785	3.76	0.25	云高和云片
35	13.78~14.085	3.11	0.25	云高和云片
36	18.08~14.385	2.08	0.35	云高和云片

3. MERIS 中分辨率成像光谱仪 MERIS(mediμm resolution imaging spectrometer)是欧空局ESA(European Space Agency)于 2002 年 3 月 1 日发射升空的 ENVISAT-1 卫星上搭载的对地观测仪器，可对海洋水色、陆地和大气参数同时进行监测，传感通道设置与 MODIS 相似。MERIS 共有 15 个波段。其中第 10、11 为 O_2 波段，14、15 为 H_2O 和植物波段，其余为水色通道，传感器参数设置见表 12-4。

表 12-4 ENVISAT/MERIS 传感器技术指标以及波段设置

通道	光谱范围/nm	饱和辐亮度	信噪比	主要用途
1	407.5~ 417.5	47.9	1 871	黄色物质与碎屑
2	437.5~447.5	41.9	1 650	叶绿素吸收最大值
3	485~495	31.2	1 418	叶绿素
4	505~515	23.7	1 222	悬浮泥沙、赤潮
5	555~565	18.5	1 156	叶绿素吸收最小值
6	615~625	12.0	863	悬浮泥沙
7	660~670	9.2	708	叶绿素吸收与荧光性
8	677.5~685	8.3	589	叶绿素荧光峰
9	703.75~713.75	6.9	631	荧光性、大气校正
10	750~757.5			植被、云
11	758.75~762.5			O_2 吸收带
12	771.25~786.25	4.9	628	大气校正
13	855~875	3.2	457	植被、水汽
14	885~895			大气校正
15	895~905			水汽、陆地

4. HY-1 HY-1 卫星于 2002 年 5 月 15 日发射升空，是中国第一颗应用于海洋水色遥感的卫星，星上搭载的 COCTS 水色扫描仪主要用于探测海洋水色要素(叶绿素、悬浮泥沙和可溶有机物等)和海表温度分布，COCTS 运行轨道为太阳准同步圆形基地轨道，轨道高度 798 km，倾角 98.8°，降交点 8：53~10：10 am，绕地球一周 100.8 min，COCTS 最主要的用途是探测海洋水色和海表面温度，重访周期为 3 天，有 8 个可见光近红外波段和 2 个热红外波段，星下点分辨率为 1.1 km，刈幅 1 600 km，每个数据的量化精度为 10 bits，各波段的像元配准小于 0.3 像元，波段配准精度为± 2 nm，绝对辐射精度为 10%，偏振度<5%。COCTS 详细技术指标见表 12-5。

表 12-5 HY-1 卫星 COCTS 水色和温度扫描仪技术指标

通道	光谱范围/μm	饱和辐亮度	信噪比	主要用途
1	0.402~0.422	12.1	349	黄色物质、水体污染
2	0.433~0.453	11.0	472	叶绿素吸收
3	0.480~0.500	9.4	467	叶绿素、测冰、污染、浅海地型
4	0.510~0.530	8.2	448	叶绿素、水深、污染、泥沙
5	0.555~0.575	6.9	417	叶绿素、植被、低含量泥沙
6	0.660~0.680	4.9	309	高含量泥沙、大气校正、污染、气溶胶
7	0.730~0.770	2.9	319	大气校正、高含量泥沙、植被
8	0.845~0.885	2.3	327	大气校正、水汽总量
9	10.30~11.40	0.2K		水温、测冰、地表温度、云顶温度、卷云
10	11.40~12.50	0.2K		

注：两个热红外波段(波段 9：10.30~11.40μm；波段 10：11.40~12.50μm)星上定标精度为 1K，环境温度为 300K 时的等效噪声温度 NEDT(noise-equivalent delta-T)为 0.2K。

第二节 水色大气校正方法

海洋水色卫星传感器接收到的辐射能量大约 80%为大气干扰，而来自水体的信号只有 3%~15%。因此，消除大气程辐射，获得有效的离水辐射信号，实现遥感数据的大气校正是水色遥感信息提取中关键技术。对于 I 类水体(case I water)离水辐射反演绝对误差要求为 5%，对于 II 类水体我国海洋一号水色遥感计划提出的离水辐射反演绝对误差为 15%。

Gordon(1978)首先提出大气校正思想，此后，在 CZCS 影像处理及 SeaWiFS、MODIS 等其他海洋水色传感器预研和应用中，Gordon 算法不断发展，其他的大气校正方法也在不断探索中得到了长足的进步。本节在介绍水色遥感大气辐射传输过程的基础上，按照水色遥感发展过程分别介绍 I、II 类水体的大气校正。

要将从太空探测到的信号转换为某些地面属性的度量，需要理解这个信号是怎么抵达传感器的，即辐射传输过程。由于受大气散射和吸收作用的影响，太阳辐射能入射至海洋表面的大约只占总能量的 30%，而入射至海面的辐射能一部分进入海水，另一部分被海面反射回天空。从图 12-1 可以看出，传感器接收到的辐射包括：衰减的离水辐射 b、水面反射的太阳辐射 d、水面反射的天空光辐射 e、太阳光散射辐射 h、大气散射辐射 i、瞬时视场外的离水辐射被散射之后进入传感器的辐射 j 和瞬时视场外的水面反射辐射被散射之后进入传感器的辐射 k。为了得到离水辐射，就必须去除接收数据中的大气影响，这个去除大气影响的过程就是大气校正。根据经验可知，在传感器接收的总辐射中，只有 10%左右的辐射是对水色遥感反演有用的离水辐射，因此，水色遥感的大气校正是一个从大信号中提取小信号的过程，是水色遥感应用亟待解决的关键技术之一。

根据上述的典型海洋－大气辐射传输过程，可以看出，水色传感器接收到的辐射，由三个部分构成，即离水辐射、水面反射辐射和大气散射辐射。考虑各种因素影响，可以将水色卫星遥感大气校正方程表述为

$$L_{\mathrm{t}}(\lambda)=L_{\mathrm{r}}(\lambda)+L_{\mathrm{a}}(\lambda)+L_{\mathrm{ra}}(\lambda)+T(\lambda)L_{\mathrm{g}}(\lambda)+L_{\mathrm{b}}(\lambda)+t(\lambda)L_{\mathrm{f}}(\lambda)+t(\lambda)(1-w)L_{\mathrm{w}}(\lambda) \quad (12\text{-}1)$$

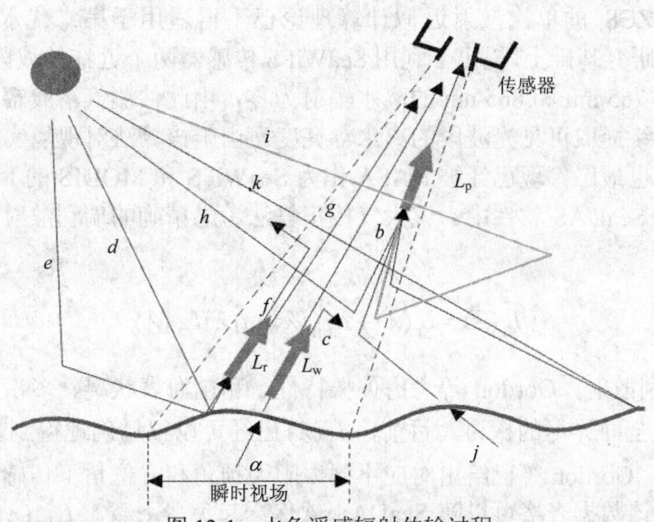

图 12-1　水色遥感辐射传输过程

a 为离水辐射；*b* 为离水辐射的衰减；*c* 为散射出瞬时视场的离水辐射；*d* 为太阳光(水面反射)；*e* 为天空光(水面反射)；*f* 为散射出瞬时视场的辐射；*g* 为反射辐射的衰减；*h* 为太阳散射辐射进入传感器；*i* 为大气散射辐射进入传感器；*j* 为瞬时视场外的离水辐射被散射入传感器；*k* 为瞬时视场外的水面反射光线被散射入传感器；L_w 为总离水辐射；L_r 为瞬时视场内的总水面反射；L_p 为大气辐射

式中，$L_t(\lambda)$ 为水色传感器接收到的总辐射量；$L_r(\lambda)$ 为来自大气分子的瑞利散射；$L_a(\lambda)$ 为来自大气的气溶胶散射；$L_{ra}(\lambda)$ 为来自瑞利与气溶胶之间的多次散射；$T(\lambda)L_g(\lambda)$ 为进入传感器视场的直射太阳光在水体表面的反射(又称太阳耀斑)；$T(\lambda)$ 为太阳直射辐射透过率，又称光束透过率(beam transmittance)；$L_b(\lambda)$ 为来自水体底部的反射；$t(\lambda)L_f(\lambda)$ 为进入传感器视场的白泡云反射影响，$t(\lambda)$ 为水面到卫星传感器之间的大气传递衰减系数，又称大气漫射透过率(diffuse transmittance)；w 为白泡云覆盖率；$L_w(\lambda)$ 为离水辐射。

根据卫星传感器接收的各辐射量的权重及其影响大小，可以将影响大气校正的因素分为三个等级：对大气校正精度影响最大是瑞利散射辐射，它约占大气程辐射的 80%左右；其次是气溶胶散射辐射；影响较小的则是多次散射、偏振、海面粗糙度及白泡云反射、离水辐射的二向性影响、气压及臭氧浓度的时空变化。

一、I 类水体水色大气校正算法

1978 年雨云(Nimbus)7 号卫星发射升空，该卫星在轨运行达 8 年之久，该星搭载的海岸带水色扫描仪(coastal zone colour scanner，CZCS)为水色遥感应用提供了大量信息，证明了通过水色遥感实现海洋叶绿素浓度定量估算的可行性。在 CZCS 数据处理的过程中，Gordon 等首先提出了适用于 I 类水体的“清洁水体”单次散射的近似计算大气校正的方法。

1. 第一代水色传感器大气校正算法　Gordon(1993)对第一代水色传感器 CZCS 的业务化大气校正算法做了两个假定：①海表面为水平面时，即在风速为零的情况下忽略海面白帽的贡献；②CZCS 共有 5 个可见光通道 0.443 μm、0.49 μm、0.52 μm、0.55 μm、0.67 μm。由于没有设置近红外通道，对 I 类清洁水体，假定 0.67 μm 处的离水辐射为零。CZCS 传感器设计了±20°的倾角，这样可以有效避开太阳耀斑的影响，大气分子散射采用了简单的布袋偏振的单次散射算法。因此，在单次散射理论的假设基础上，不考虑太阳耀斑等影响，可以将式(12-1)简化为

$$L_t(\lambda) = L_r(\lambda) + L_a(\lambda) + t(\lambda)L_w(\lambda) \tag{12-2}$$

为了获取离水辐亮度 $L_w(\lambda)$，只需要计算得出瑞利散射 $L_r(\lambda)$、气溶胶散射 $L_a(\lambda)$、大气漫射透过率 $t(\lambda)$ 即可。

2. 第二代水色传感器大气校正算法　第二代水色传感器在灵敏度、量化等级、波段设置等技术

指标上有很大提高，CZCS 的单次散射近似计算理论已不再适用于第二代水色传感器。Gordon 和 Wang(1994)在 CZCS 的研究基础上，提出了利用 SeaWiFS 传感器两个近红外波段进行大气校正的算法。该算法假设近红外波段 765 nm 和 865 nm 的离水辐射为零，由此估测气溶胶辐射值，并由近红外波段外推到可见光波段，最终提取可见光波段的离水辐亮度。由于该算法对现场实测参数要求最少，对业务化支持最好，其应用也最广，现已经被 NASA 作为 SeaWiFS 和 MODIS 的 I 类水体大气校正标准算法，其模块已经嵌入到 SeaDAS 软件中。该大气校正算法考虑精确的瑞利散射、气溶胶与大气分子之间的多次散射，即

$$L_{\mathrm{t}}(\lambda)=L_{\mathrm{r}}(\lambda)+L_{\mathrm{am}}(\lambda)+t(\lambda)L_{\mathrm{w}}(\lambda) \tag{12-3}$$

式中，$L_{\mathrm{r}}(\lambda)$ 为精确瑞利散射，Gordon 等考虑偏振特性、粗糙海表状况、多次散射特性对精确瑞利散射计算问题进行了较为全面详尽的探讨。目前，$L_{\mathrm{r}}(\lambda)$ 已经可以很精确地得到，特别是对于 SeaWiFS 和 MODIS 的对应波段，Gordon 等已给出对应不同太阳天顶角和方位角下传感器不同观测角和方位角的瑞利散射计算表格，该数据表格可以随 SeaDAS 软件一起免费下载。$L_{\mathrm{am}}(\lambda)$ 为气溶胶散射 $L_{\mathrm{a}}(\lambda)$ 及气溶胶与大气分子之间的多次散射 $L_{\mathrm{ra}}(\lambda)$ 之和，下标 m 表示多次散射(multiple scattering)。Gordon 等研究发现多次散射 $L_{\mathrm{am}}(\lambda)$ 与单次散射 $L_{\mathrm{a}}(\lambda)$ 之间存在着较好的线性关系，因此，结合单次散射理论，将多次散射算法进行简化，可以解决第二代水色传感器的大气校正问题。

Gordon 提出的第二代水色传感器大气校正算法的关键是获得研究海区可能存在的各种气溶胶的光学特性。由于气溶胶特性的高时空变化特性和人们对气溶胶了解的局限性，SeaDAS 中内嵌的大气气溶胶模型还不能彻底解决水色遥感大气校正问题。

二、II 类水体水色遥感大气校正算法

对于 II 类水体，尤其是近岸和内陆高泥沙含量的浑浊水体，不存在近红外波段离水辐射为零的假设，这成为标准大气校正算法在校正 II 类水体时失败的主要原因。对 Gordon“较清洁水体”大气校正算法进行适当改进，实现离水辐射信号与气溶胶影响的分离，一直是水色遥感界努力探索的方向。

1. 光谱迭代算法　光谱迭代算法利用合理假设，对 Gordon 标准算法进行改进，通过光谱迭代实现近红外波段的离水辐射与气溶胶散射分量的分离。比较有代表性的主要有：① 假设小的空间尺度(50~100 km)气溶胶类型不会发生太大的变化，采用一种“最邻近位置”方法，借用邻近较清洁水体或陆地暗像元的大气参数(气溶胶类型)来处理混浊水体像元，从而得到近红外波段的气溶胶和离水反射率，然后，对其在特定研究海域进行验证；② 将叶绿素、悬浮颗粒物等水体成分浓度等先验知识引入参与近红外波段的光谱迭代；③ 采用较 865 nm 更长的波段以及光谱匹配方法来估计气溶胶光学参数，以进行高光谱或超光谱数据的混浊 II 类水体大气校正。

2. 优化算法　到目前为止，先后引入水色遥感大气校正研究的优化算法主要有光谱优化、神经网络、主成分分析等。① 光谱优化(spectral optimization)：其重点在于大气气溶胶模型、水面离水反射光谱模拟及误差函数的选取；②神经网络：与传统的优化方法相比，神经网络优化法的非线性逼近能力更强，模型的推广能力更好，并且由于采用网络权值进行多项式计算，运算速度大大提高；③主成分分析：该方法以最优加权系数和多变量线性回归为基础，但因为典型 II 类水体的各成分与光谱辐射之间的线性相关性并不很高，所以，该方法对复杂 II 类水体的适应能力比较有限。此外，在某些受气溶胶吸收特性影响较为严重的水域，针对气溶胶的吸收特性及其垂直结构的研究也引起了广泛的关注，主要体现在采用多种探测手段和建立假设来提高大气气溶胶影响的估算精度。

这些探索改善了标准大气校正算法在浑浊 II 类水体的应用性能，大气校正结果得到一定改进。然而，由于探测手段和研究方法的局限性，获取与像元尺度匹配的大气气溶胶数据还存在一定不足。当前，大气校正研究的重点和核心问题依然是，在考虑大气气溶胶类型和吸收、散射特性的情况下，采

用多源气溶胶数据，建立和改进气溶胶模型，获取有效的大气气溶胶数据，提高大气校正精度，这也是II类水体水色遥感研究未来的发展方向。

三、中国海岸带II类水体大气校正实验

由于我国绝大部分海域都属于II类水体，为了加强我国水色遥感资料的应用，一直以来，许多专家学者都在研究适用于我国II类水体区域的大气校正算法。中国科学院南海海洋研究所的韦均和陈楚群(2002)提出的适用于珠江口及邻近海域的II类水体SeaWiFS资料大气校正算法，作为本次试验的算法范例，具体算法可以参阅作者的文献。针对2001年3月1日珠江口的SeaWiFS影像进行了大气校正，结果如图12-2所示(490 nm波段，555 nm波段)。

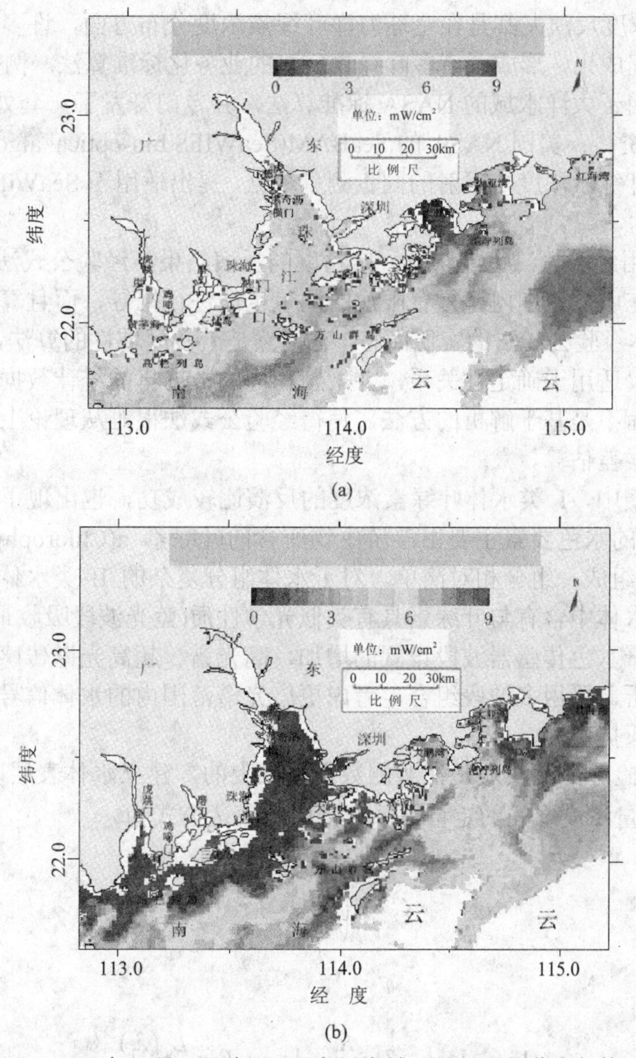

图12-2　2001年3月1日珠江口及邻近海域SeaWiFS影像大气校正结果

(a) 490 nm波段的离水辐射率；(b) 555 nm波段的离水辐射率

此外，我国学者潘德炉、唐军武、何贤强等对SeaWiFS、COCTS等水色传感器在我国II类水体的大气校正研究也进行了许多有益的探讨，基本解决了“标准”大气校正算法在我国复杂水体区域的结果出现负值的情况。但是，由于II类水体本身的复杂性，目前离彻底解决大气校正问题还有很长一段距离，算法精度也还有待于进一步提高。当前还没有普适性的II类水体大气校正算法问世，读者在实际工作中，需要综合遥感资料和研究区域的特点，要达到的精度、辅助资料情况等因素，选择合适的大气校正算法。

第三节 叶绿素浓度反演及其应用

叶绿素(chlorophyll)是与光合作用(photosynthesis)有关的最重要的色素。光合作用是通过合成一些有机化合物将光能转变为化学能的过程。叶绿素实际上是光合作用的生物体，包括绿色植物、原核的蓝绿藻(蓝菌)和真核的藻类。叶绿素从光中吸收能量，然后能量被用来将二氧化碳转变为碳水化合物。叶绿素浓度的测定对海洋生态系统初级生产力的研究至关重要，也是内陆水体富营养化监测研究的关键指标，对水体-大气系统中的碳循环、赤潮、海流、气候变化等的研究及渔业管理等具有重要的意义。

一、叶绿素浓度反演算法

I 类水体的叶绿素浓度反演尤其是在全球海洋叶绿素浓度分布方面，许多学者进行了有益的探索研究，取得了很多的研究成果，形成了诸多叶绿素反演的业务化标准算法。例如，美国 NASA 戈达德空间飞行中心开发了适用于大洋水域的 NASA 标准算法，并专门开发了一套处理软件 SeaDAS，用于生产 SeaWiFS 各级产品资料；美国 NASA 的 SeaBAM(SeaWIFS bio-optical algorithm mini-workshop)小组收集全球范围内海水叶绿素浓度与辐射的同步测量数据，提出适用于 SeaWiFS 的全球叶绿素浓度统计算法。

对于 II 类水体，采用经验算法也能获取一定精度的反演结果，经验公式法的数学运算相对简单，数据量要求不高，即使在所需范围内进行有限次的测量也能进行推导，而且算法操作和测试简便。然而，一方面，就 II 类水体经验公式法的实质而言，它仍然是一种区域性的算法，受到时空条件的限制。由此，推导出的关系式仅适用于确定性关系，并采用相同的数据集的统计数据有效。另一方面，由于经验公式法是基于统计而不是基于解析的方法，使得经验公式法很难从理论上进行系统灵敏度分析，无法进行不同误差源的误差估算。

目前，水色遥感反演中，I 类水体叶绿素浓度的反演比较成功，也出现了许多精度较高的反演算法。这是因为 I 类水体的水色要素主要由浮游生物所含的叶绿素 a(Chlorophyll-a)及其降解物褐色素 a(Phea-a)和碎屑(detritus)组成，组分相对简单。对于水体组分复杂的 II 类水体，经验算法精度不高，主要原因是组分复杂的水体中含有与叶绿素具有类似光学性质(蓝光波段吸收最强，绿光波段吸收最弱)的黄色物质。不过，随着水色传感器波段设置的增加，高光谱、超高光谱传感器的出现，经验公式法逐渐发展到多元回归分析，采用多波段组合，考虑更广光谱范围内的水体信号变化，II 类水体的叶绿素浓度反演精度也会有所提高。

1. 经验算法 经验算法的实质是在实测数据基础上的，建立水体表层以上或以下反射率(或辐射率)光谱和现场同步测量浓度之间的定量关系。常用的表达公式为

$$C = a\left(\frac{R_1}{R_2}\right)^{\beta} + r \tag{12-4}$$

或

$$\lg c = \lg a + \beta \lg \frac{R_1}{R_2} = \lg a + \beta \lg \frac{L_w(\lambda_1)}{L_w(\lambda_2)} \tag{12-5}$$

式中，C 为待估的物理量(如叶绿素浓度)；R_i 为光谱通道或特定波长 λ_i 的反射率(或辐射率)；系数 α、β 和 γ 为常数，可根据实验数据得出的辐亮度与各种物理量性质之间的回归方程推导求得。

由式(12-5)不难看出，通过选取合适的波段，可以在一定程度上提高经验公式法的反演精度。“蓝绿波段比值法”就是其中一个成功的范例，该方法利用离水辐射度光谱峰随着叶绿素浓度的增大，从蓝光波段向绿光波段移动的特性，以水体在这两个波段处的离水辐射率比作为回归分析的输入量，叶绿素浓度值作为反演的结果值，可以得到较高的反演精度。

表 12-6 列举了各种常见的叶绿素浓度反演经验模型表达式以及选取的比值波段和回归系数。

表 12-6 叶绿素反演的各种统计模式

算法	类型	结果公式	波段比值与公式系数
Gordon 双通道法	幂指数	$C_{13}=10^{a_0+a_1\cdot R_1}$ $C_{23}=10^{a_2+a_3\cdot R_1}$ $[C+P]=C_{13}$ if C_{13} and $C_{23}>1.5\mu g/L$ then $[C+P]=C_{23}$	$R_1=\log(L_{wn}443/L_{wn}550)$ $R_2=\log(L_{wn}520/L_{wn}550)$ $a=[0.053,-1.705,0.522,-2.440]$
Clark 三通道法	幂指数	$[C+P]=10^{(a_0+a_1\cdot R)}$	$R=\log(L_{wn}443+L_{wn}520)/L_{wn}550$ $a=[0.754,-2.252]$
K 算法	多元回归	$\kappa(490)=a_1+a_2\cdot R^{a_3}$ $\kappa(520)=b_2+b_2\cdot R^{b_3}$	$R=L_w443/L_w555$ $a=[0.022,0.0883,-1.491]$ $b=[0.44,0.0663,-1.398]$
Aiken-C	双曲线+幂指数	$C_{21}=\exp(a_0+a_1\cdot\ln R)$ $C_{23}=\frac{R+a_2}{a_3+a_4\cdot R}$ $C=C_{21}$ if $C<2.0$ μg/L then $C=C_{23}$	$R=L_{wn}490/L_{wn}555$ $a=[0.464,-1.989,-5.29,0.719,-4.23]$
Aiken-P	双曲线+幂指数	$C_{22}=\exp(a_0+a_1\cdot\ln R)$ $C_{24}=\frac{R+a_2}{a_3+a_4\cdot R}$ $[C+P]=C_{22}$ if $[C+P]<2.0$ μg/L then $[C+P]=C_{24}$	$R=L_{wn}490/L_{wn}555$ $a=[0.696,-2.085,-5.29,0.592,-3.48]$
OCTS-C	幂指数	$C=10^{(a_0+a_1\cdot R)}$	$R=\log(L_{wn}520+L_{wn}565)/L_{wn}490$ $a=[-0.55006,3.497]$
OCTS-P	多元回归	$[C+P]=10^{a_0+a_1*R_1+a_2*R_2}$	$R_1=\log(L_{wn}443/L_{wn}520)$ $R_2=\log(L_{wn}490/L_{wn}520)$ $a=[0.19535,-2.079,-3.497]$
POLDER	三次曲线	$C=10^{(a_0+a_1\cdot R+a_2\cdot R^2+a_3\cdot R^3)}$	$R=\log(R_{rs}443/R_{rs}565)$ $a=[0.438,-2.114,0.916,-0.851]$
CalCOFI 2 波段线性	幂指数	$C=10^{(a_0+a_1\cdot R)}$	$R=\log(R_{rs}490/R_{rs}555)$ $a=[0.444,-2.431]$
CalCOFI 2 波段三次曲线	三次曲线	$C=10^{(a_0+a_1\cdot R+a_2\cdot R^2+a_3\cdot R^3)}$	$R=\log(R_{rs}490/R_{rs}555)$ $a=[0.450,-2.860,0.996,-0.367]$
CalCOFI 3 波段	多元回归	$C=\exp(a_0+a_1\cdot R_1+a_2\cdot R_2)$	$R_1=\log(R_{rs}490/R_{rs}555)$ $R_2=\log(R_{rs}510/R_{rs}555)$ $a=[1.025,-1.622,-1.238]$
CalCOFI 4 波段	多元回归	$C=\exp(a_0+a_1\cdot R_1+a_2\cdot R_2)$	$R_1=\log(R_{rs}443/R_{rs}555)$ $R_2=\log(R_{rs}412/R_{rs}510)$ $a=[0.753,-2.583,1.389]$
Morel-1	幂指数	$C=10^{(a_0+a_1\cdot R)}$	$R=\log(R_{rs}443/R_{rs}555)$ $a=[0.2492,-1.768]$
Morel-2	幂指数	$C=\exp(a_0+a_1\cdot R)$	$R=\log(R_{rs}490/R_{rs}555)$ $a=[1.077835,-2.542605]$
Morel-3	三次曲线	$C=10^{(a_0+a_1\cdot R+a_2\cdot R^2+a_3\cdot R^3)}$	$R=\log(R_{rs}443/R_{rs}555)$ $a=[0.20766,-1.82878,0.75885,-0.73979$
Morel-4	三次曲线	$C=10^{(a_0+a_1\cdot R+a_2\cdot R^2+a_3\cdot R^3)}$	$R=\log(R_{rs}490/R_{rs}555)$ $a=[1.03117,-2.40134,0.3219897,-0.291066]$
OC4	四次曲线	Chl-a=$10^{(a_0+a_1\cdot R+a_2\cdot R^2+a_3\cdot R^3+a_4\cdot R^4)}$	$R=\text{Max}(R_{rs}443,R_{rs}490,R_{rs}510)/R_{rs}555$ $[a_0,a_1,a_2,a_3,a_4]=[0.366,-3.067,1.930,0.649,-1.532]$

2. 理论算法 理论算法的共性是，利用生物－光学模型描述水体各组分与离水辐射率或遥感反射率之间的关系；同时，利用辐射传输模型来模拟光在大气和水体中的传播过程。常用的大气传输模型有：Plass 等提出的 Monte Carlo 模型和 Gordon 等提出的准单次散射近似计算模型等。严格的理论算法由于解析过程复杂，不便于业务化运行，于是，在利用理论算法对辐射传输方程求解时，需要引入各种假设和条件，加入实测光谱及水色要素信息。根据附加信息和假设条件的不同又产生了众多的半分析半经验算法，如代数法。

代数法又称为半分析型生物光学算法，用代数表达式描述水色与地球物理光学特征的相关性，是最简单的理论算法之一。这种方法采用根据一定周期测量的光谱数据，建立光谱特征与水中物质组分浓度之间的定量关系。水体的固有光学量与遥感反射率 R 具有如下关系：

$$R_{\text{rs}} = \frac{L_{\text{w}}(\lambda)}{E_{\text{d}}(\lambda, 0^{+})} \approx \sum_{i=1}^{2} g_i \left(\frac{b_{\text{b}}}{a + b_{\text{b}}} \right)^i \tag{12-6}$$

式中，$g_1 \approx 0.0949I$，$g_2 \approx 0.0794I$，这里 $I \approx t^2/n^2$，t 为水-气透射比，n 为水体折射率；a 为各种水色要素的总吸收系数；b_{b} 为各类水色要素的后向散射系数；$a + b_{\text{b}}$ 为衰减系数。通过近似的方法减少未知数的个数，简化未知数之间的相互关系，就可以将某一种水色要素的浓度与总吸收系数和后向散射系数直接联系在一起(Lee et al., 1996)，改进式(12-6)，对叶绿素浓度范围为 0.07~50 mg/m^3 的水体进行反演，取得了较高的反演精度。

代数算法将水色要素的已知光学特性与理论模式耦合起来，对特定的 II 类水体区域能够获得较精确的反演结果。但这种方法也具有一定局限性：由特定水域水色要素特性构建的代数算法模型只能适用于特定的条件；对不同水域的水色参数进行估算时，需要进行参数校正；该方法只能同时反演个数有限的水色要素的浓度。

3. 荧光高度法 从叶绿素光谱特征中可以发现，叶绿素在中心波长 668 nm 处有明显的峰值，这一峰值的高度与叶绿素浓度有关，称为荧光发射峰。Smith 和 Baker 首先通过高质量、窄带宽辐射测量清楚地显示了这种现象。随后许多研究人员，包括 Gordon 和 Topliss 等，对这一效应进行了相应的研究。

20 世纪 70 年代末期，研究者利用叶绿素的荧光特性，研制了能够通过窄带宽传感器探测叶绿素对光源(通常认为是太阳)的荧光效应的叶绿素荧光计。首次从飞机上测量了太阳激发的叶绿素荧光，并出现了专为荧光测量的机载成像光谱仪，用以从飞机和卫星上获取叶绿素荧光数据，进而估算探测区域的叶绿素浓度，叶绿素荧光高度算法也应运而生。

荧光线高度(fluorescence line height，FLH)是常用的叶绿素荧光高度表达方式之一。荧光线高度算法通过叶绿素荧光波段任意侧的多个波段构建基线，估算叶绿素荧光产生的辐亮度值，其计算公式如下：

$$C = a(\text{FLH}) + b \tag{12-7}$$

式中，FLH 为荧光线高度$(\text{mW} \cdot \text{cm}^{-2})/(\text{sr} \cdot \text{nm})$；$C$ 为叶绿素浓度(mg/m^3)；a、b 为多次实验得到的回归系数。

叶绿素荧光高度算法的输入为归一化离水辐射率，由于瑞利散射对荧光基线波段的影响较小，气溶胶散射在各个波段的影响可认为近似相同。因此，叶绿素荧光算法与蓝/绿波段比算法相比，只需进行简单的大气校正和观测角的变化及太阳几何的影响校正，而不需要复杂的瑞利和气溶胶校正。

二、珠江口叶绿素浓度反演实验

叶绿素浓度反演一般过程如下：

1) 输入经过辐射定标与大气校正的遥感反射率影像；

2) 陆地掩膜，云掩膜(水体提取)；

3) 选取叶绿素浓度遥感定量反演模式；

4) 遥感反演输出叶绿素浓度产品；

下面应用 2008 年 1 月 3 日 MODIS 数据反演珠江口海域的叶绿素浓度帮助读者理解叶绿素反演建模过程。实验以同步实测叶绿素浓度和遥感反射率数据为基础，从中随意选择 21 个站点的数据来建立模型，用剩下的 10 个站点来检验模型。根据现场观测数据分析遥感反射率比值与叶绿素浓度的关系，结果表明两波段遥感反射率比值与叶绿素浓度有较好的相关性。同时测试 $R_{rs}(\lambda)/R_{rs}(555)$ 与叶绿素浓度的关系，结果表明波长较短的波段与 555 nm 波段组合具有较大的动态范围。同时 $R_{rs}(443)/R_{rs}(555)$ 波段组合与叶绿素浓度具有较高的相关性($r^2=0.88$)，另外，研究发现吸收系数、漫射衰减系数以及散射系数的 $R_{rs}(443)/R_{rs}(555)$ 波段组合与叶绿素浓度均有较高的相关性。所以，选用两波段组合 $R=R_{rs}(443)/R_{rs}(555)$ 来建立该水域的本地化模式。

通过多项式拟合求出 $\lg(\text{chl})=a_0+a_1\times R+a_2\times R^2+a_3\times R^3$ 关系式中的 $a=[0.9175,-1.1433,0.1984,-0.0097]$，模型中 $\lg(\text{chl})$ 与 R 之间的相关系数平方为 0.89。

用拟合后的关系式通过 R 反演出各站点的叶绿素浓度 C_i'，计算它与现场实测叶绿素浓度 Chl_i 之间的偏差 $\Delta i=C_i'-\text{Chl}_i$ 以及标准偏差 $\sigma=\sqrt{\dfrac{\sum_{i=1}^{N}\Delta i^2}{N-1}}$。如果 $|\Delta i|>3\sigma$，则剔除该站位的数据用剩下的站位再进行拟合，直到满足所有建模站点中 $|\Delta i|<3\sigma$ 为止。本次建模所得的标准偏差为 $\sigma=0.4843$，分析结果表明，所有 21 个站位都不存在误差大于 3 倍标准偏差的情况。数学模型为

$$\lg(\text{chl})=0.9175-1.1433\times R+0.1984\times R^2-0.0097\times R^3 \tag{12-8}$$

式中，$R=R_{rs}(443)/R_{rs}(555)$，叶绿素浓度单位为 mg/m^3。

图 12-3 为珠江口叶绿素浓度反演结果。

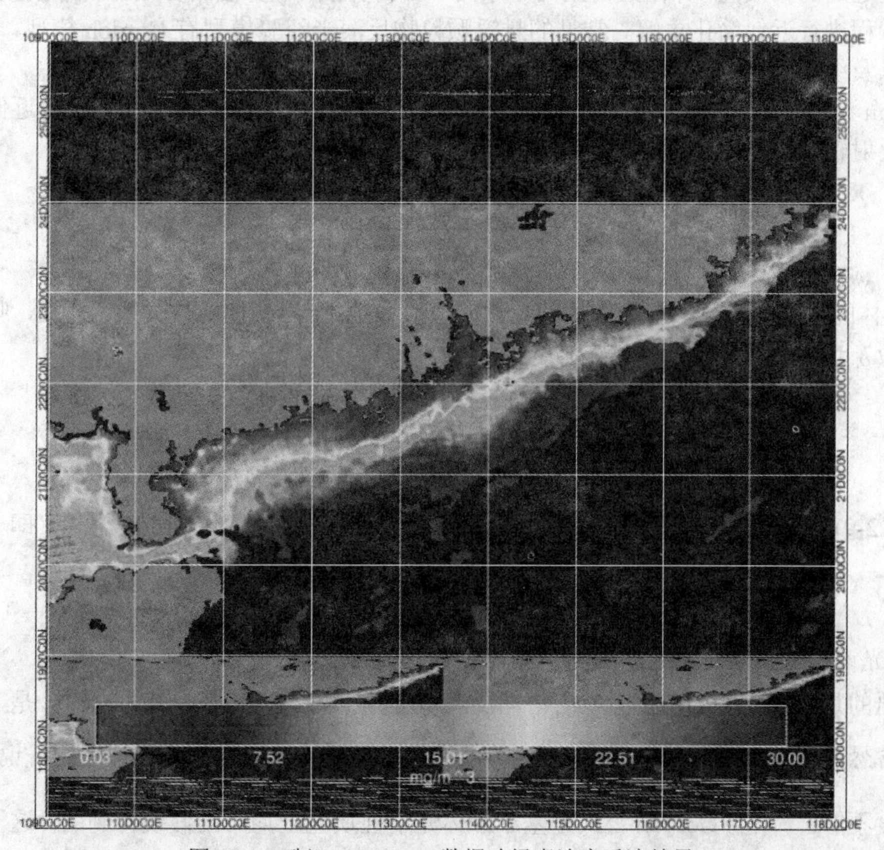

图 12-3　珠江口 MODIS 数据叶绿素浓度反演结果

第四节　悬浮泥沙浓度反演及其应用

悬浮泥沙(suspended sediment)是影响水色要素的主要因素之一，泥沙不但影响水体的感官，降低水体透光度和富氧条件，而且影响水生生物的光合作用，对水生态环境产生重要的影响。同时，泥沙本身包含的黏土矿物质和有机、无机胶体，可以吸附多种污染物，成为水体污染物的载体。泥沙的扩散和沉降过程对区域生态环境、地貌变化都有非常重要的作用，因此，针对水体悬浮泥沙的研究对水生态环境保护具有重要意义。

一、悬浮泥沙浓度反演算法

悬浮颗粒物浓度遥感定量反演的关键是水体光谱反射率与悬浮颗粒物浓度之间关系的建立，即

$$\mathrm{SSC}=f(R) \tag{12-9}$$

式中，R 为光谱反射率；SSC 为悬浮颗粒物浓度。

国内外学者利用悬浮颗粒物原样配比，监测水槽中悬浮颗粒物水体的光谱特性，分析水面光场以及水中光场与水体颗粒物含量的关系，得出如下结论：

1) 悬浮颗粒物水体离水辐射率(R_{rs})随着悬浮颗粒物浓度(SS)的增加而增加，即 $\mathrm{d}R_{\mathrm{rs}}/\mathrm{dSS}>0$；

2) 变化率 $\mathrm{d}R_{\mathrm{rs}}/\mathrm{dSSC}$ 不是常量，它随着 SS 的增加而减小，即 $\mathrm{d}^2R_{\mathrm{rs}}/\mathrm{dSSC}^2<0$；

3) SSC＝0 时，R_{rs} 为一大于 0 的常数；R_{rs} 随 SSC 的增加而迅速趋于一个小于 1 的极值。

与叶绿素反演算法类似，悬浮颗粒物反演算法也分为理论算法与经验算法。

1. 理论算法　理论算法以水体光学和辐射传输理论为基础，通过模拟实验，探索电磁辐射与悬浮颗粒物浓度之间的相关性，并由此衍生出一系列半分析算法，该算法结合辐射传输模型与经验方程，对辐射传输方程进行近似简化求解。常见的悬浮颗粒物反演半经验模型有 Gordon 模型、负指数模型、幂指数模型以及统一模式等。

(1) Gordon 模型　Gordon 等在对悬浮颗粒物水体光漫反射的理论模型作了一次近似后，提出了泥沙水体漫反射辐射 L 的近似模型为

$$L=f\left[\frac{b_{\mathrm{b}}(\lambda)}{a(\lambda)+b_{\mathrm{b}}(\lambda)}\right] \tag{12-10}$$

式中，a 为水体的总吸收系数；b_{b} 为水体的总后向散射系数；f 为某种函数关系。假设，吸收系数 a 和后向散射系数 b_{b} 均为含沙量 S 的线性函数，即

$$\begin{cases}a=a_1+b_1\cdot s\\ b_{\mathrm{b}}=a_2+b_2\cdot s\end{cases} \tag{12-11}$$

代入式(12-9)。再假设水分子散射量很小，可忽略不计，最后得到 Gordon 公式，即

$$R_{\mathrm{rs}}=C+\frac{S}{A+B\cdot S} \tag{12-12}$$

式中，R_{rs} 为光谱反射率；S 为泥沙浓度；A、B、C 均为常数。

需要指出的是，式(12-12)在实际应用中，反演精度并不高。究其原因有两点：一是，Whitlock 的研究表明，含悬浮颗粒物水体的辐射率 L 与 $\dfrac{b_{\mathrm{b}}(\lambda)}{a(\lambda)+b_{\mathrm{b}}(\lambda)}$ 之间具有明显的非线性关系，说明 Gordon 公式的近似精度不够；二是，Gordon 公式是基于水体光学性质完全均一的假设得到的，这一点对含悬浮颗粒物的水体来说是不成立的，实际上水体含沙量在垂直方向上有明显的变化，因此，含沙水体的光

学性质在垂直方向上也有明显变化。

(2) 负指数模型　在对辐射传输方程进行简化时，考虑到含悬浮颗粒物的水体光学性质的垂向变化，采用平面分层模型，认为水体的光学性质随水深变化，是水深 z 的函数，得到负指数模式，即

$$R_{rs} = A + B(1 - e^{-DS}) \tag{12-13}$$

式中，A、B、D 为无量纲常数。负指数关系式克服了其他关系式只适用于低浓度泥沙含量的缺点，从函数本身的数学特性上更接近遥感反射率随悬浮泥沙浓度的变化趋势。

(3) 幂指数模型　恽才兴(1987)通过理论模型推导出幂指数模型，即

$$S = [R_{rs} / (a_0 - b_0 R_{rs})]^d \tag{12-14}$$

式中，a_0、b_0、d 为常数。该模式运用于长江口、杭州湾与鸭绿江等河口水体悬浮颗粒物的遥感定量反演中，其相对误差为 10%。

(4) 统一模式　黎夏(1992)提出了悬浮颗粒物定量遥感的统一模式，即

$$R_{rs} = \text{Gordon(S)} \cdot \text{Index}(S) = A + B[S / (G + S)] + C[S / (G + S)]e - D \tag{12-15}$$

式中，A、B、C 为相关式的待定系数；S 为含沙量，G、D 为待定参数，$S/(G+S)$和$[S/(G+S)]e{-}DS$ 为相关项。该式将 Gordon 模型和负指数模型统一到一个表达式中。

半分析模型作为理论模型的近似与简化，相对简单，更利于业务化应用。但是，该模型在构建时，为了减少算法中的未知量而采用了一些大胆却并不准确的假设；且半分析模型还在一定程度上依赖于地面测量数据的准确性，这都将导致半分析模型的反演结果存在不可避免的误差。

2. 经验算法　经验算法是利用遥感数据与地面同步或准同步测量数据建立相关关系式。是它基于以下几点假设的情况下提出的：①悬浮颗粒物浓度对传感器接收到的辐射量 $L(\lambda)$的影响与 $L(\lambda)$对悬浮颗粒物浓度的敏感相同；②悬浮颗粒物浓度的实测值足够准确；③$L(\lambda)$的误差与固体悬浮颗粒物浓度无关。经验算法需要与影像同步或准同步的实测数据，测量要求较严格，尤其是在河口或受潮流、天气影响、水文条件变化较大的地区，同步测量的要求更为严格。已有的经验算法关系式有线性关系式、对数关系式和多波段关系式三种。

(1) 线性关系式　线性关系式的一般表达式为

$$R_{rs} = A + B \cdot S \quad (B > 0) \tag{12-16}$$

式中，R_{rs} 为某一波长处的光谱反射比；S 为水体含沙量；A、B 为常系数。从数学观点来看，该式并不能满足前面提到的悬浮颗粒物浓度与离水辐射率的关系特性，因此，只适用于低浓度水体的粗略计算。

(2) 对数关系式　对数关系式的一般表达式为

$$R_{rs} = A + B \cdot \ln(S)\ (B > 0) \tag{12-17}$$

式中，A、B 为常系数。对数关系式仅适合于颗粒物含量较低的水域，对于颗粒物含量高的水域，对数关系式反演的结果与实测结果相差较大，所以不太适用。

(3) 多波段关系式　多波段关系式的经验算法是建立颗粒物含量 S 与多个波段的离水辐射率 R_{rsi} 或辐射亮度 L_i 的某种组合之间的函数关系，但是，由于各波段的辐射透视深度不同，所以，这种方法的误差较大。此外，由于不同传感器的波段设置不同，多波段组合的方法不具备通用性。

当前，悬浮颗粒物遥感反演存在很大的困难。对于悬浮颗粒物含量较低的水体，任何波段的反射率与悬浮物浓度都呈显著相关，随着水体中悬浮颗粒物浓度的增加，悬浮颗粒物引起的反射辐射将会达到饱和。但是，悬浮颗粒物的饱和浓度在不同的波段范围内表现并不一致：短波区悬浮颗粒物的饱和浓度较低，长波区悬浮颗粒物的饱和浓度较高。悬浮颗粒物这种复杂的特性，导致至今仍没有真正统一的悬浮颗粒物遥感模型出现，目前常用的定量模式多数为具有区域特性的经验统计模式或半经验模式，而建立此类模式往往需要大量同步实测资料，耗费人力物力，且针对不同水域得到的经验模式

不能实现时间空间上的有效移植。如何解决悬浮颗粒物定量反演中对实测资料的过度依赖问题，建立真正意义上的统一模式，仍需要进一步的深入研究。

二、悬浮泥沙浓度反演实验

悬浮泥沙的反演一般可以简单归纳如下：

1) 输入经过辐射定标与大气校正的遥感反射率影像；

2) 陆地掩膜、云掩膜(或水体提取)；

3) 选取悬浮泥沙遥感定量反演模式；

4) 遥感反演输出悬浮泥沙浓度产品。

1. 鄱阳湖水体悬浮泥沙浓度遥感定量反演 试验选取鄱阳湖2005年7月、2008年10月和2009年10月野外同步观测的悬浮泥沙和光谱数据，共计94个点位的数据，选取2/3的数据参与建模，其余1/3的站点作为验证数据分析建模。应用同步实测光谱数据模拟卫星传感器波段设置计算等效遥感反射率，分别构建单波段、波段比值和多波段组合因子，建立遥感因子与悬浮泥沙体积浓度之间的反演模型，实验结果显示，应用560 nm、660 nm、830 nm波段组合的泥沙对数反演模型精度能够获得很好的效果(图12-4、图12-5)，相关系数平方为0.86，模型反演误差为13.5%，满足II类水体反演误差<30%的要求。

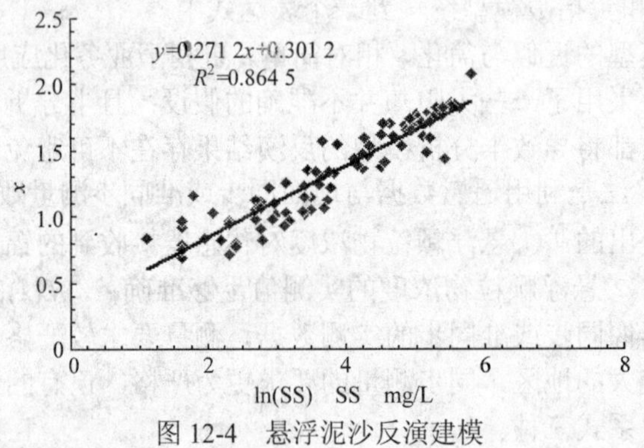

图12-4 悬浮泥沙反演建模

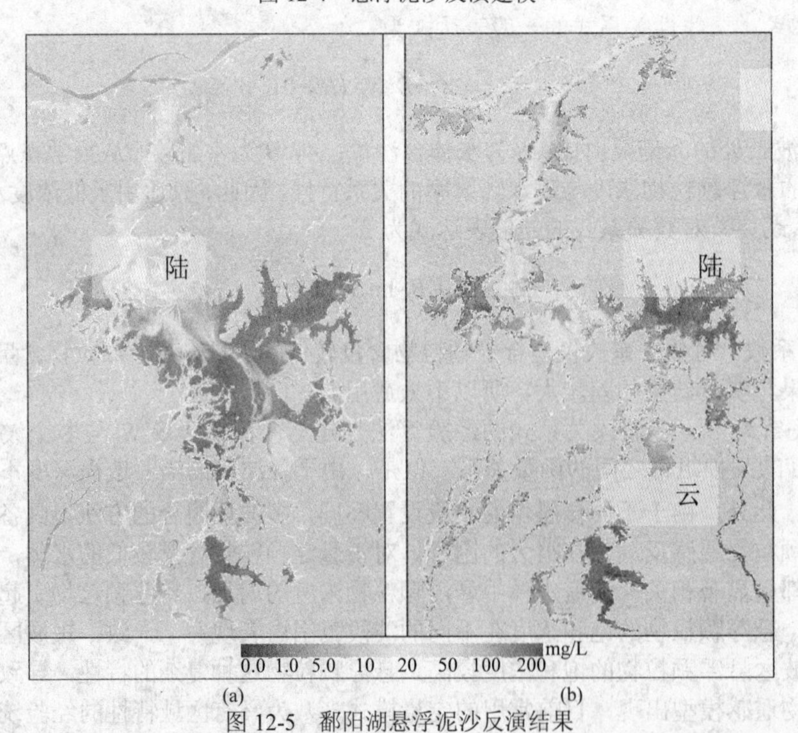

图12-5 鄱阳湖悬浮泥沙反演结果

(a) 2008年10月2日HJ-1-B CCD2影像反演结果；(b) 2008年10月20日HJ-1-A CCD1同步影像反演结果

遥感因子 X 为

$$X = \frac{R_{rs}660 + R_{rs}830}{R_{rs}560} \tag{12-18}$$

悬浮泥沙反演公式计算，即

$$X = A + B \cdot \ln(\mathrm{SS}) \tag{12-19}$$

式中，A=0.301 2；B=0.271 2；$R_{rs}560$、$R_{rs}660$、$R_{rs}830$ 分别为 Green 0.52~0.60、Red 0.63~0.70、NIR 0.76~0.90μm 通道遥感反射率。

采用上述泥沙反演模型，应用我国自主研制的环境减灾小卫星 CCD 传感器数据反演鄱阳湖悬浮泥沙浓度(2008 年 10 月 2 日 HJ-1B CCD2 和 20 日 HJ-1A CCD1)。

应用 Landsat TM 传感器数据反演鄱阳湖悬浮泥沙浓度的时空分布。为充分利用网络资源，达到资源共享，陈晓玲等基于武汉大学测绘遥感信息工程国家重点实验室自主研发的 GeoGlobe 平台开发的水环境信息服务子模块中，可实现水环境信息处理服务功能，可实时处理 Landsat TM 和 HJ CCD 传感器数据，图 12-6 为鄱阳湖 TM 传感器数据悬浮泥沙浓度反演结果。

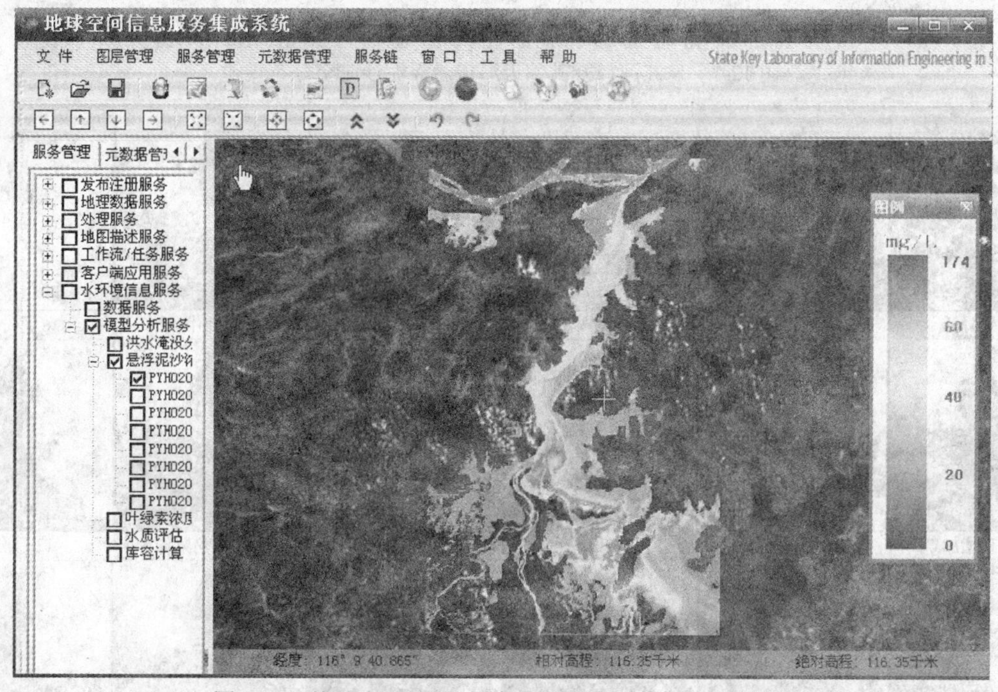

图 12-6　基于 GeoGlobe 平台悬浮泥沙浓度产品应用服务

2. 珠江河口及其邻近海域悬浮泥沙浓度时空动态分析　陈晓玲等应用 1995~2000 年 152 个时相的 NOAA/AVHRR 数据遥感反演的珠江河口及其邻近海域的悬浮泥沙浓度(陈晓玲，2006)，图12-7 与图12-8 分析了月平均、不同季节与丰枯水期悬浮泥沙浓度的空间分布与变化，研究其悬浮泥沙时空动态规律。

目前，利用遥感手段提取水体泥沙信息的研究尚存在一些不足。首先，遥感定量化提取模型是在一定水域范围内建立的，考虑到水文泥沙环境和光谱特征的差异，这些模式并不能直接推广到其他区域使用。另外，由于Ⅱ类水体的复杂光学特性，其中包含的其他有色物质的影响、大气成分对辐射传输的影响等因素使得卫星遥感所能接收的离水辐射信息较弱，仅仅简单的数学统计相关并不能准确地表达遥感信息和泥沙浓度值之间的关系。高光谱遥感数据的信息还没有被充分挖掘，使得实验研究的光谱规律并不能很好地应用到模型中。因此，在Ⅱ类浑浊水体的悬浮泥沙反演研究方面还需诸多的继续努力。

一月
二月
三月
四月
五月
六月
七月
八月
九月
十月
十一月
十二月
春季
夏季
秋季
冬季
丰水期
枯水期
泥沙浓度
mg/L
<10
10~20
20~30
30~40
40~50
50~60
60~70
70~80
80~90
90~100
100~110
110~120
>120

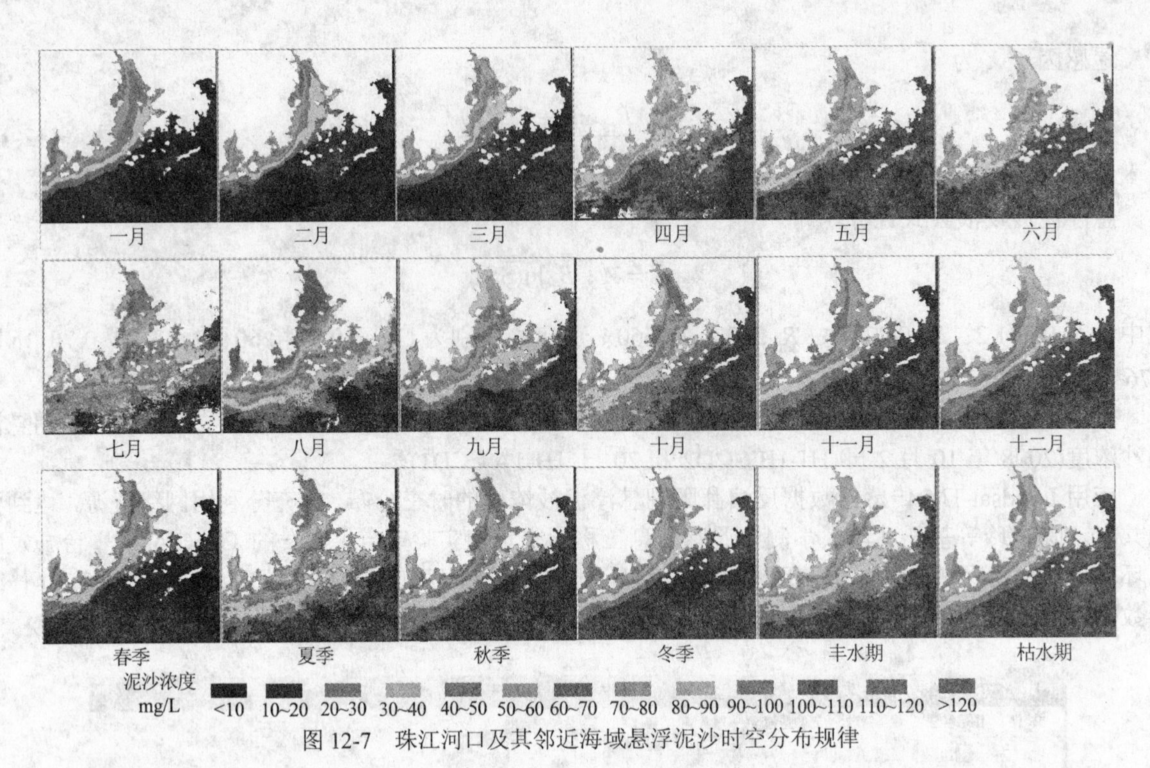

图 12-7 珠江河口及其邻近海域悬浮泥沙时空分布规律

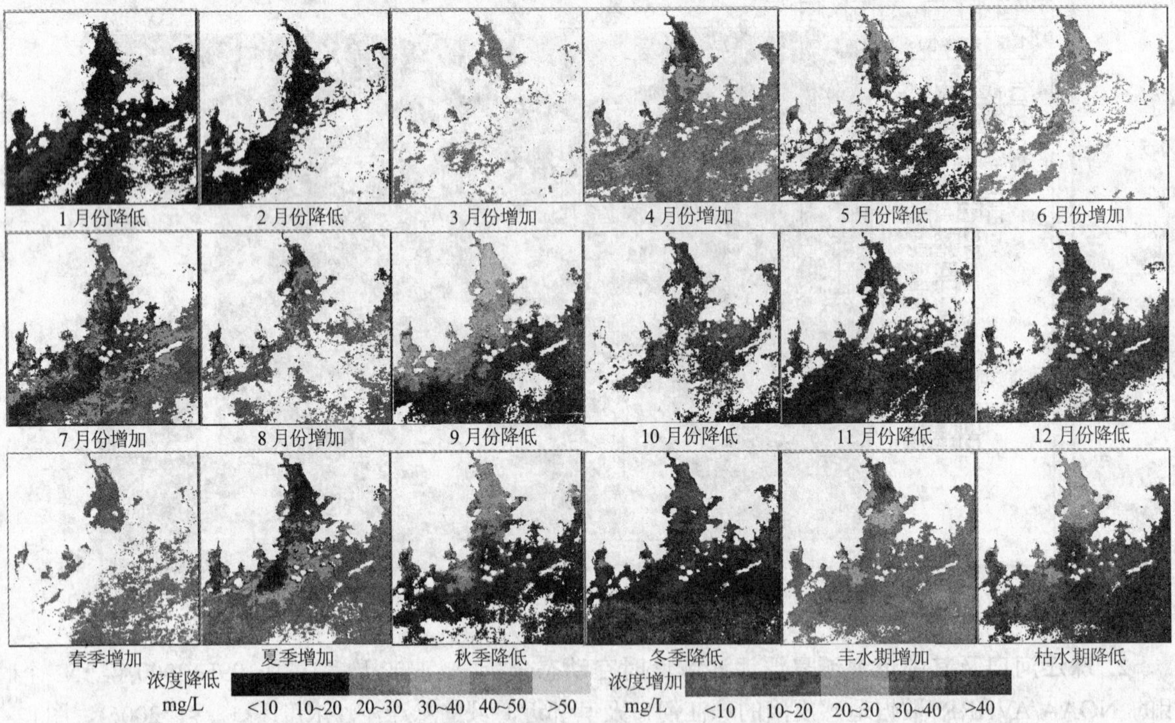

1 月份降低
2 月份降低
3 月份增加
4 月份增加
5 月份降低
6 月份增加
7 月份增加
8 月份增加
9 月份降低
10 月份降低
11 月份降低
12 月份降低
春季增加
夏季增加
秋季降低
冬季降低
丰水期增加
枯水期降低
浓度降低
mg/L
<10
10~20
20~30
30~40
40~50
>50
浓度增加
mg/L
<10
10~20
20~30
30~40
>40

图 12-8 珠江河口及其邻近海域悬浮泥沙时空变化

实验与练习

1. 利用 6S 软件，对以 MODIS 数据进行大气校正计算操作。
2. 利用 IDL/ENVI 软件，对以 MODIS 数据进行输入和输出操作。
3. 利用 IDL/ENVI 软件，对以 MODIS 数据进行大气程辐射计算操作。
4. 应用 ENVI 软件 FLAASH 大气校正模块，完成一幅 Landsat-5/7 TM 数据的辐射定标与大气校正操作。
5. 选用教材中的叶绿素处理算法(如 OC4 等)，完成一景 MODIS 数据叶绿素反演实验(MODIS 大气校正后的反射率数据，读者可上 NASA 网站自行下载相应级别的产品)。

6. 应用 Erdas 软件的 Spatial model 空间建模工具，针对一景 HJ 卫星 CCD 或 Landsat TM 传感器数据进行悬浮泥沙反演实验。

主要参考文献

陈晓玲，吴忠宜. 2007. 水体悬浮泥沙动态监测的遥感反演模型对比分析——以鄱阳湖为例. 科技导报, 25(6): 19~23.

陈晓玲，袁中智，李毓湘，等. 2005. 基于遥感反演结果的悬浮泥沙时空动态规律研究——以珠江河口及邻近海域为例. 武汉大学学报(信息版), 30(8): 677~681.

胡宝新, Wanner W F, 李小文，等. 1997. 表面 BRDF 反射率大气校正的敏感度分析. 遥感学报, 1: 187~191.

李四海，恽才兴，唐军武. 2002. 河口悬浮泥沙浓度 SeaWiFS 遥感定量模式研究. 海洋学报, 24(2): 51~58.

李先华，黄雪樵，王小平. 1993. 卫星遥感数据的像元地面反射率反演计算. 环境遥感, 4: 306~314.

李先华，兰立波，喻歌农，等. 1995. 卫星遥感数字影像的地面辐射改正研究. 遥感技术与应用, 1: 1~8.

李先华，兰立波. 1994. 卫星遥感数字影像的非均匀大气修正研究. 遥感技术与应用, 2: 1~7.

李云驹，常庆瑞，杨晓梅，等. 2005. 长江口悬浮泥沙的 MODIS 影像遥感监测研究. 西北农林科技大学学报(自然科学版), 33(4): 117~121.

刘振华，赵英时，宋小宁. 2004. MODIS 卫星数据地表反照率反演的简化模式. 遥感技术与应用, 06: 78~81.

毛克彪，覃志豪. 2004. 大气辐射传输模型及 MODTRAN 中透过率计算. 测绘与空间地理信息, 04: 5~7.

潘德炉，马荣华. 2008. 湖泊水质遥感的几个关键问题. 湖泊科学, 20(2): 139~144.

秦益，田国良. 1994. NOAA-AVHRR 影像大气影响校正方法研究及软件研制第一部分 原理和模型. 遥感学报, 01: 11~12.

田庆久，郑兰芬，童庆禧. 1998. 基于遥感影像的大气辐射校正和反射率反演方法. 应用气象学报, 9(4): 456~461.

王建，潘竟虎. 2002. 基于遥感卫星影像的 ATCOR2 快速大气较正模型及应用. 遥感技术与应用, 17(4): 132~197.

韦均，陈楚群，施平. 2002. 一种实用的二类水体 SeaWiFS 资料大气校正方法. 海洋学报, 4(24): 118~126.

邬国锋，崔丽娟，纪伟涛. 2009. 基于时间序列 MODIS 影像的鄱阳湖丰水期悬浮泥沙浓度反演及变化. 湖泊科学, 21(2): 288~297.

邬国锋，崔丽娟.2008. 基于遥感技术的采砂对鄱阳湖水体透明度的影响分析. 生态学报, 28(12): 6113~6120.

吴北婴. 1998. 大气辐射传输实用算法. 北京：气象出版社: 21~40.

张霞，朱启疆，闵祥军. 1999. 反演陆面温度的分裂窗口算法与应用分析. 中国图象图形学报, 07: 68~72.

张玉贵. 1994. 以气象记录为辅助数据的 TM 影响大气校正方法. 国土资源遥感, 4: 54~63.

郑伟，曾志远. 2004. 遥感影像大气校正方法综述. 遥感信息, 04: 66~70.

Ahern F J, Goodenough D G, Jain S C, et al. 1977. Use of clear lakes as standard reflectors for atmospheric measurements. Proceedings of the 11 th International Symposiμm on Remote Sensing of Environment. Ann Arbor, Michigan: 731~755.

Chavez P S. 1988. An improved dark-object subtraction technique for atmospheric scattering correction of multispectral data. Remote Sensing Environment, 24: 459~479.

Clarke K C, Hoppen S, Gaydos L J. 2000. Methods and techniques for rigorous calibration of a cellular automaton model of urban growth. http: //geo.arc.nasa.gov/usgs/clarke/calib.paper.html.

Clarke K C, Hoppen S, Hoppen S. 1997. A self-modifying cellular automaton model of historical urbanization in the San Francisco Bay area. Environment and Planning B: Planning and Design, 24: 237~261.

Gordon H R, Brown J W, Evans R H. 1988. Exact Raleigh scattering calculations for use with the Nimbus-7 Coastal Zone Color Scanner. Applied Optics, 27: 862~871.

Gordon H R, Brown O B, Evans R H, et al. 1988. A semianalytic radiance model of ocean color. Journal of Geophysical Research, 93: 10909~10924.

Gordon H R, Morel A. 1983. Remote assessment of ocean color for interpretation of satellite visible imagery. Springer Verlag, 4: 1~114.

Gordon H R, Wang M H. 1992. Surface-roughness considerations for atmospheric correction of ocean color sensors. The Rayleigh-scattering component. Applied Optics, 31(21): 1631~1636.

Gordon H R, Wang M H. 1994. Influence of oceanic whitecaps on atmospheric correction of ocean-color sensors. Applied Optics, 33(33): 7754~7763.

Gordon H R, Wang M H. 1994. Retrieval of water-leaving radiance and aerosol optical thickness over the oceans with SeaWiFS: a preliminary algorithm. Applied Optics, 33: 443~452.

Gordon H R. 1979. Diffuse reflectance of the ocean: the theory of its augmentation by chlorophyll a fluorescence at 685 nm. Applied Optics, 18: 1161~1166.

Gordon H R. 1997. Atmospheric correction of ocean color imagery in the earth observing system era. Journal of Geophysical Research, 102: 17081~17106.

Green R O, Pavri B, Boardman J. 2001. On-orbit calibration of an ocean color sensor with an under flight of the Airborne Visible/Infrared Imaging Spectrometer (AVIRIS). *In*: Advances in Space Research 2001: Calibration and Characterization of Satellite Sensors and Accuracy of Derived Physical Parameter: 133~142.

He X Q, Pan D L, Bai Y, et al. 2006. General purpose exact Rayleigh scattering look-up table for ocean color remote sensing. Acta Oceanologica Sinica, 25(1): 48~56.

Hu C M, Muller K F, Carder K L, et al. 1998. A method to derive optical properties over shallow waters using SeaWiFS. Ocean Optics XV (CDROM).

Hu C M, Muller K F, Carder K L. 2000. Atmospheric correction of SeaWiFS imagery over turbid coastal waters: a practical method. Remote Sensing of Environment, 74: 195~206.

Hu C M. 2001. Atmospheric correction and cross-calibration of LANDSAT-7/ETM+ imagery over aquatic environments: a multiplatform approach using SeaWiFS/MODIS. Remote Sensing of Environment, 78: 99~107.

IOCCG. 2000. Remote Sensing Of Ocean Color in Coastal, and Other Optically-Complex Waters. Report No.: 3.

Kaufman Y. 1989. The Atmospheric Effecton Remote Sensing and Its Correction. Theory and Application of Optical Remote Sensing. NewYour: Johk Wiley: 336~428.

Kirk J T O. 1994. Light and Photosynthesis in Aquatic Ecosystems. Cambridge University Press.

Lavender S J, Pinkerton M H, Moore G F. 2005. Modification to the atmospheric correction of SeaWiFS ocean color images over turbid waters. Continental Shelf Research, 25: 539~555.

Lee T Y, Kaufman Y J. 1986. Non-Lambertian effects in remote sensing of surface reflectance and vegetation index. IEEE trans on Geosci Ence and Remote Sens, 24: 699~708.

Lee Z P, Carder K L, Peacock T G. 1996. Method to derive ocean absoption coefficients from remote-sensing reflectance. Applied Optics, 35: 453~462.

Li X H. 1997. Principles and methodology to explore bidirectional reflection properties of direct radiative remotely sensed image. Journal of Remote Sensing, 1: 203~211.

Mao Z H, Pan D L, Huang H Q. 2006. The atmospheric correction procedure for CMODIS. *In*: SPIE-The International Society for Optical Engineering. Geoinformatics 2006: Remotely Sensed Data and Information: 64191V.

Mertes. 1993. Estimating suspended sediment concentration in surface waters of the amazon river wetlands from landsat images. Remote Sensing of Environment, 43: 281~301.

Mitsuhiro T, Hajime F, Hiroshi M, et al. 2005. Atmospheric correction scheme for GLI in consideration of absorptive aerosol. Proceedings of SPIE - The International Society for Optical Engineering 2005: Active and Passive Remote Sensing of the Oceans: 45~53.

Mobley C D, Gentili B, Gordon H R. 1999. Comparison of numerical models for computing underwater light fields. Applied Optics, 38: 3831~3843.

Mobley C D. 1994. Light and Water-Radiative Transfer in Natural Waters. San Diego: Academic Press.

Mohan M, Chauhan P. 2001. Simulations for optimal payload tilt to avoid sunglint in IRS-P4 Ocean Colour Monitor (OCM) data around the Indian subcontinent. International Journal Of Remote Sensing, 22(1): 185~190.

Moore G F, Aiken J, Lavender S J. 1999. The atmospheric correction of water color and the quantitative retrieval of suspended particulate matter in case II waters: application to MERIS. International Journal Of Remote Sensing, 20(9): 1713~1733.

Moran S, Jackson R D, Slater P N, et al. 1992. Evaluation of simplified procedures for retrieval of landsurface reflectance factors from satellite sensor output. Remote Sens Environ, 41: 169~184.

Morel A, Prieur L. 1977. Analysis of variarations in ocean color. Limnology and Oceanography, 22: 709~722.

Mueller J L, Fargion G S. 2002. Ocean Optics Protocols for Satellite Ocean Color Sensor Validation. NASA/TM-2002-210004.

Mundey J C. 1979. landsat test of diffuse reflectance models for aquatic suspended solids measurement. Remote Sensing of Encironment, 8: 169.

Nelder J A. 1965. Mead R A simplex method for function minimization. Journal of Computer, 7: 308~313.

Neumann A, Krawczyk H, Walzel T. 1995. A complex approach to quantitative interpretation of spectral high resolution imagery. Third Thematic Conference on Remote Sensing for Marine and Coastal Environments; Seattle . p. USA II-641-652.

Nobileau D, Antoine D. 2005. Detection of blue-absorbing aerosols using near infrared and visible (ocean color) remote sensing observations. Remote Sensing of Environment, 95(3): 368~387.

Novo E M M, Steffen C A, Braga C Z F. 1991. Results of a laboratory experiment relating spectral reflectance to total suspended solids. Remote Sensing of Environment, 36: 67~72.

O'Reilly J E, Maritorena S, Mitchell B G. 1998. Ocean color chlorophyll algorithms for SeaWiFS. Journal of Geophysical Research, 103: 249372~24953.

O'Reilly J E, Maritorena S, O'Brien M C, et al. 2000. SeaWIFS postlaunch calibration and validation analyses, Part 3. NASA Goddard Space Flight Center, NASA Tech Memo 2000~206892.

Ransibrahmanakul V, Stμmpf R P. 2006. Correcting ocean colour reflectance for absorbing aerosols. International Journal of Remote Sensing, 27(9): 1759~1774.

Richter A R. 1996. spatially adaptive fast atmospheric correction algorithm. Int J Remote Sens, 17: 1201~1214.

Ross D B, Cardone V J. 1974. Observations of oceanic whitecaps and their relation to remote measurements of surface wind speed. Journal of Geophysical Research, 79: 444~452.

Sathyendranath S, Prieur L, Morel A. 1989. Three component model of ocean color and its application to remote sensing of phytoplankton pigments in coastal waters. International Journal of Remote Sensing, 10(8): 1373~1394.

Schiller H, Doerffer R. 1999. Neural network for emulation of an inversc model-operational derivation of case Ⅱ water properties from MERIS data . International Journal of Remote Sensing, 20(9): 1735~1746.

Schott J R , Salvaggio C, Volchok WJ. 1988. Radiometric scene normalization using pseudoinvariant features. Remote Sens Environ, 26: 1~26.

Siegel D A, Wang M H, Maritorena S. 2000. Atmospheric correction of satellite ocean color imagery: the black pixel assμmption. Applied Optics, 39(21): 3582~3591.

Su W Y, Charlock T.P., Rutledge K. 2002. Observations of reflectance distribution around sunglint from a coastal ocean platform. Applied Optics, 41(35): 7369~7383.

Su W Y. 2000. New ε function for atmospheric correction algorithm. Geophysical Research Letters, 27(22): 3707~3710.

Tassan S. 1981. A method for the retrieval of phytoplankton and suspended sediment concentrations from remote measurements of water colour. Proceedings of Fifteenth International Symposiμm on Remote Sensing of Environment.

Vermote E F, Remer L A, OJustice C, et al. 1995. Algorithm technical background document: atmospheric correction algorithm. Modis Science Team and Associates.

Wang M H, Shi W. 2005. Estimation of ocean contribution at the MODIS near-infrared wavelengths along the east coast of the U.S.: two case studies. Geophysical Research Letters, 32(13): 13606.

Wang M H. 1999. Atmospheric correction of ocean color sensors: computing atmospheric diffuse transmittance. Applied Optics,38(3): 451~455.

Wang M H. 2002. The Rayleigh lookup tables for the SeaWiFS data processing: accounting for the effects of ocean surface roughness. International Journal Of Remote Sensing, 23(13): 2693~2702.

建议阅读书目

陈晓玲, 田礼乔, 吴忠宜, 等. 2007. 遥感数字影像处理导论中文导读. 北京: 科学出版社.

梅安新, 彭望琭, 秦其明, 等. 2001. 遥感导论. 北京: 高等教育出版社.

孙家抦. 2003. 遥感原理与应用. 武汉: 武汉大学出版社.

唐军武. 1999. 海洋光学特性模拟与遥感模型. 中国科学院遥感应用研究所.

章澄昌, 周文贤. 1995. 大气气溶胶教程. 北京: 气象出版社.

Jensen J R. 2007. 遥感数字影像处理导论(第三版). 陈晓玲, 龚威译. 北京: 机械工业出版社.

Jensen J R. 2011. 环境遥感——地球资源视角(第二版). 陈晓玲, 黄珏, 等译. 北京: 科学出版社.

Lillesand T M, Kiefer RW. 2000. Remote Sensing and Image Interpretation. 4 th ed. New York: John Wiley & Sons Inc.

Liou K N. 2004. 大气辐射导论. 北京: 气象出版社.

Mobley C D. 1994. Light and Water—Radiative Transfer in Natural Waters. Academic Press.

第十三章　环境与灾害遥感应用

本章导读

环境与灾害问题是21世纪人类所面临的关键问题。如何快速、大范围地监测环境变化并快速预警灾害发生是目前急需解决的重大难题。遥感以其高动态、大面积监测的优势成为解决环境灾害监测预警的重要手段。本章通过实际的案例分析遥感应用于洪涝灾害、干旱的监测方法与应用流程，并介绍了自主开发的系统模块中的灾害遥感信息提取与分析。

第一节　洪涝灾害遥感监测应用

一、基于 ARCGIS 洪涝灾害遥感分析

以利用 Landsat TM 提取 1998 年鄱阳湖水面范围和水深为例，介绍光学遥感应用于洪水灾害信息提取和损失初步评估。

1) 通过非监督分类的方法提取出鄱阳湖水面范围，并建立二值影像，水面范围为 1，其他为 0；

2) 利用 ArcGIS 中 ArcTool 中 Raster To Vector 工具形成水面边界的 shapefile 文件；然后利用 Arctool|Data management tool|feature|Feature vertices to points 建立水面边界的节点矢量文件，并增加 Elevation 字段；

3) 节点矢量和地形进行叠加分析，利用 Arctool|spatial analysis|extract|extract value to point 将矢量点处的高程赋值给该点矢量的 Elevation 字段；

4) 利用节点矢量的 Elevation 字段进行空间插值，并以水面范围作为掩膜裁剪插值结果，形成水位空间分布图；与地形图进行差值运算，得到水深空间分布；

5) 对照洪水前的遥感影像分类结果，分析淹没农田面积、淹没居民点数量，如果结合人口普查数据，可以分析受灾人口数量等。

二、基于自主开发系统模块的洪涝灾害遥感分析

(一) 软件环境与系统开发

本案例取自于武汉大学开发的“灾害特征异常信息提取分析软件包”中的一个模块，根据灾害特征异常信息提取分析系统中不同模块功能的特点，该软件包采用了底层开发、二次开发及集成开发三种方式相结合的开发方式。对各功能模块采用组件技术实现算法集成，采用插件技术实现功能界面集成，采用工程配置文件实现数据集成。考虑技术的可用性、先进性、普及性，可集成性，灾害特征异常信息提取分析系统采用的软件开发平台主要包括 Visual Studio 6.0、C/C++、地理信息系统开发软件 ArcObjects 等。系统软件环境主要从工作站操作系统、专用软件、数据库软件、开发工具、报表引擎、日常工作软件等几个方面进行配置。其中，日常办公系统采用 Windows XP，专用软件配备 ArcGIS、ERDAS Imagine、ENVI、SPSS 等软件的最新版本、数据库使用 Oracle Database Enterprise Edition 最新版本、开发工具使用 Microsoft Visual Studio 2005 或 6.0，日常工作软件使用 Microsoft Office 2003。

该软件包主要包括灾害监测与异常特征提取功能和异常信息分析功能，具备对不同灾种灾害特征信息进行持续监测的能力，形成时空序列的监测信息产品。根据连续动态监测，监测灾害特征有关参数和信息变化，识别和诊断能反映灾害特征的异常信息，生成灾害异常信息位置、范围、强度等产品。

(二) 洪涝灾害模块总体界面

洪涝灾害模块由水体信息识别提取和洪涝异常信息分析两个子模块组成。水体信息识别提取包括水体范围提取(单波段法、谱间关系法、影像指数法、SAR 水体提取方法)、水体深度提取、洪水范围提取、基于土壤含水量的过水区域提取、基于时序洪水影像的过水区域提取等功能界面。洪涝异常信息分析包括洪水范围变化分析、洪水历时分析、洪水频率分析、淹没面积统计等功能界面(图 13-1)。

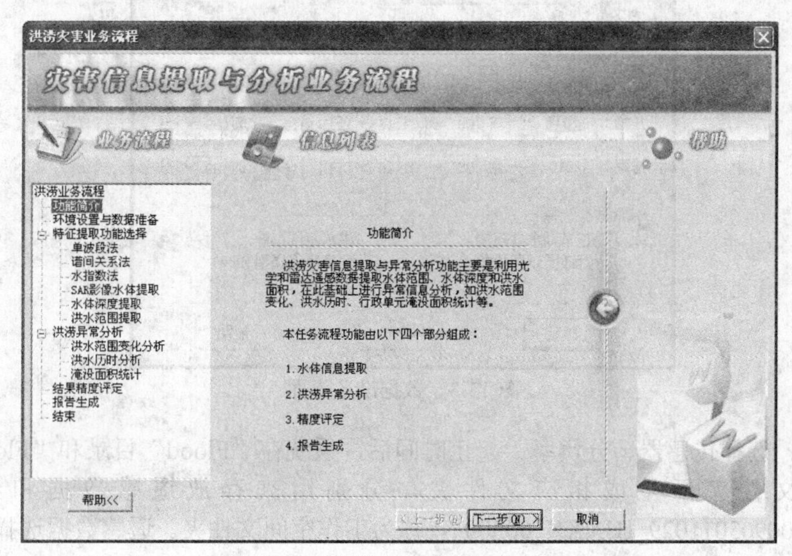

图 13-1 洪涝灾害模块总体界面

(三) 实验方法

1. 数据准备

(1) 输入输出目录设置 设置输入输出路径为“Flood”文件夹的上级目录。例如，如果工程所在目录为“E:\DMEWS\ADCEA\Flood”，则将输入和输出目录设为“E:\DMEWS\ADCEA”(图 13-2)。

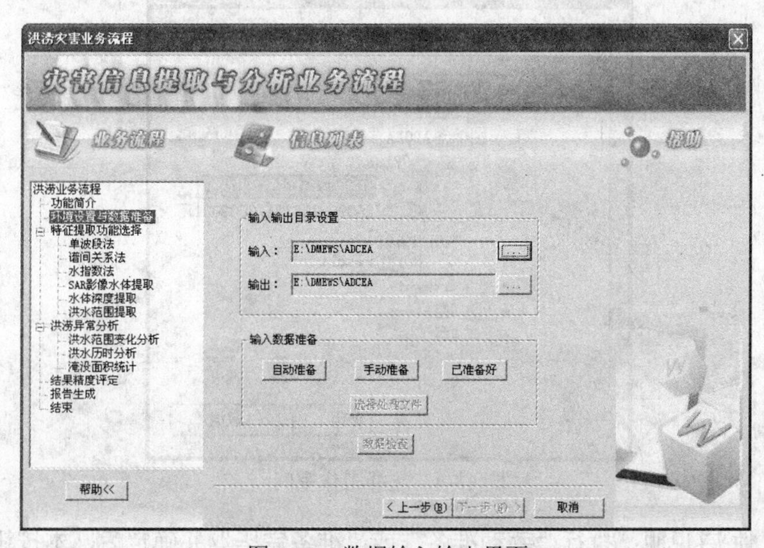

图 13-2 数据输入输出界面

(2) 输入数据准备

1) 自动准备：本功能提供一个接口，通过设置传感器、数据类型、经纬度、起止时间，从数据库自动获取符合要求的数据(图 13-3)。

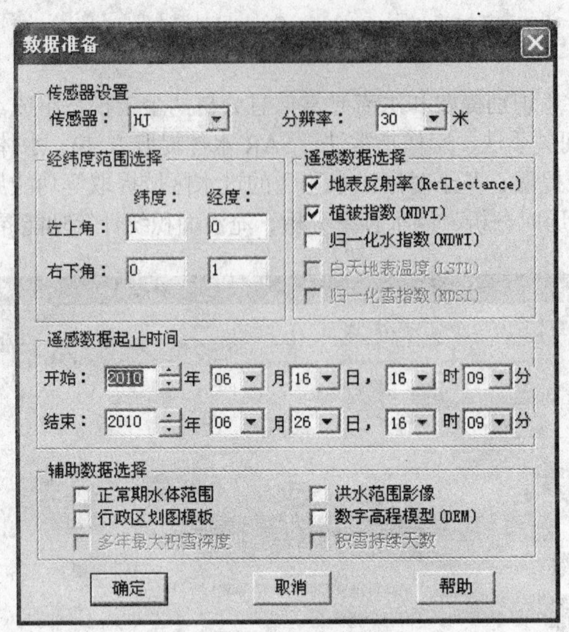

图 13-3　数据准备界面

2) 手动准备：选择传感器、分辨率、起止时间后，系统在“Flood”目录和“Flood”目录的下级名为 result 的文件夹下生成相应文件夹，分别用来存放遥感数据和结果数据，如“200902151029_200903011029_HJXXX_00300”，称为工作空间文件夹。遥感数据选择中，选择地表反射率、植被指数、归一化水指数分别会在工作目录下生成“RRS”、“NDVI”、“NDWI”目录；辅助数据选择中，选择正常期水体范围、洪水范围影像、行政区划图模板、数字高程模型分别会在工作目录下生成“Ancillary_XXXXX\NORWA”、“Ancillary_XXXXX\FLOOD”、“Ancillary_XXXXX\ADMAP”、“Ancillary_XXXXX\DEM”目录。点击“确定”完成。

3) 准备完毕：本功能用于对数据准备结束后未执行流程而退出的情况。选择工作空间，点击“确定”完成(图 13-4)。

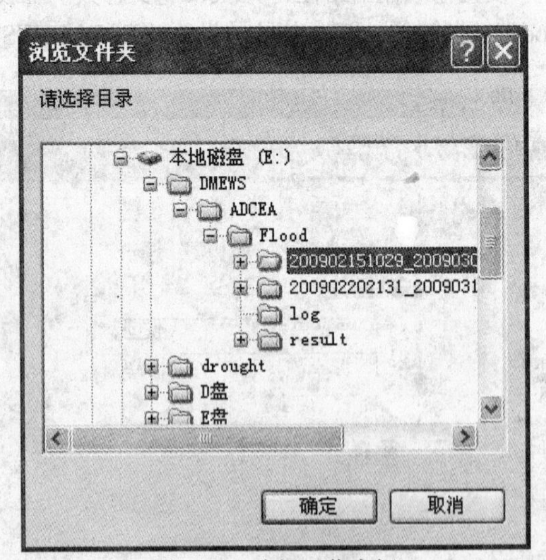

图 13-4　选择工作空间

4) 选择处理文件夹(说明：执行“手动准备”或“准备完毕”并确定后，本按钮才为可用状态)：将需要运算的遥感数据和辅助数据放入对应的文件夹中。从遥感数据文件夹中选中 1 个(必须选中 1 个，不能多选)文件夹或者文件。辅助数据列表为可选，如果选择，流程将会采用辅助数据文件夹内的文件执行相应功能(图 13-5)。

图 13-5　选择处理文件夹界面

5) 数据检查(说明：执行“选择处理文件夹”点击确定后，本按钮才为可用状态)：数据检查将会对遥感数据和辅助数据是否存在、文件名、数据格式、数据时间等进行检查。如果检查成功，则允许进行下一步运算，如果检查不成功将会给出相应提示。

2. 单波段法水体范围提取

操作步骤有如下 4 步。

1) 选择输入输出文件路径。输入数据必须为近红外谱段数据或包含近红外谱段的合成数据。以 HJ CCD 数据为例，输入数据可以是第 4 波段影像，也可以是 1~4 波段合成影像，然后，在选择处理波段下拉框中选择第 4 波段。其他数据类似。

2) 自动设置阈值。输入影像后，“自动设置阈值”按钮变为可用状态，点击“自动设定阈值”按钮，系统将自动设置阈值，再点击“预览”按钮，将预览效果显示在预览框中。如果用户对预览效果满意则执行第 4 步，否则执行第 3 步。

3) 更改阈值。用户根据预览的水体提取效果(太多/太少)而手动拖动滑动条或在编辑框里更改阈值(减小阈值/增大阈值)，更改后点击“预览”按钮查看效果，反复数次，直到得到满意的结果。

4) 计算。点击“确定”按钮进行水体信息提取。勾选“结果显示”复选框，可在结果计算完成后显示结果(图 13-6)。

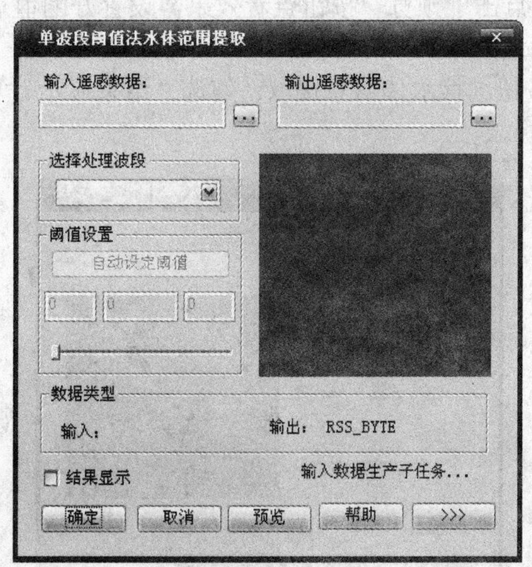

图 13-6　单波段法水体范围提取界面

3. 谱间关系法水体范围提取

操作步骤：

1) 选择输入输出文件路径。输入数据必须是 HJ CCD2、4 波段合成数据、TM 1~7 波段合成数据(波段 6 除外)、MODIS 1~7 波段合成数据三者之一，否则，本功能无法执行或得出错误结果。

2) 传感器及运算方法设置。如果输入的影像是系统规定的命名格式，程序会自动选择传感器，否则需要手动选择相应的传感器(如果选择了错误的传感器，本功能将无法执行或得出错误结果)。在列表框中选择方法。

3) 计算。点击“预览”按钮可预览效果，点击“确定”进行水体范围提取。勾选“结果显示”复选框，可在结果计算完成后显示结果(图 13-7)。

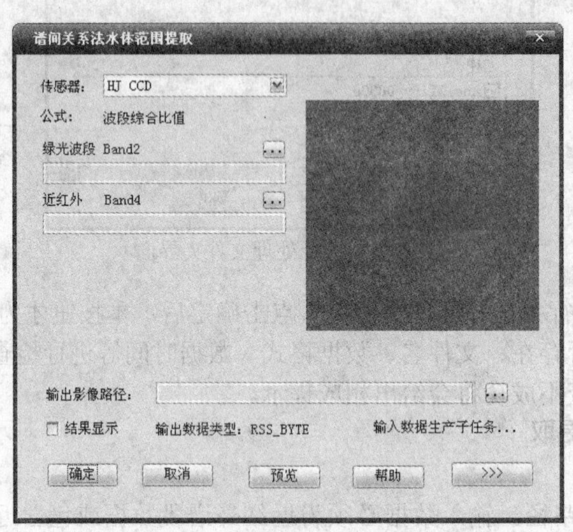

图 13-7 谱间关系法水体范围提取界面

4. 影像指数法水体范围提取

操作步骤：

1) 选择输入输出文件路径。输入数据必须为水指数数据。

2) 自动设置阈值。输入影像后，“自动设置阈值”按钮变为可用状态，点击“阈值提取”按钮，系统将自动设置阈值，再点击“预览”按钮，将预览效果显示在预览框中。如果用户对预览效果满意则执行第 4 步，否则执行第 3 步。

3) 更改阈值。用户根据预览的水体提取效果(太多/太少)而手动拖动滑动条或在编辑框里更改阈值(增大阈值/减小阈值)，更改后点击“预览”按钮查看效果，设置好阈值后可以点击“预览”按钮进行预览，反复数次，直到得到满意的结果。

4) 计算。点击“确定”按钮进行水体信息提取。勾选“结果显示”复选框，可在结果计算完成后显示结果(图 13-8)。

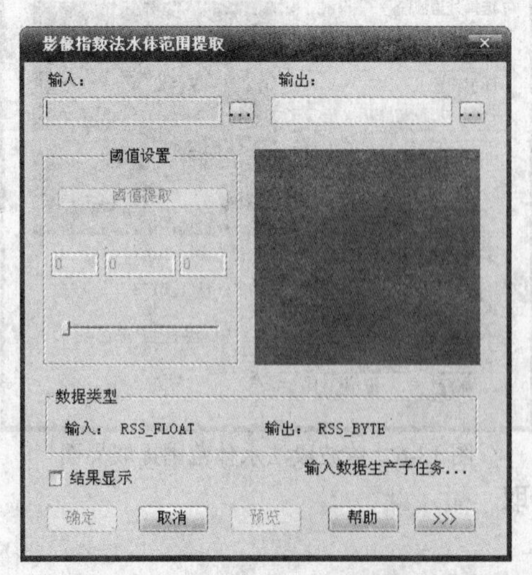

图 13-8 影像指数法水体范围提取界面

5. SAR 水体范围提取

操作步骤：

1) 选择输入输出文件路径。输入数据为 SAR 数据(原始数据或者预处理后数据)。

2) 点击“样区选择…”按钮，打开“样区选择”视图，进行样区选择(图 13-9)。

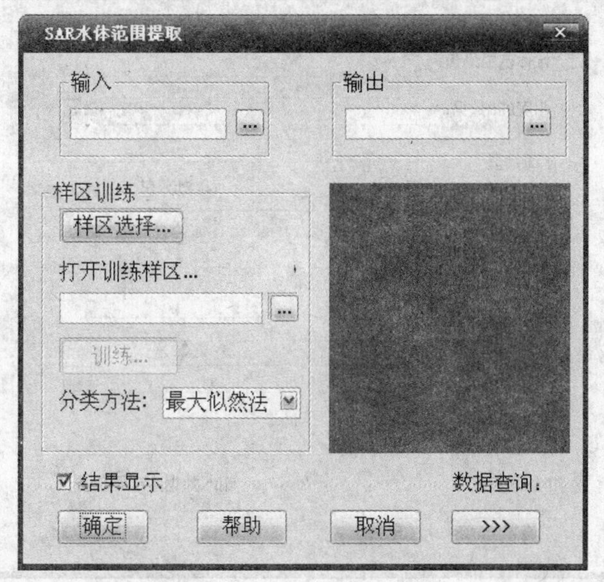

图 13-9 SAR 水体范围提取

① 打开输入文件；

② 添加训练样区，类别为 2 类，分别为“水体”和“非水体”；

③ 设置为“矩形兴趣区”，并分别进行样区选择，操作方式为鼠标框选。

④ 保存训练样区文件

3) 点击“打开训练样区…”按钮，打开训练样区文件，进行最佳特征及窗口训练(图 13-10)。

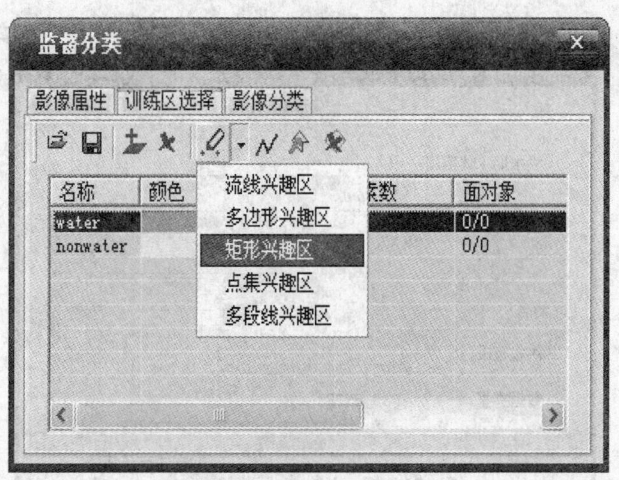

图 13-10 样区选择界面

4) 训练成功后，点击“确定”，进行水体范围提取。勾选“结果显示”复选框，可在结果计算完成后显示结果。

6. 水体深度提取

操作步骤有以下 3 步。

1) 选择输入输出文件路径。输入分辨率相同并且有重叠区域的水体范围影像和水底 DEM 数据(TIF 格式)，否则，点击“确定”按钮将给出相应提示，无法计算。

2) 选择水面模型。如果选择静水区，可以手动输入水体高程。

3) 点击“确定”按钮进行水体深度提取。勾选“结果显示”复选框，可在结果计算完成后显示结果(图 13-11)。

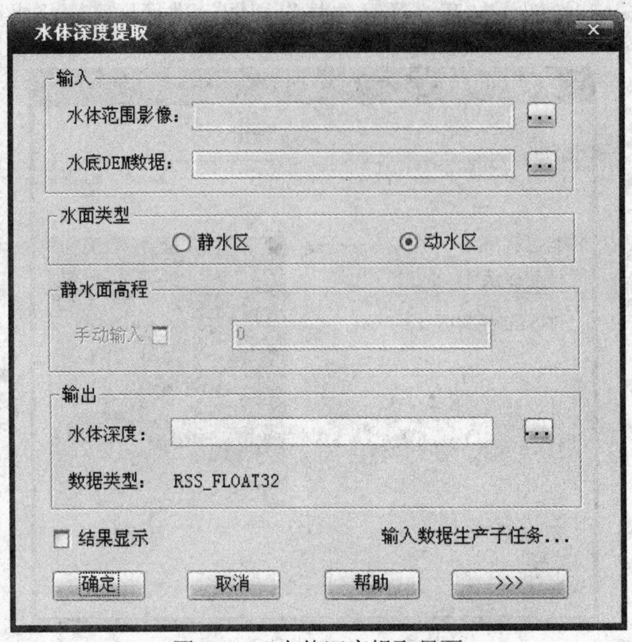

图 13-11 水体深度提取界面

7. 洪水范围提取

操作步骤有如下 2 步。

1) 选择输入输出文件路径。输入分辨率相同并且有重叠区域的洪水期水体范围影像和正常期水体范围影像，否则，点击“确定”按钮将给出相应提示，无法计算。

2) 点击“确定”按钮进行洪水范围提取。勾选“结果显示”复选框，可在结果计算完成后显示结果(图 13-12)。

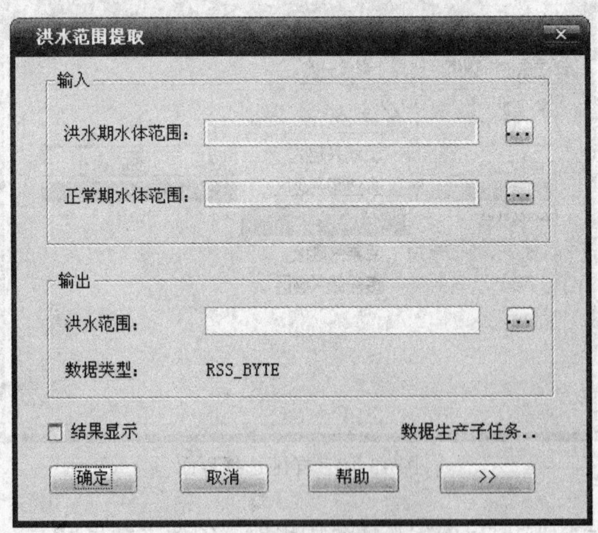

图 13-12 洪水范围提取界面

8. 基于土壤含水量的过水区域提取

操作步骤如以下 4 步。

1) 选择输入输出文件路径。输入数据必须为单波段土壤含水量影像，否则程序会报错。

2) 自动设置阈值。输入影像后，“自动设置阈值”按钮变为可用状态，点击“阈值提取”按钮，系统将自动设置阈值，再点击“预览”按钮，将预览效果显示在预览框中。如果用户对预览效果满意则执行第 4 步，否则执行第 3 步。

3) 更改阈值。用户根据预览的过水区域提取效果(太多/太少)而手动拖动滑动条或在编辑框里更改阈值(减小阈值/增大阈值)，更改后点击“预览”按钮查看效果，反复数次，直到得到满意的结果。

4) 计算。点击“确定”按钮进行水体信息提取。勾选“结果显示”复选框，可在结果计算完成后显示结果(图 13-13)。

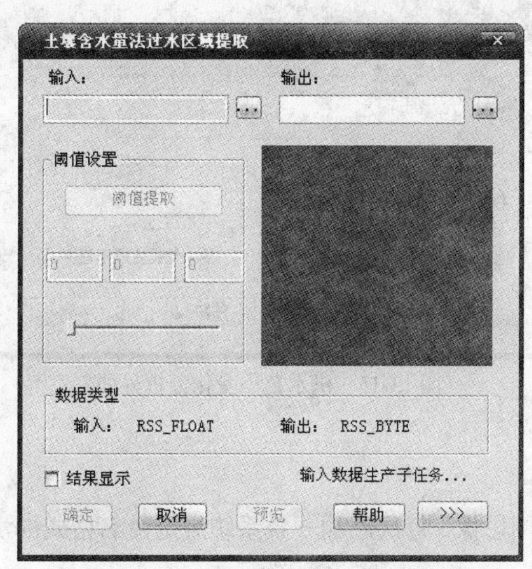

图 13-13　土壤含水量法过水区域提取界面

9. 基于时序洪水影像过水区域提取

操作步骤有如下 3 步。

1) 添加数据。点击“添加”按钮添加洪水范围影像，一次添加一个或多个数据。至少添加 2 个数据才能执行运算。添加影像必须是相同分辨率并具有重叠区域。

2) 选择输出影像文件名。

3) 进行计算。点击“确定”按钮进行过水区域提取。勾选“结果显示”复选框，可在结果计算完成后显示结果(图 13-14)。

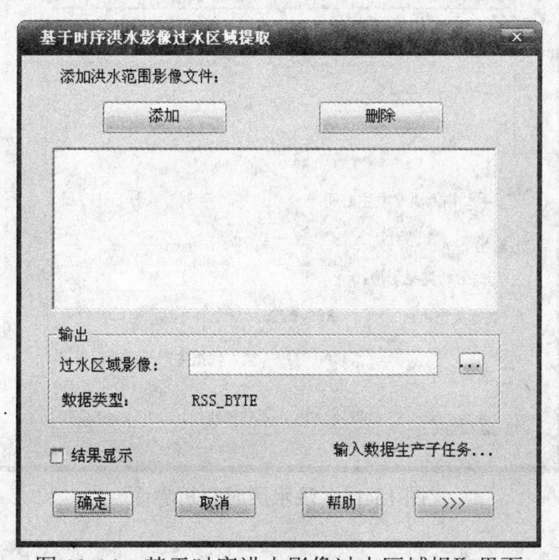

图 13-14　基于时序洪水影像过水区域提取界面

10. 洪水范围变化分析

操作步骤有如下 2 步。

1) 选择输入数据。输入 2 景洪水范围影像。两景影像必须是相同分辨率并且具有重叠区域。

2) 设置洪水范围变化影像输出路径。点击“确定”按钮进行洪水范围变化分析。勾选“结果显示”复选框，可在结果计算完成后显示结果(图 13-15)。

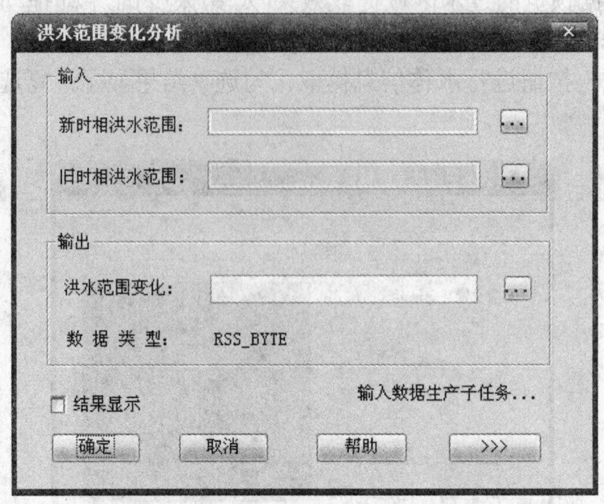

图 13-15 洪水范围变化分析界面

11. 洪水历时分析

操作步骤有如下 3 步。

1) 添加至少 2 景洪水范围影像。每次添加一景系统规定命名格式的洪水范围影像，根据影像成像时间，按递增顺序添加。

2) 手动输入洪水发生时间(可选)，洪水发生时间需早于影像生成时间。设置历时分析结果影像输出路径。

3) 计算。点击“开始”按钮进行计算(图 13-16)。

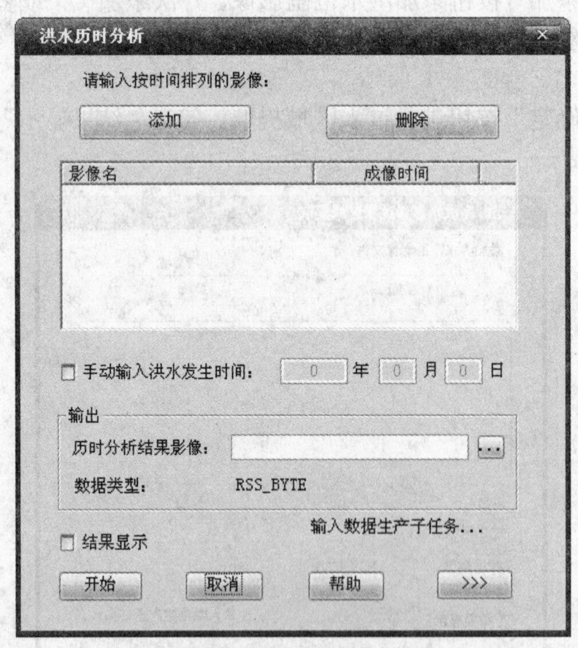

图 13-16 洪水历时分析界面

12. 洪水频率分析

操作步骤有如下 3 步。

1) 添加数据。点击“添加”按钮添加洪水范围影像，一次添加一个或多个数据。至少添加 2 个数据才能执行运算。添加影像必须是相同分辨率并具有重叠区域。

2) 选择输出影像文件名。

3) 进行计算。点击“确定”按钮进行洪水频率分析。勾选“结果显示”复选框，可在结果计算完成后显示结果(图 13-17)。

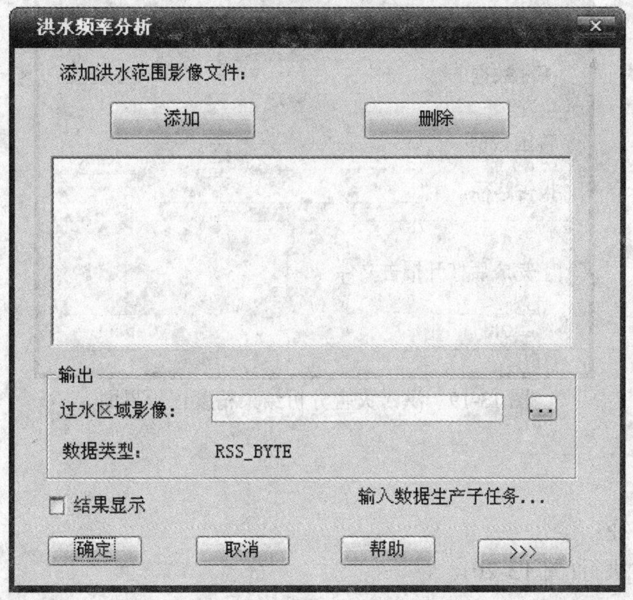

图 13-17　洪水频率分析界面

13. 淹没面积统计

操作步骤:

1) 选择输入输出数据。输入洪水范围影像图和行政区划图。洪水范围影像图和对应的行政区划图可通过异常信息分级模块得到。根据洪水范围影像选择相同分辨率的行政区划界线图模板。选择淹没面积统计结果的输出路径;

2) 计算。点击“确定”按钮进行洪涝淹没面积统计，得到的淹没面积统计结果包括各省及县的受灾情况，以 txt 格式保存(图 13-18)。

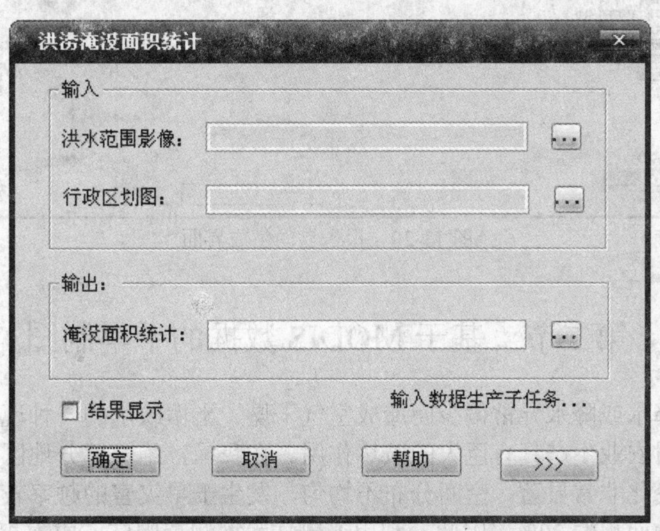

图 13-18　淹没面积统计界面

14. 洪涝灾害分析结果精度评价

操作步骤:

1) 输入：洪涝范围影像，前面提取的洪涝范围影像；洪涝实地验证数据;

2) 输出：洪涝范围监测结果精度报告。点击确定按钮(图 13-19)。

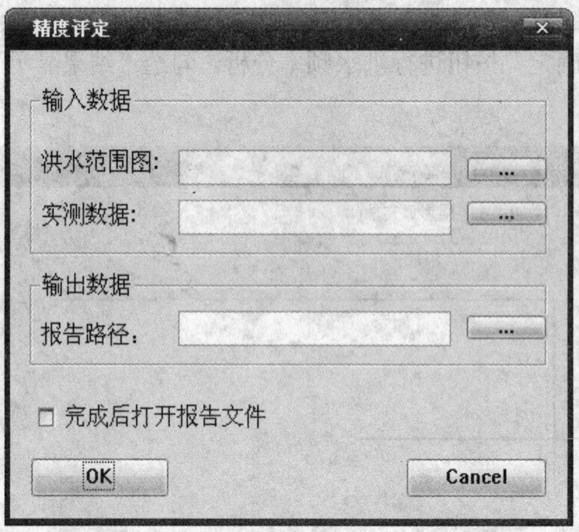

精度评定

输入数据

洪水范围图:

实测数据:

输出数据

报告路径：

完成后打开报告文件

OK　Cancel

图 13-19　洪涝灾害分析结果精度评价界面

15. 报告生成

操作步骤：

1) 选择输出报告路径；

2) 点击“下一步”执行(图 13-20)。

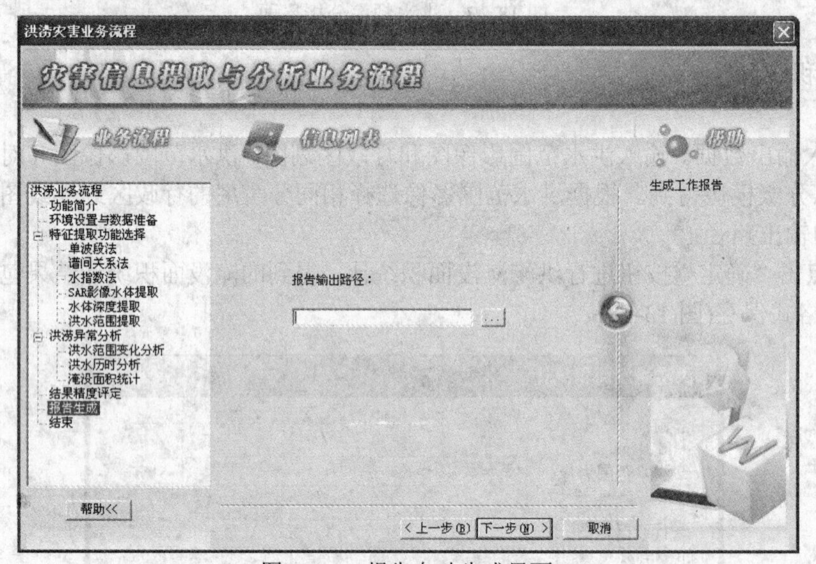

图 13-20　报告自动生成界面

第二节　基于 MODIS 数据的干旱制图

干旱是因长期无降水或降水异常偏少而造成空气干燥、土壤缺水的一种现象。干旱灾害是一种世界性的自然灾害，它对农业生产具有巨大的破坏作用。在我国，绝大部分地区属于季风气候区，降水量的季节波动与年际变化非常显著，空间分布不均匀，发生干旱灾害的频率较大。据统计，我国年均受旱面积占全国总耕地面积的 20%。因此，利用遥感技术探测范围广、成本相对低廉、成像速度快、回访周期短等优点进行干旱监测成为未来的发展方向。

一、干旱遥感监测主要方法

利用遥感进行土壤水分及土壤干旱监测始于 20 世纪 60 年代末，传统的遥感干旱监测多采用

NOAA/AVHRR、Landsat TM 等传感器获取的遥感数据，其主要方法如下。

1. 热惯量法　热惯量是物质热特征的一种综合量度，反映了物质与周围环境能量交换的能力。当土壤含水量低时，就会出现干旱，土壤干燥则昼夜温差大，反之，土壤湿润则昼夜温差小。因此，利用遥感方法获得一天之内土壤的最高温度和最低温度，模型分析可以得到土壤含水量，这种方法称为热惯量法。

2. 微波遥感法　土壤含水量的多少影响了土壤的干燥程度，也影响了土壤的介电特性。微波遥感就是利用了雷达回波对土壤湿度极为敏感的特性，通过介电常数来监测土壤含水量。由于微波遥感具备全天时、全天候并有一定穿透能力的优点，因此成为未来监测土壤水分最有希望的方法。

3. 植被遥感法　从农业生产角度考虑，干旱是在水分胁迫下，作物及其生存环境相互作用构成的一种生态环境。因此，我们可以利用植被指数来表示作物受旱程度。植被遥感法即是基于各种植被指数监测干旱，这种方法尤其适合植被覆盖区或植被丰度较好的地区。

4. 条件温度指数　条件温度指数(TCI)用于解决部分植被覆盖地表时的干旱监测。根据生物学原理，植物在受水分胁迫时会关闭气孔，降低水分损失，进而造成地表潜热通量降低，感热通量增加，造成植物冠层温度升高。

5. 基于温度和植被指数结合法　基于温度和植被指数相结合的方法是通过温度和植被指数来建立遥感监测模型，这种方法合理地融合了植被指数与陆面温度，可以衍生出更加丰富、清晰的地表信息，有助于更加准确、有效地认知土壤干旱状况。

二、基于 MODIS 数据的干旱遥感监测实验

该实验选用 2008 年 9 月 22 日的 MODIS 数据，研究区选在中国湖南省。湖南省位于亚热带地区，季节性干旱主要发生在两个时段：6 月底至 7 月以及 8 月下旬至 10 月。在这两段时间里，湖南省因受副热带高压控制进入旱期，在强副热带高压长期控制下甚至造成夏秋连旱，旱期持续时间长，旱情严重。

1. 实验流程

实验流程如图 13-21 所示。

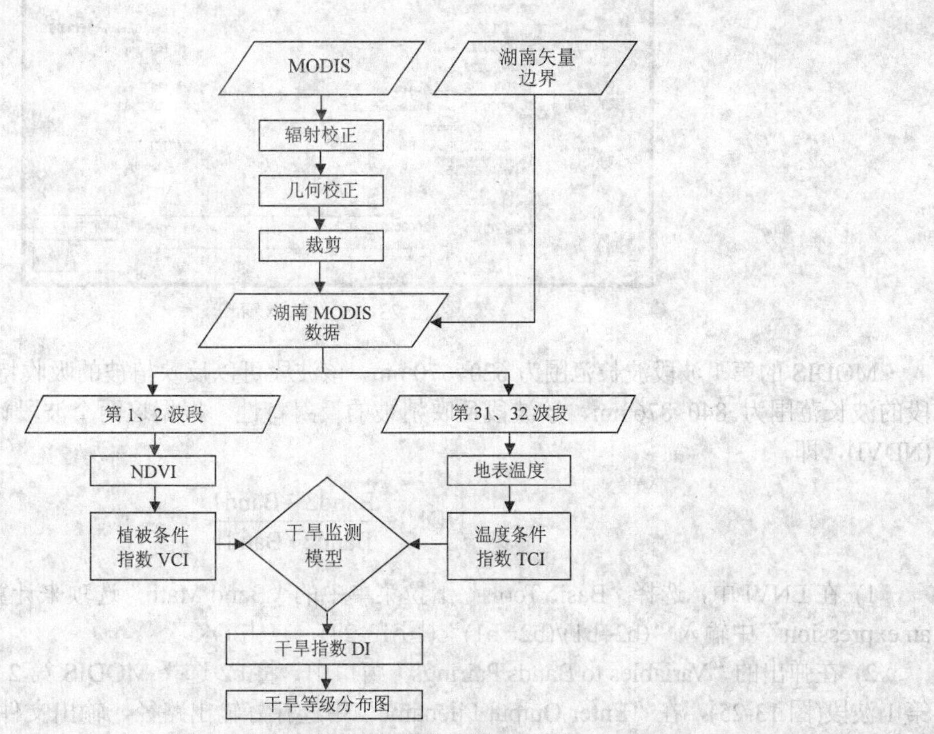

图 13-21　遥感干旱监测流程图

2. 实验方法

(1) *归一化植被指数(NDVI)提取* 原始影像通过辐射校正、几何校正和裁剪后生成湖南省MODIS数据。从图13-22中可以看到本幅影像云量较少，少于影像面积的10%。

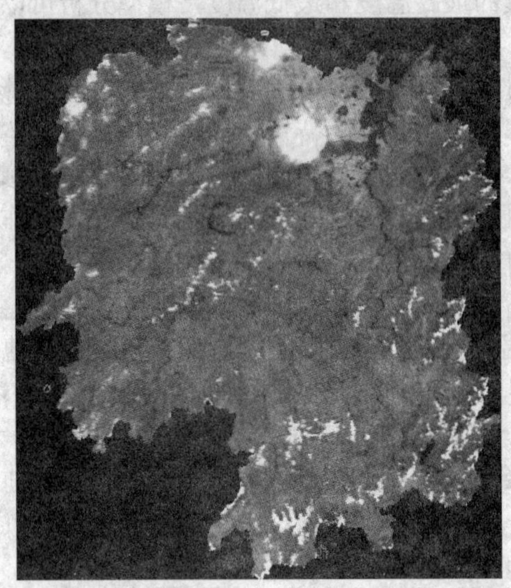

图13-22 湖南省假彩色合成影像(MODIS band321)

采用ENVI软件，选择“File | Open Image File”打开名为“20080922_ref_hunnu”的MODIS第1、2、3波段以及名为“20080922_ems_hunnu”的MODIS第31、32波段数据(图13-23)。

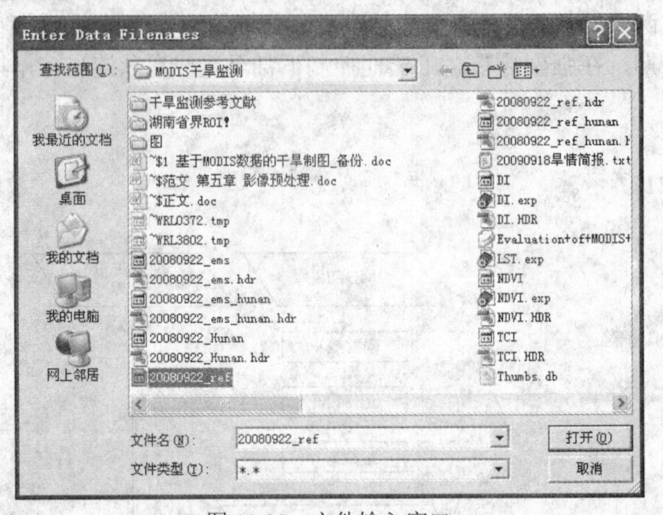

图13-23 文件输入窗口

MODIS的第1波段波长范围为620~670 nm，该波段可以反映植被的吸收特性。MODIS的第2波段的波长范围为 840~876 nm，该波段反映植被的反射特性。根据这两个波段计算出归一化植被指数(NDVI)，即

$$\text{NDVI}=\frac{\text{Band2}-\text{Band1}}{\text{Band2}+\text{Band1}} \tag{13-1}$$

1) 在ENVI中，选择“Basic Tools”下拉菜单中的“Band Math”选项来计算植被指数，在“Enter an expression”中输入“(b2−b1)/(b2+b1)”(图13-24)，点击OK。

2) 在弹出的“Variables to Bands Pairings”窗口中，将b2选择MODIS第2波段，b1选择MODIS第1波段(图13-25)，在“Enter Output Filename”中选择好输出路径，输出文件名设定为“NDVI”后点击OK。

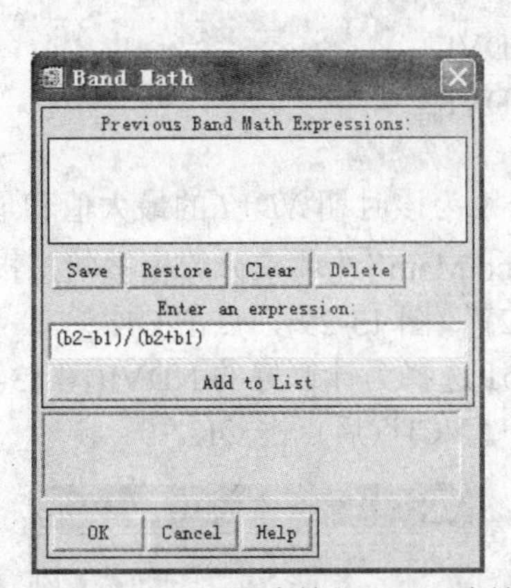

图 13-24　Band Math 中输入 NDVI 表达式

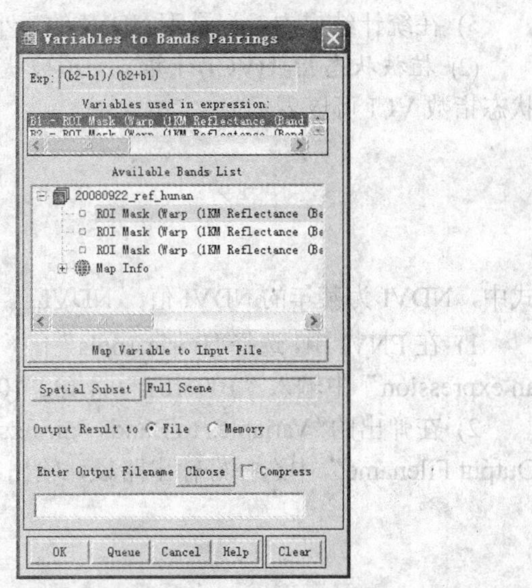

图 13-25　变量 b1、b2 选择

3) 通过上述计算，得到了湖南省 NDVI 分布图(图 13-26)。

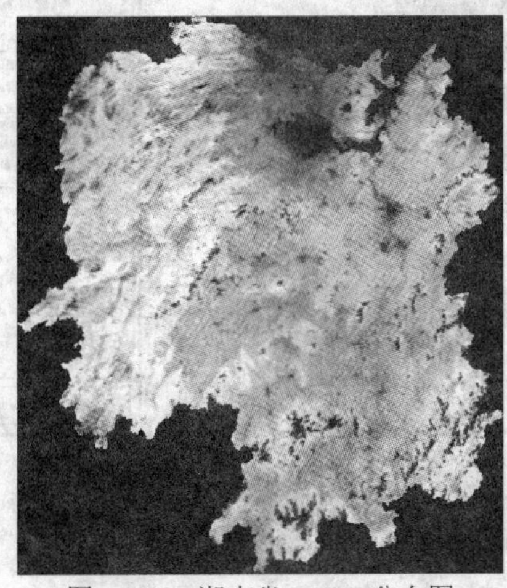

图 13-26　湖南省 NDVI 分布图

4) 在 ENVI 中，选择“Basic Tools”下拉菜单中的“Statistics – Compute Statistics”选项，在“Comput Statistics Input File – Select Input File”中选择刚刚计算出的“NDVI”文件(图 13-27)，点击 OK 后得到统计结果(图 13-28)。

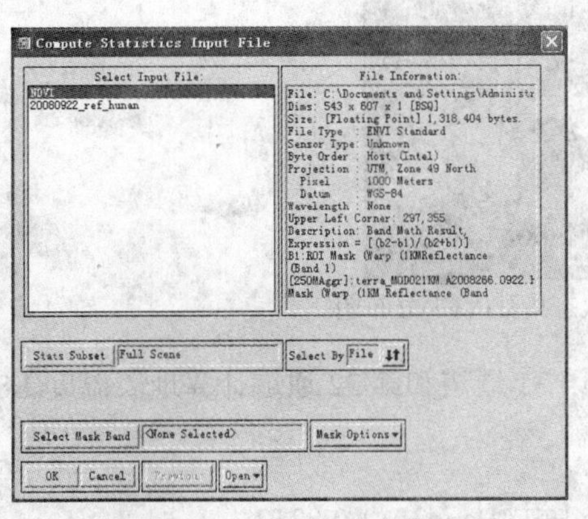

图 13-27　输入待统计数据

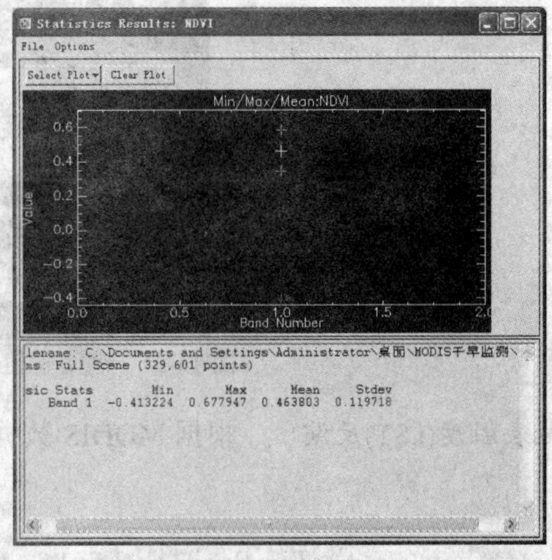

图 13-28　统计结果显示

5) 在统计结果中，记录下 NDVI 的最小值为–0.413 224，最大值为 0.677 947。

(2) 植被状态指数(VCI)计算　植被状态指数(VCI)适用于估算区域级干旱。对于监测时期，植被状态指数 VCI 可以表示为

$$\mathrm{VCI}=\frac{100(\mathrm{NDVI}-\mathrm{NDVI}_{\min})}{\mathrm{NDVI}_{\max}-\mathrm{NDVI}_{\min}} \tag{13-2}$$

式中，NDVI 为某年的 NDVI 值；$\mathrm{NDVI}_{\max}$ 和 $\mathrm{NDVI}_{\min}$ 分别为该时期 *NDVI* 的最大值和最小值。

1) 在 ENVI 中，选择“Basic Tools”下拉菜单中的“Band Math”选项来计算植被状态指数，在“Enter an expression”中输入“100*(b1+0.4 132)/(0.6779+0.4 132)”(图 13-29)，点击 OK。

2) 在弹出的“Variables to Bands Pairings”窗口中，将 b1 选择为计算好的 NDVI(图 13-30)，在“Enter Output Filename”中选择好输出路径，输出文件名设定为“VCI”后点击 OK。

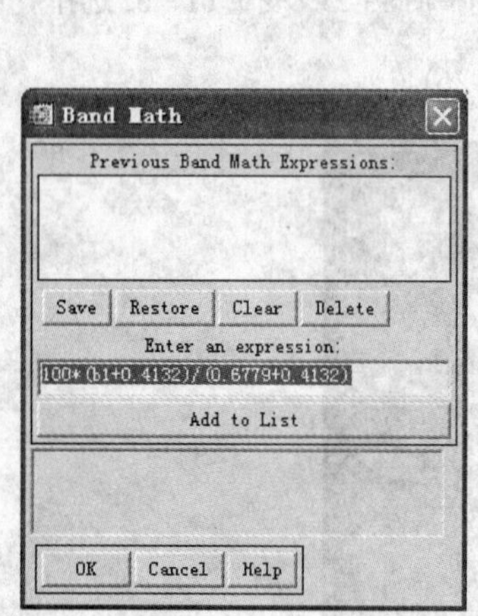

图 13-29　通过波段 Band Math 工具计算 VCI

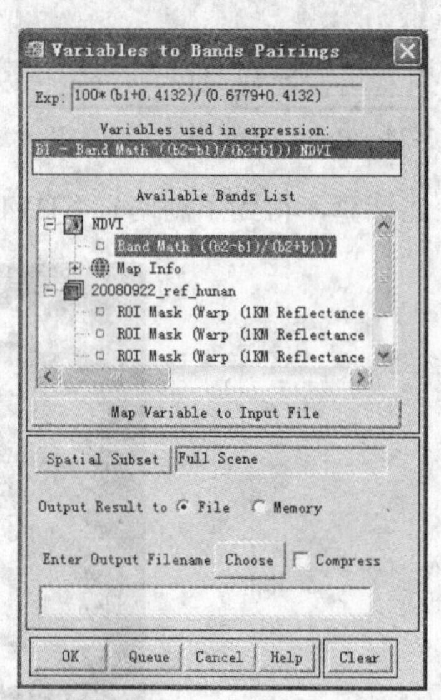

图 13-30　选择变量 b1

3) 通过计算后得到湖南省植被状态指数(VCI)分布图(图 13-31)。

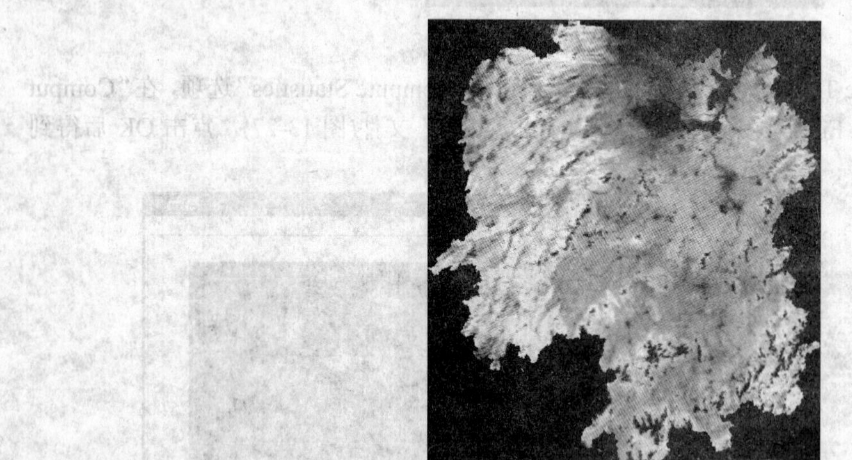

图 13-31　湖南省植被状态指数(VCI)分布图

(3) 地表温度(LST)反演　根据 MODIS 数据的第 31 通道和第 32 通道计算地表温度(LST)的计算公式为

$$T_{\mathrm{s}}=\mathrm{Band31}+3.7618\times(\mathrm{Band31}-\mathrm{Band32})+0.8352 \tag{13-3}$$

式中，Band31、Band32 为 MODIS 的第 31、32 波段的辐射率。

1) 在 ENVI 中，选择“Basic Tools”下拉菜单中的“Band Math”选项来计算地表温度，在“Enter an expression”中输入“b1+3.7 618*(b1-b2)+0.8 352”(图 13-32)，点击 OK。

2) 在弹出的“Variables to Bands Pairings”窗口中，将 b2 选择 MODIS 第 32 波段，b1 选择 MODIS 第 31 波段(图 13-33)，在“Enter Output Filename”中选择好输出路径，输出文件名设定为“TS”后点击 OK。

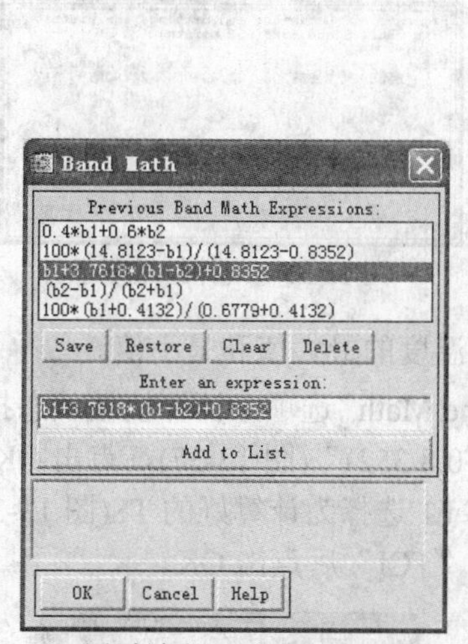

图 13-32　通过波段 Band Math 工具计算 TS

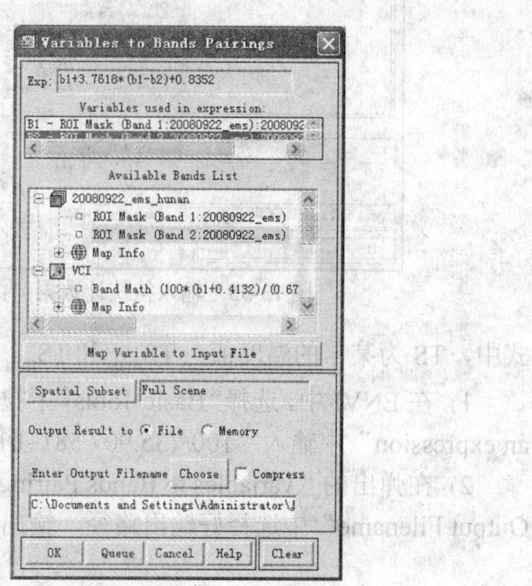

图 13-33　变量 b1、b2 选择

3) 通过计算后得到湖南省地表温度分布图(图 13-34)。

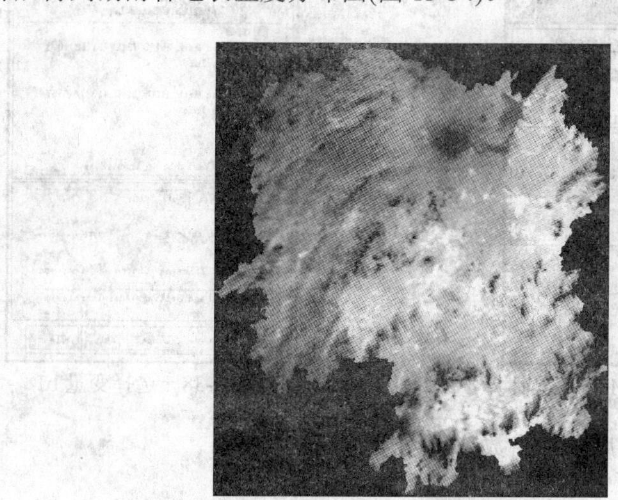

图 13-34　湖南省地表温度图

4) 在 ENVI 中，选择“Basic Tools”下拉菜单中的“Statistics – Compute Statistics”选项，在“Comput Statistics Input File – Select Input File”中选择刚刚计算出的“TS”文件(图 13-35)，点击 OK 后得到统计结果(图 13-36)。

5) 在统计结果中，记录下 TS 的最小值为 0.835 2，最大值为 35.907 581。

(4) *温度条件指数(TCI)计算*　温度条件指数(TCI)用于监测某个时期由温度反映的干旱严重程度，并与植物生长的关系极为密切。对于监测时期，温度条件指数 TCI 可以表示为

$$TCI=\frac{100(TS_{max}-TS)}{TS_{max}-TS_{min}} \tag{13-4}$$

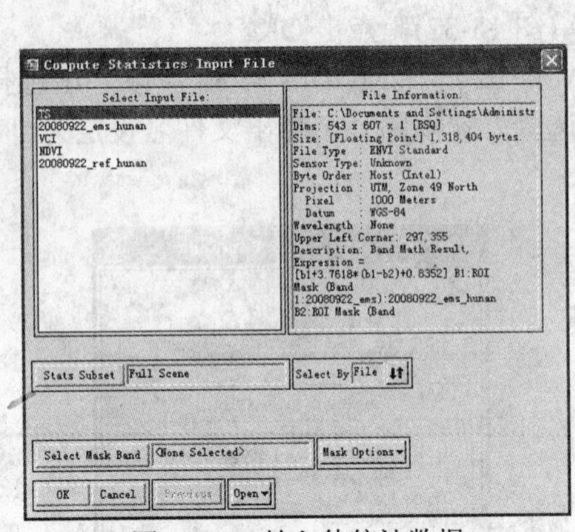

图 13-35　输入待统计数据

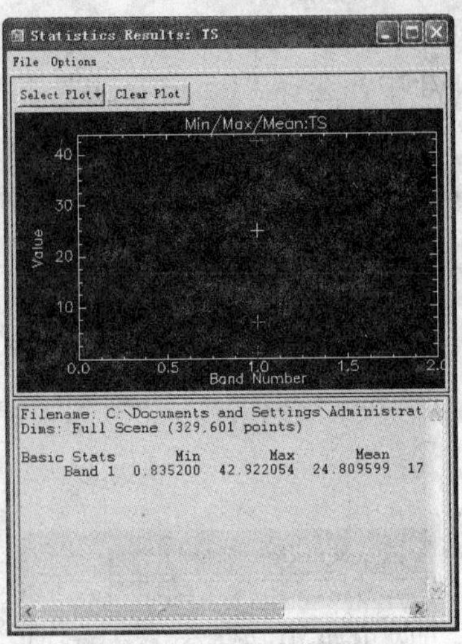

图 13-36　统计结果显示

式中，TS 为某年的温度值；TS_{max} 和 TS_{min} 分别为该时期温度的最大值和最小值。

1) 在 ENVI 中，选择“Basic Tools”下拉菜单中的“Band Math”选项来计算植被状态指数，在“Enter an expression”中输入“100*(35.907 581−b1)/(35.907 581−0.8 352)”(图 13-37)，点击 OK。

2) 在弹出的“Variables to Bands Pairings”窗口中，将 b1 选择为计算好的 TS(图 13-38)，在“Enter Output Filename”中选择好输出路径，输出文件名设定为“TCI”后点击 OK。

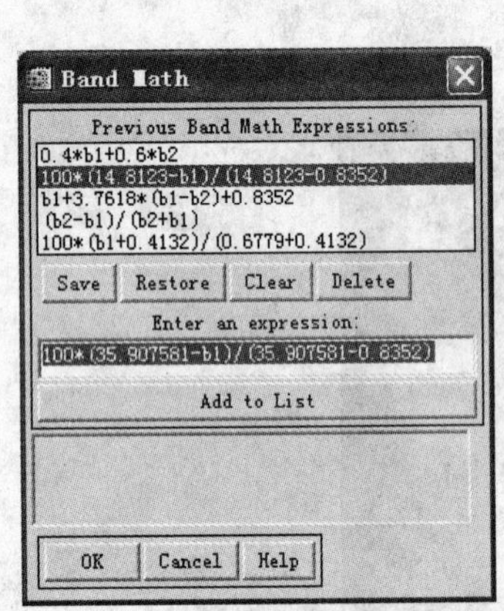

图 13-37　通过波段 Band Math 工具计算 TCI

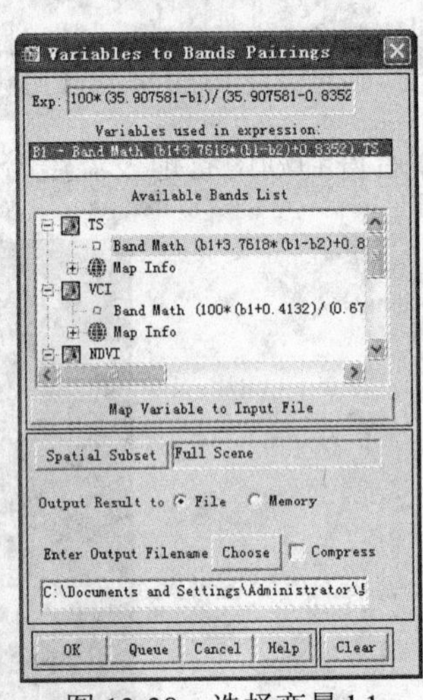

图 13-38　选择变量 b1

3) 通过计算后得到湖南省温度条件指数(TCI)分布图(图 13-39)。

图 13-39　湖南省温度条件指数(TCI)分布图

(5) 干旱指数(DI)计算　干旱指数(DI)反映当地的干旱程度，其公式表示为

$$DI = R_1 \times VCI + R_2 \times TCI \tag{13-5}$$

式中，VCI 为植被状态指数；TCI 为温度条件指数；R_1、R_2 为权重系数，$R_1 + R_2 = 1$。在 NDVI 作为水分胁迫指数有时会表现出滞后性，而温度信息作为水分胁迫指标更具时效性，因此，根据研究重点不同可以将 R_1、R_2 灵活赋值。在实验中根据经验分别取 R_1 =0.6，R_2 =0.4。

1) 在 ENVI 中，选择“Basic Tools”下拉菜单中的“Band Math”选项来计算植被状态指数，在“Enter an expression”中输入“0.6*b1+0.4*b2”(图 13-40)，点击 OK。

2) 在弹出的“Variables to Bands Pairings”窗口中，将 b1 选择为计算好的 VCI，b1 选择为计算好的 TCI(图 13-41)，在“Enter Output Filename”中选择好输出路径，输出文件名设定为“DI”后点击 OK。

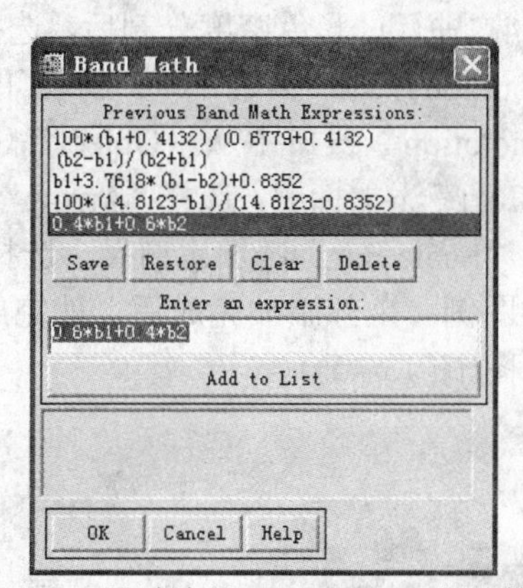

图 13-40　通过波段 Band Math 工具计算 DI

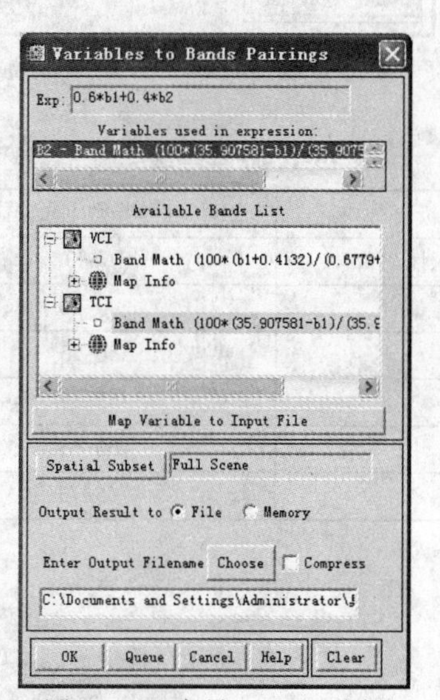

图 13-41　变量 b1、b2 选择

3) 通过计算后得到湖南省温度条件指数(DI)分布图(图 13-42)。

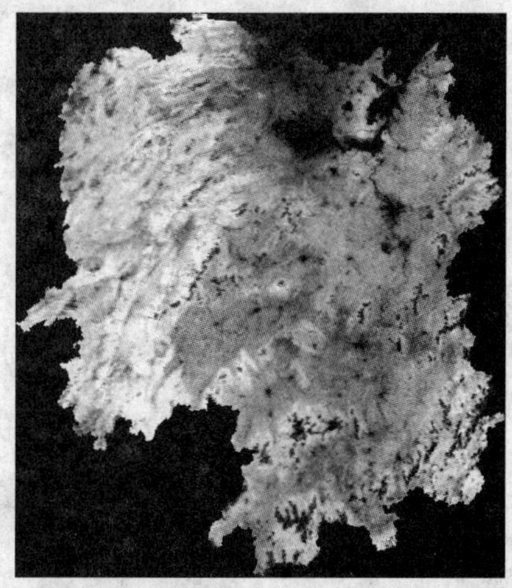

图 13-42　湖南省干旱指数(DI)分布图

(6) 干旱等级分布图制作

1) 在 ENVI 的影像窗口中，选择“Overlay – Density Slice”命令对影像进行彩色密度分割。

2) 在“Density Slice Band Choice”窗口中选择被分割的波段数据“DI”(图 13-43)。

3) 在密度分割窗口中我们进行干旱指数(DI)分级(图 13-44)。首先点击“Clear Ranges”清除默认

分级，然后选择“Option – Add New Ranges”进行添加。在“Range Start”和“Range End”窗口分别输入干旱等级对应的干旱指数范围(表 13-1)，并右击“Strating Color”选择颜色加以识别。

图 13-43　选择密度分割波段

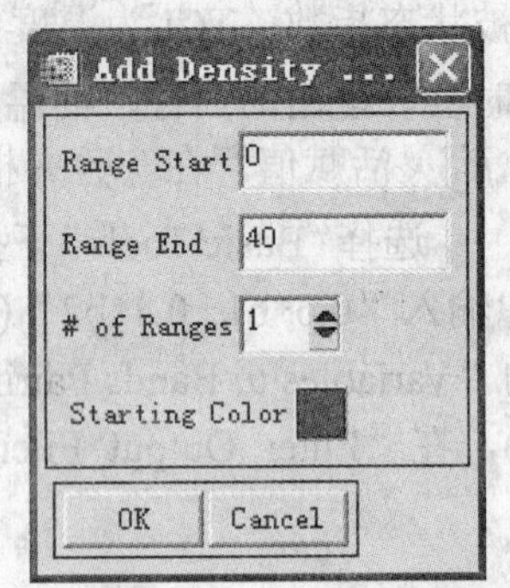

图 13-44　添加密度分割等级

表 13-1　干旱等级

干旱等级	干旱指数(DI)范围	
水体、云团	0~40	6
湿润	40~50	7
轻旱	50~55	8
中旱	55~60	9
重旱	60~65	10
极旱	65~70	11

(表头行右侧印有 5)

4) 进行过彩色密度分割后，选择“Overlay – Annotation”命令进行专题图的制作。在“Annotation”窗口中从“Object”下拉菜单中选择“Text”添加标题，选择“Arrow”添加指北针，选择“Scale Bar”添加比例尺，选择“Map Key”添加图例。全部添加完成后，就完成了干旱等级分布图(图 13-45)。

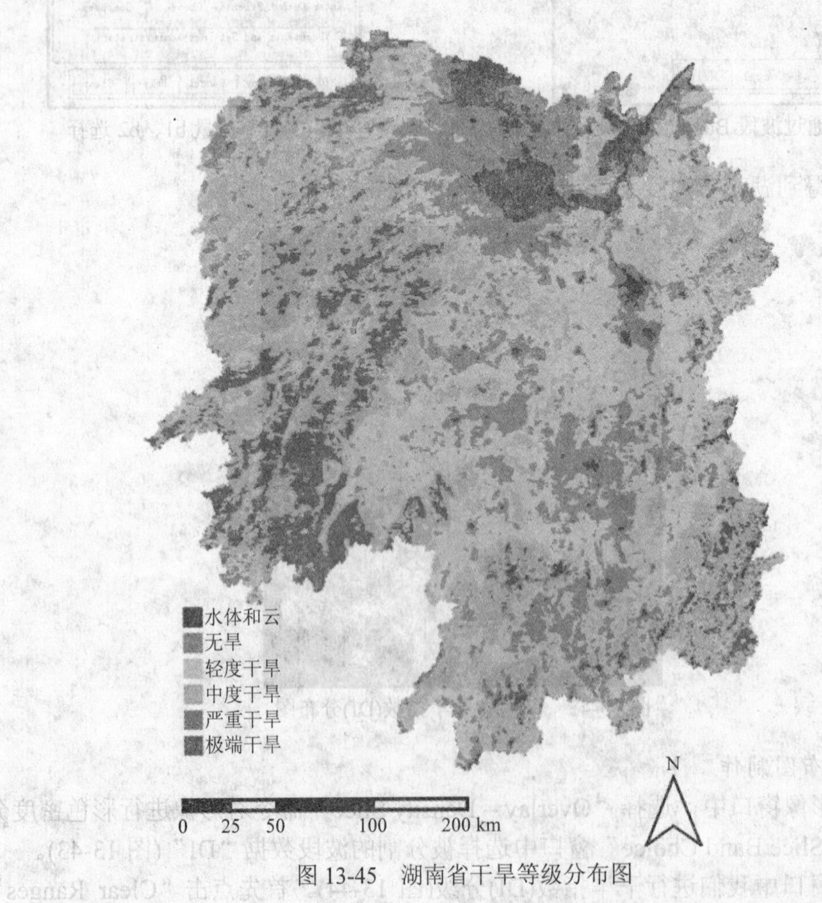

图 13-45　湖南省干旱等级分布图

第三节　海洋溢油遥感监测

随着海上运输业和海洋石油资源的开发利用，海上溢油事故频繁发生，严重威胁着海洋生态系统以及沿海城市生态环境，溢油事件发生后，为了积极有效地采取相应的措施，有必要掌握溢油的位置、分布范围和溢油量等信息。合成孔径雷达(SAR)，由于其不受天气条件的影响，在海上溢油监测中受到了广泛的关注。

从物理化学和水动力学的角度来看，海洋表面油膜最显著的特点就是它们对海面毛细波和短重力波的阻尼作用，即表面油膜阻尼海面的短表面波。主要是表面油膜的存在引起海洋表面张力的减小，并导致海面粗糙度改变。我们知道，当雷达波的入射角范围为20°~70°时，这些短表面波是可比波长微波散射的主要散射元(Bragg 散射)。表面油膜的存在使产生 Bragg 散射的短表面波受到阻尼，从而改变海面粗糙度这一影响海洋表面目标后向散射系数的主要因素。表面油膜起到平滑海洋表面的作用，而致使雷达接收到后向散射回波减少，反映在 SAR 影像上，由于油膜的影像亮度值低于周围海面特征的亮度值，而表现出黑色的斑块特征。

一、海洋溢油遥感监测流程

海洋溢油遥感监测流程如图 13-46 所示。

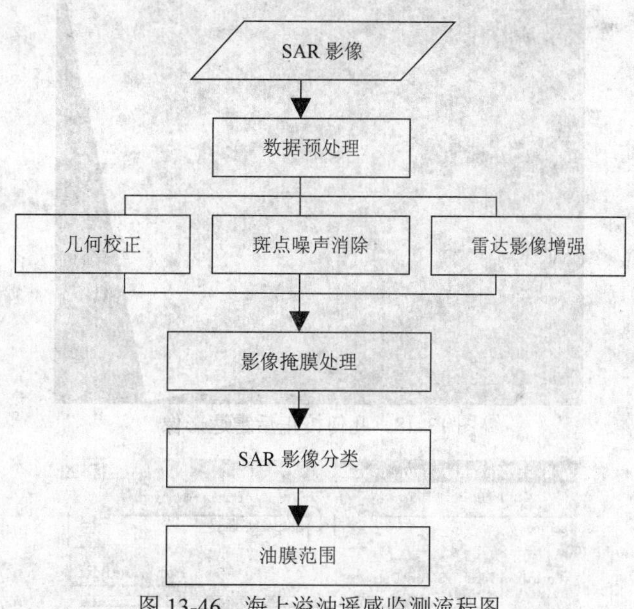

图 13-46　海上溢油遥感监测流程图

二、基于 SAR 的海上溢油监测实验

1. SAR 影像几何校正　采用 ERDAS Imagine 软件进行处理，在窗口 Viewer #1，单击 File|Open|Raster Layer 命令，打开 Select Layer To Add 对话框，选择 File Name(*.img)：sar.img，单击 OK 按钮(打开原始雷达影像)，如图 13-47 所示。

在 Viewer #1 菜单条选择 Raster|Geometric Correction 命令，对 SAR 影像进行几何校正。校正结果如图 13-48 所示。

2. SAR 影像斑点噪声消除　在 ERDAS 图标面板工具条，单击 Radar 图标|Radar Interpreter|Speckle Suppression 按钮，打开 Radar Speckle Suppression 窗口(图 13-49)，在窗口中根据需要设置参数，从而消除影像中的斑点噪声。

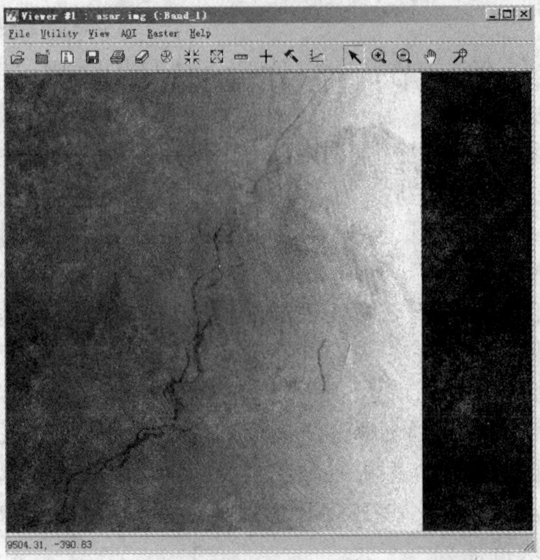

图 13-47　原始雷达影像

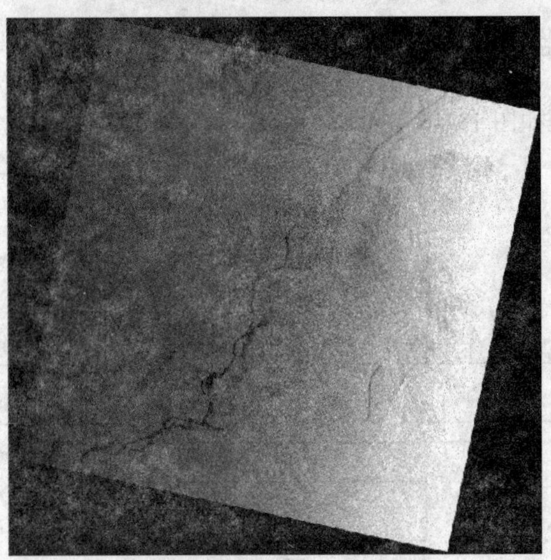

图 13-48　几何校正后雷达影像

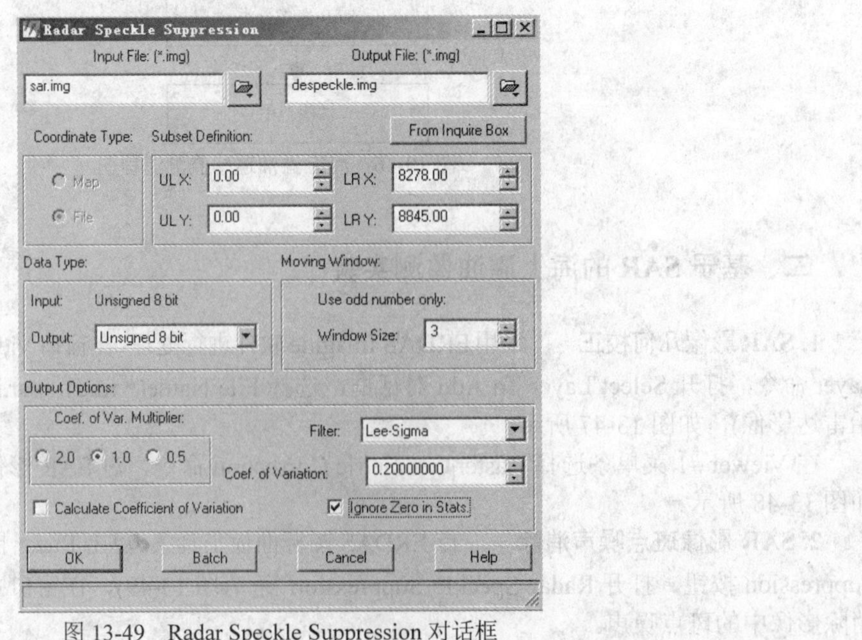

图 13-49　Radar Speckle Suppression 对话框

3. SAR 影像增强　在 ERDAS 图标面板工具条，单击 Radar 图标|Radar Interpreter|Image Enhancement 命令，打开 Image Enhancement 对话框，雷达影像增强功能有三种类型，这里选择 Wallis Adaptive Fileter，在 Wallis Adaptive Fileter 对话框中，设置各参数(图 13-50)。

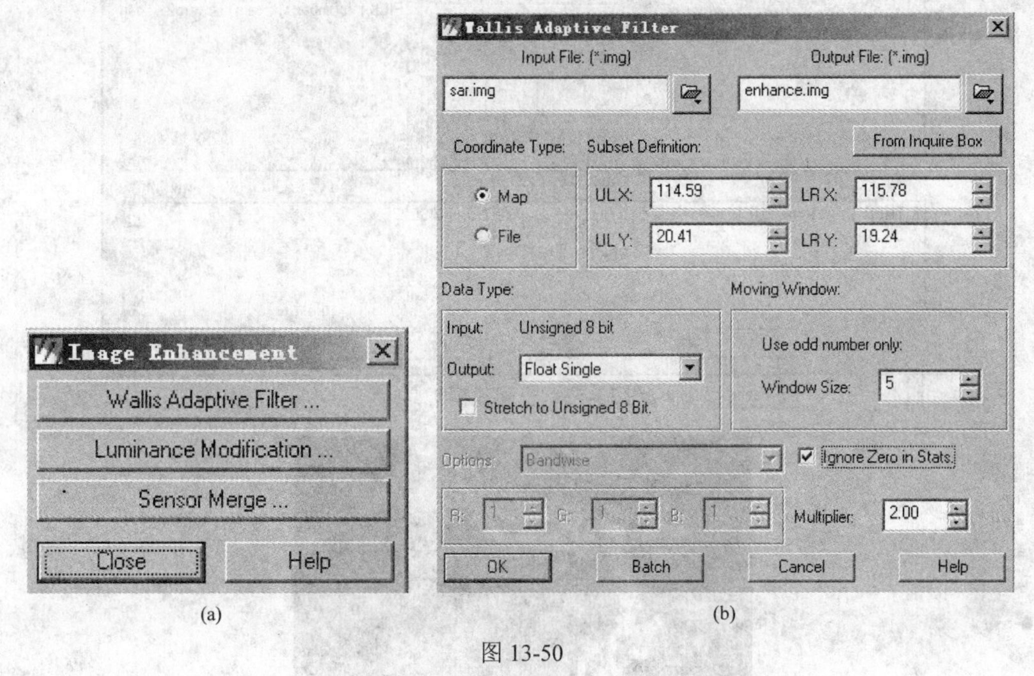

(a)　　(b)

图 13-50

(a) Image Enhancement 窗口；(b) Wallis Adaptive Fileter 对话框

4. SAR 影像掩膜处理　利用陆地掩模来分离 SAR 影像中的陆地和海洋。在 ERDAS 图标面板工具条，单击 Interpreter 图标|Utilities|Mask 命令，打开 Mask 对话框(图 13-51)，进行设置。点击 OK 按钮，进行掩膜处理。

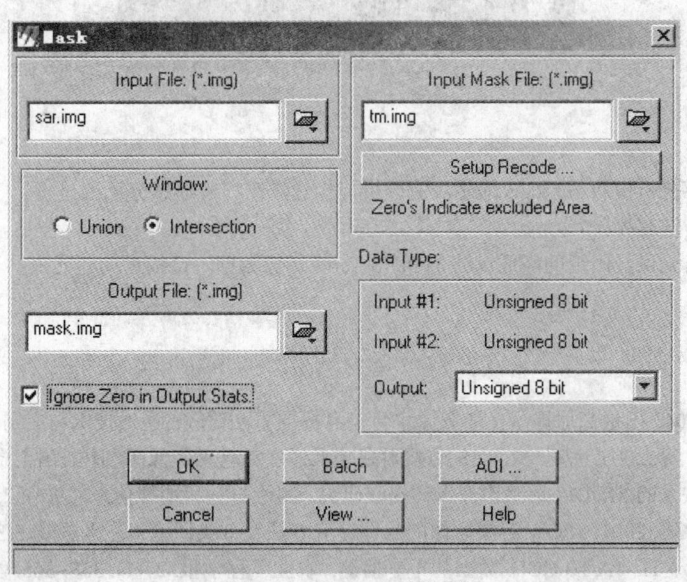

图 13-51　Mask 对话框

5. SAR 影像油膜提取　利用阈值法，对影像进行油膜提取，从而对 SAR 影像中的黑斑进行识别和分类。

在 ERDAS 中利用空间建模工具(图 13-52)，实现油膜的阈值提取。结果如图 13-53 所示。

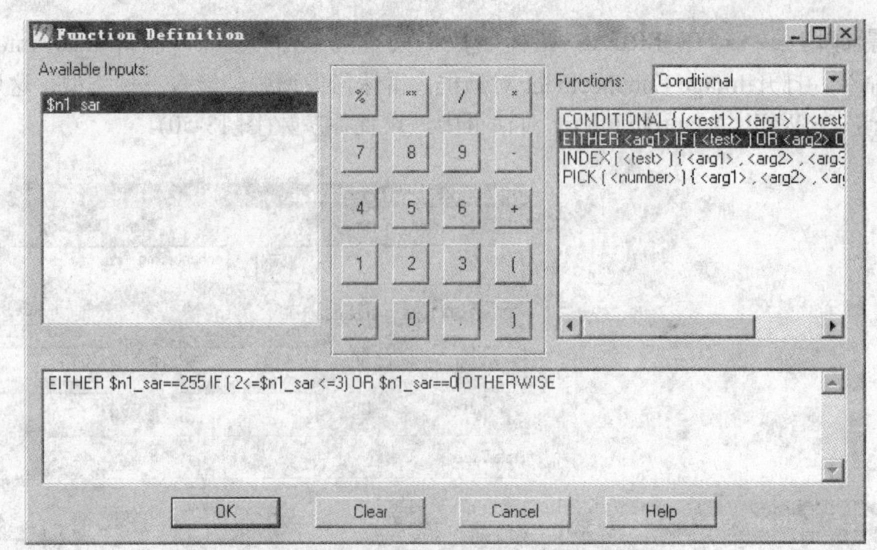

图 13-52 空间建模工具

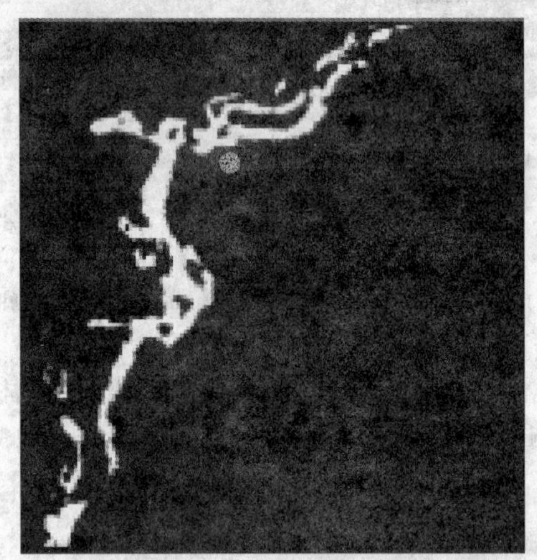

图 13-53 油膜提取结果

实验与练习

1. 通过自主开发洪灾遥感分析模块与 arcgis 遥感洪灾分析，构建洪涝灾害遥感分析的过程。
2. 干旱遥感监测的主要方法有哪些？
3. 目前有一景位于云南省元谋县附近的高质量的 MODIS Terra 影像数据，请描述构建元谋县干旱等级分布图的的实验流程。

主要参考文献

陈华芳，王金亮，陈忠. 2004. 山地高原地区 TM 影像水体信息提取方法比较. 遥感技术与应用, 06: 479~484.
丁莉东，余文华，覃志豪，等. 2007. 基于 MODIS 的鄱阳湖区水体水灾遥感影像图制作. 国土资源遥感, 1: 82~85.
丁莉东. 2009. 基于谱间关系的 MODIS 遥感影像水体提取研究. 测绘与空间地理信息, 29(6): 25~27.
都金康，黄永胜，冯学智，等. 2001. SPOT 卫星影像的水体提取方法及分类研究. 遥感学报, 5(3): 214~219.
冯海霞，秦其明. 2011. 基于 HJ-1A/1B CCD 数据的干旱监测. 农业工程学报, 27(1): 358~365.
冯强，田国良，王昂生，等. 2004. 基于植被状态指数的土壤湿度遥感方法研究. 自然灾害学报, 13(3): 81~88.
李星敏. 2005. 热惯量法在干旱遥感监测中的应用研究. 干旱地区农业研究, 23(1): 54~59.
申广荣，田国良. 1999. 基于 GIS 的黄淮海平原旱灾遥感监测研究. 农业工程学报, 15(1): 188~191.
孙涛，黄诗峰. 2006. Envisat ASAR 在特大洪涝灾害监测中的应用. 南水北调与水利科技, 4(2): 33~36.
覃志豪. 2005. 农业旱灾监测中的地表温度遥感反演方法——以 MODIS 数据为例. 自然灾害学报, 14(4): 64~71.

谭德宝, 刘良明, 鄢俊洁, 等. 2004. MODIS 数据的干旱监测模型研究. 长江科学院院报, 21(3): 11~15.
谭徐明. 2003. 近 500 年来我国特大旱灾的研究. 防灾减灾工程学报, 23(2): 77~83.
田国良, 杨希华. 1992. 冬小麦旱情遥感监测模型研究. 环境遥感, 7(2): 83~89.
王刚, 李小曼, 田杰. 2008. 几种 TM 影像的水体自动提取方法比较. 测绘科学, 3: 141~143.
王玲玲. 2010. 遥感旱情监测方法的比较与分析. 遥感应用, 5: 49~53.
王鹏新, 孙威. 2006. 条件植被温度指数干旱监测方法的研究与应用. 科技导报, 24(4): 56~58.
王庆, 廖静娟. 2010. 基于 SAR 数据的鄱阳湖水体提取及变化监测研究. 国土资源遥感, 4: 91~97.
王志辉, 易善桢. 2007. 不同指数模型法在水体遥感提取中的比较研究. 科学技术与工程, 7(4): 534~537.
夏虹, 武建军. 2005. 中国用遥感方法进行干旱监测的研究进展. 遥感信息, 1: 55~59.
徐涵秋. 2005. 利用改进的归一化差异水体指数(MNDWI)提取水体信息的研究. 遥感学报, 05: 589~595.
杨存建, 魏一鸣, 王思远, 等. 2002. 基于 DEM 的 SAR 图像洪水水体的提取. 自然灾害学报, 11(3): 121~125.
杨存建, 周成虎. 2001. 利用 RADARSAT SWA SAR 和 LANDSAT TM 的互补信息确定洪水水体范围. 自然灾害学报, 10(2): 79~83.
于欢, 张树清, 李晓峰, 等. 2008. 基于 TM 影像的典型内陆淡水湿地水体提取研究. 遥感技术与应用, 23(3): 310~315.
朱俊杰, 郭华东, 范湘涛, 等. 2006. 基于纹理与成像知识的高分辨率 SAR 图像水体检测. 水科学进展, 17(4): 525 ~530.
Barton I. J,Bathols J M. 1989. Monitoring floods with AVHRR. Remote Sens Environ, 30: 89~94.
Cai G Y, Du M Y, Liu Y. 2011. Regional drought monitoring and analyzing using MODIS data—a case study in Yunnan province. International Federation for Information Processing, 345: 243~251.
DuY Y, Zhou C H. 1998. Automatically Extracting Remote Sensing information forWater Bodies. Journal of Remote Sensing, 2(4): 264~269.
Gao B C. 1996. NDWI-A normalized difference water index for remote sensing of vegetation liquid water from space. Remote Sensing of Environment, 58: 257~266.
Kumar G, Sinha R, Panda P K. 2011. The Indus flood of 2010 in Pakistan: a perspectiveanalysis using remote sensing data. Nat Hazards, 59: 1815~1826.
Liu W, Kogen F N. 1996. Monitoring regional drought using the vegetation condition index. International Journal of Remote Sensing, 17: 2761~2782.
McFeeters S K. 1996. The use of normalized difference water index(NDWI) in the delineation of open water features. International Journal of Remote Sensing,. 17(7): 1425~1432.
Ottl C, Vidal-MaJjar D. 1992. Estimation ofland surface temperature with NOAA-9 Data. Remote Sensing ofEnvironment, 40: 27~41.
Sandholt I, Rasmussen K, Andersen J. 2002. A simple interpretation of the surface temperature/vegetation index space for assessment of surface moisture status. Remote Sensing Environment, 79: 213~224.
Seguin B. 1991. The assessment of regional crop water conditions from meteorological satellite thermal infrared data. Remote Sensing ofEnvironment, 35: 141~148.
Wang Y . 2004. Using Landsat 7 TM data acquired days after a flood event to delineate the maximum flood extent on a coastal floodplain. Int J Remote Sens, 25(5): 959~974.
Zhou CH, Luo J C, Yang C J et al. 2000. Flond monitoring using multi-tenporal AVHRR and RADARSAT imagery. Photogrametric Engineering&Remote Sensing, 66(5): 633~638.

建议阅读书目

陈晓玲, 赵红梅, 田礼乔. 2008. 环境遥感模型与应用. 武汉: 武汉大学出版社.
赵英时. 2003. 遥感应用分析原理与方法. 北京: 科学出版社.
周成虎, 骆剑承, 刘庆生, 等. 2003. 遥感影像地学理解与分析. 北京: 科学出版社.
Jensen J R. 2007. 遥感数字影像处理导论(第三版). 陈晓玲, 龚威译. 北京: 机械工业出版社.
Jensen J R. 2011. 环境遥感——地球资源视角(第二版). 陈晓玲, 黄珏译. 北京: 科学出版社.

附录　世界各国各类卫星发射情况及有关技术参数

表 1　Landsat-1 到 Landsat-7 的系统特征

卫星	发射时间	退役时间	RBV 波段	MSS 波段	TM 波段	轨道
陆地卫星 1	1972.7.23	1978.1.6	1~3(同步摄像)	4~7	无	18 天/900 km
陆地卫星 2	1975.1.22	1982.2.25	1~3(同步摄像)	4~7	无	18 天/900 km
陆地卫星 3	1978.3.5	1983.3.31	A.D(单波段并行摄像)	4~8[①]	无	18 天/900 km
陆地卫星 4	1982.7.16[②]	1987.7	无	1~4	1~7	16 天/705 km
陆地卫星 5	1984.3.1	正在运行	无	1~4	1~7	16 天/705 km
陆地卫星 6	1993.10.5	发射失败	无	无	1~7，全色波段(ETM)	16 天/705 km
陆地卫星 7	1994.4.15	正在运行	无	无	1~7，全色波段(ETM$^+$)	16 天/705 km

注：① 8 波段(10.4～12.6μm)发射后不久就失败了；② TM 数据在 1993 年 8 月传送失败。

表 2　Landsat-1 到 Landsat-7 主要技术指标

传感器	Landsat 计划	灵敏性/μm	分辨率/m
RBV	1，2	0.475～0.575	80
		0.580～0.680	80
		0.690～0.830	80
	3	0.505～0.750	30
MSS	1～5	0.5～0.6	79/82[①]
		0.6～0.7	79/82[①]
		0.7～0.8	79/82[①]
		0.8～1.1	79/82[①]
	3	10.4～12.6[②]	240
TM	4，5	0.45～0.52	30
		0.52～0.60	30
		0.63～0.69	30
		0.76～0.90	30
		1.55～1.75	30
		10.4～12.5	120
		2.08～2.35	30
ETM$^+$	6	上述 TM 波段	30(热红外波段为 120m)[③]
		0.50～0.90 波段	15
ETM$^+$	7	上述四波段	30(热红外波段为 60m)
		0.50～0.90 波段	15

注：① Landsat-1 到 Landsat-3 的分辨率为 79 m，Landsat-4 和 Landsat-5 的分辨率为 82 m；② 发射后不久就失败了(Landsat-3 的 8 波段)；③ Landsat-6 发射失败。

表 3　SPOT 卫星技术参数

项目	SPOT-5	SPOT-4	SPOT-1、2、3
发射日期	2002 年 5 月	1998 年 3 月	1986 年 2 月 1990 年 1 月 1993 年 9 月
发射器	阿丽亚那 4 型火箭	阿丽亚那 4 型火箭	阿丽亚那 2/3 型火箭
设计寿命	5 年	5 年	3 年
轨道	太阳同步	太阳同步	太阳同步
降交点过赤道当地时间	上午 10：30	上午 10：30	上午 10：30
轨道高度	822 km	822 km	822 km
倾角	98.7°	98.7°	98.7°
速度	7.4 kps	7.4 kps	7.4 kps
姿态控制	指向地球和偏航轴控制(用以补偿地球自转的影响)	指向地球	指向地球
轨道周期(绕地一周)	101.4min	101.4min	101.4min
轨道循环周期	26 天	26 天	26 天
总重量	3000 kg	2760 kg	1800 kg
尺寸	3.1 m×3.1 m×5.7 m	2 m×2 m×5.6 m	2 m×2 m×4.5 m
太阳能电池板功率	2400 W	2100 W	1100 W
星上存储容量	90G 固体存储器 (大约可以存放 210 景平均大小为 114M 的影像)	两个 120G 的记录仪以及一个 9G 的固态存储器(每个记录仪可以存放 560 景影像，固态存储器可以存放 40 景，影像的平均大小为 36)	两个 120G 的记录仪以及一个(大约可以存放 280 景平均大小为 36M 的影像)
星载数据处理能力	最多可以同时获取 5 景影像，其中 2 景可以适时向地面站传输，3 景采用 2.6 倍的压缩比率(DCT)进行压缩后在星上存储	两景影像可以同时获取，然后向地面站传输或者采用 1.3 倍的压缩比率(DPCM)进行压缩后在星上存储	两景影像可以同时获取，然后向地面站传输或者采用 1.3 倍的压缩比率(DPCM，只对全色影像)进行压缩后在星上存储
数据传输(8GHz)	2×50 Mbps	50 Mbps	50 Mbps

表 4　SPOT 高分辨率成像装置特征

项目	SPOT-5	SPOT-4	SPOT-1、2、3
装置	2 个高分辨率几何装置(HRG)	2 个高分辨率可见光及短波红外成像装置(HRVIR)	2 个高分辨率可见光成像装置(HRV)
波段及分辨率	1 个全色波段(10 m) 3 个多光谱波段(10 m) 1 个短波红外波段(20 m)	1 个全色波段(10 m) 3 个多光谱波段(20 m) 1 个短波红外波段(20 m)	1 个全色波段(10 m) 3 个多光谱波段(20 m)
波谱范围	PAN：0.48~0.71 μm B1：0.50~0.59 μm B2：0.61~0.68 μm B3：0.78~0.89 μm B4：1.58~1.75 μm	PAN[a]：0.61~0.68 μm B1：0.50~0.59 μm B2：0.61~0.68 μm B3：0.78~0.89 μm B4：1.58~1.75 μm	PAN：0.50~0.73 μm B1：0.50~0.59 μm B2：0.61~0.68 μm B3：0.78~0.89 μm
影像视场范围	60 km×60 km 至 80 km	60 km×60 km 至 80 km	60 km×60 km 至 80 km
像元长度	8 bits	8 bits	8 bits
绝对定位精度	<50 m(rms)	<350 m(rms)	<350 m(rms)
内部相对距离精度	0.5×10^{-3}(rms)	0.5×10^{-3}(rms)	0.5×10^{-3}(rms)
能够编程接受	能	能	能
重访间隔	1~4 天	1~4 天	1~4 天

注：PAN[a] 为原来的全色波段(0.51~0.73μm)被现在的能同时以 10m 和 20m 分辨率方式工作的 B2 波段。

表 5　中巴资源一号 01、02 星(CBERS-1、2)主要技术指标

传感器	波段/μm	空间分辨率/m	刈幅/km	像元素	其他
CCD	B1：0.45~052 B2：0.52~0.59 B3：0.63~0.69 B4：0.77~0.89 B5：0.51~0.73	19.5	113	5812	具有侧视功能-32°～+32°
IRMSS 红外扫描仪	B6：0.51~1.1 B7：1.55~1.75 B8：2.08~2.35	77.8	119.5	1536	
	B9：10.4~12.5	156		768	噪声等效温度 1.2°K
WFI 广角成像仪	B10：0.63~0.69 B11：0.77~0.89	256	885	3456	
下行频道数据率/(Mb/s)	X 113.23				

表 6　中巴资源卫星 02B 星(CBERS-02B)有效载荷及性能指标

平台	有效载荷	波段号	光谱范围/μm	空间分辨率/m	幅宽/km	侧摆能力	重访时间/天	数传数据率/Mbps
CBERS-02B	CCD 相机	B01	0.45～0.52	20	113	±32°	26	106
		B02	0.52～0.59	20				
		B03	0.63～0.69	20				
		B04	0.77～0.89	20				
		B05	0.51～0.73	20				
	高分辨率相机 (HR)	B06	0.5～0.8	2.36	27	无	104	60
	宽视场成像仪 (WFI)	B07	0.63～0.69	258	890	无	5	1.1
		B08	0.77～0.89	258				

表 7　HJ-1A、B 卫星主要载荷参数

平台	有效载荷	波段号	光谱范围/μm	空间分辨率/m	幅宽/km	侧摆能力	重访时间/天	数传数据率/Mbps
HJ-1A 星	CCD 相机	1	0.43~0.52	30	360(单台), 700(二台)	—	4	120
		2	0.52~0.60	30				
		3	0.63~0.69	30				
		4	0.76~0.90	30				
	高光谱成像仪	—	0.45~0.95 (110~128 个谱段)	100	50	±30°	4	
HJ-1B 星	CCD 相机	1	0.43~0.52	30	360(单台), 700(二台)	—	4	60
		2	0.52~0.60	30				
		3	0.63~0.69	30				
		4	0.76~0.90	30				
	红外多光谱相机	5	0.75~1.10	150(近红外)	720	—	4	
		6	1.55~1.75					
		7	3.50~3.90					
		8	10.5~12.5	300(10.5~12.5 μm)				

表 8　HJ-1A、B 卫星轨道参数

项　目	参　数
轨道类型	准太阳同步圆轨道
轨道高度/km	649.093
半长轴/km	7020.097
轨道倾角/(°)	97.9486
轨道周期/min	97.5605
每天运行圈数	14+23/31
重访周期/天	CCD 相机：2 天　超光谱成像仪或红外相机：4 天
回归(重复)周期/天	31
回归(重复)总圈数	457
降交点地方时	10：30AM±30min
轨道速度/(km/s)	7.535
星下点速度/(km/s)	6.838

表 9　几种典型的高分辨率商业遥感卫星

卫星	IKONOS-2	QuickBird-2	OrbView-3	EROS-A1
发射时间	1999.9.24	2001.10.19	2003.6.26	2000.12.5
轨道高度/km	675	450	470	480
轨道倾角/(°)	98.2	66	97.25	97.3
质量/kg	817	955	260	250
寿命/a	7	5	5	6～10
重访周期/天	1～3	1～3.5(与纬度有关)	1～3	3
分辨率/m	全色 1 多光谱 4	全色 0.61 多光谱 2.44	全色 1 多光谱 4	全色 1.8
光谱段/μm	全色：0.45～0.90 多光谱： 蓝色：0.45～0.53 绿色：0.52～0.61 红色：0.64～0.72 近红外：0.77～0.88	全色：0.45～0.90 多光谱： 蓝色：0.45～0.52 绿色：0.52～0.60 红色：0.63～0.69 近红外：0.76～0.89	全色：0.45～0.90 多光谱： 蓝色：0.45～0.52 绿色：0.52～0.60 红色：0.625～0.695 近红外：0.76～0.90	全色：0.5～0.9
降交点时	10：30 am	10：30 am	10：30 am	10：30 am
刈幅/km	11	16.5	8	13.5

表 10　各国极轨气象卫星成像仪器性能比较

国家	美国		欧盟	中国		俄罗斯
卫星	NOAA-12	NOAA-15	METOP	FY-1/01	FY-1/02	METEOR-II
年份	1991	1998	2004	1990	1990	1990
仪器	AVHRR/2	AVEERR/3	AVHRR/3	扫描辐射仪	多光谱辐射仪	电视型辐射仪
通道/μm	0.58~0.68	0.58~0.68	0.58~0.68	0.58~0.68	0.58~0.68	0.5~0.7
	0.725~1.01	0.721~1.01	0.721~1.01	0.725~1.1	0.84~0.89	8~12
	3.55~3.93	3.55~3.93	3.55~3.93	0.48~0.53	3.55~3.95	
	10.3~11.3	10.3~11.3	10.3~11.3	0.53~0.58	10.3~11.3	
	11.5~12.5	11.5~12.5	11.5~12.5	10.5~12.5	11.5~12.5	
		1.58~1.64	1.58~1.64		1.58~1.64	
					0.43~048	
					0.48~0.53	
					0.53~0.58	
					0.90~0.965	
NEΔT/K	＜0.12(3∞)	＜0.12(300)	＜0.12(300)	0.4(270)	0.25(300)	
分辨率/km	1	1	1	1	1	8(IR)
量化/bit	10	10	10	8	10	

表 11　NOAA-15　AVHRR/3 仪器通道特性

参数	通道 1	通道 2	通道 3A(白天)	通道 3B(晚上)	通道 4	通道 5
光谱范围/μm	0.58～0.68	0.725～1.0	1.58～1.64	3.55～3.93	10.3～11.3	11.5～12.5
探测器	硅	硅	砷镓铟	砷镓铟	碲镉汞	碲镉汞
地面分辨率/km	1.09	1.09	1.09	1.09	1.09	1.09
S/N(ρ=0.5%) NEΔT(300K)	≥9	≥9	≥20	≤0.12K	≤0.12K	≤0.12K
反照率范围/%(ρ) 最高温度/K	0～25 26～100	0～25 26～100	0～12.5 12.6～100	335	335	335
计数范围	0～500 501～1000	0～500 501～1000	0～500 501～1000	0～1000	0～1000	0～1000
主要应用	天气预报、云边景图、冰雪探测	水体、冰雪、植被和农作物等调查	水陆边界、森林火灾、禾草燃烧探测	海面温度、夜间云覆盖	海面温度、昼夜云量、土壤湿度	海面温度、昼夜云量、土壤湿度

表 12　NOAA 卫星系列 AVHRR 特征参数

波段号	NOAA-6、8、10 AVHRR(1)/μm	NOAA-7、9、11～14 AVHRR(2)/μm	NOAA-15～17 AVHRR(3)/μm	主要用途
1	0.580～0.68	0.580～0.68	0.580～0.68	白天的云、雪、冰和植被制图，用于计算 NDVI
2	0.725～1.10	0.725～1.10	0.725～1.10	水陆边界，冰、雪和植被制图，用于计算 NDVI
3	3.55～3.93	3.55～3.93	3*A*:1.58～1.64 3*B*:3.55～3.93	热目标(火山，森林火灾)监测，夜间云制图
4	10.50～11.50	10.30～11.30	10.30～11.30	白天/夜间云和地表温度制图
5	无	11.50～12.50	11.50～12.50	云和地表温度，白天和夜间云制图，消除大气中的水汽程辐射

表 13　FY-1(A、B)上甚高分辨率扫描辐射计各谱段特性

通道序号	波段/μm	动态范围	分辨率/km	探测灵敏度	探测器	量化/bit	用途
1	0.58～0.68	0.5%～90%(ρ)	1	S/N＞2.5(0.5%ρ)	Si	8	白天云图、植被监测
2	0.725～1.1	0.5%～90%(ρ)	1	S/N＞3(0.5%ρ)	Si	8	白天云图、植被、水陆边界、大气校正
3	0.48～0.53	0%～20%(ρ)	1	S/N＞2(0.5%ρ)	Si	8	海洋水色
4	0.53～0.58	0%～20%(ρ)	1	S/N＞2(0.5%ρ)	Si	8	海洋水色
5	10.5～12.5	200～320K	1	0.42(270k)	HgCdTe	8	昼夜云图、海源、地表温度、云高

表 14　FY-IC、D 多通道可见红外扫描辐射计各谱段特性

通道序号	波段/μm	动态范围	探测灵敏度	主要用途
1	0.58～0.68	ρ：0～90%	S/N≥3(ρ=0.5%)	白天云图、植被监测、冰雪覆盖
2	0.84～0.89	ρ：0～90%	S/N≥3(ρ=0.5%)	白天云图、植被监测、水陆边界、大气订正
3	3.55～3.95	190～340K	NEΔT≤0.4(300K)	表面温度、高温热源、森林火灾、夜晚云图
4	10.3～11.3	190～330K	NEΔT≤0.25(300K)	昼夜云图、海温、地表温度
5	11.5～12.5	190～330K	NEΔT≤0.25(300K)	昼夜云图、海温、地表温度
6	1.58～1.64	ρ：0～80%	S/N≥3(ρ=0.5%)	冰雪判识、干旱监测、云的相态识别
7	0.43～0.48	ρ：0～50%	S/N≥3(ρ=0.5%)	海洋水色
8	0.48～0.53	ρ：0～50%	S/N≥3(ρ=0.5%)	海洋水色
9	0.53～0.58	ρ：0～90%	S/N≥3(ρ=0.5%)	海洋水色
10	0.90～0.965	ρ：0～90%	S/N≥3(ρ=0.5%)	水汽

注：地面分辨率 1km；探测器为 Si/HgCdTe；量化 10bit。

表 15　FY-3A 遥感仪器主要性能指标

<table>
<tr><th colspan="2">名称</th><th>性能参数</th><th>探测目的</th></tr>
<tr><td colspan="2">可见光红外扫描辐射计(VIRR)</td><td>光谱范围 0.43~12.5 μm
通道数 10
扫描范围±55.4°
地面分辨率 1.1km</td><td>云图、植被、泥沙、卷云即云相态、雪、冰、地表温度、海表温度、水汽总量等</td></tr>
<tr><td rowspan="3">气探测仪器包</td><td>红外分光计(IRAS)</td><td>光谱范围 0.69~15 μm
通道数 26
扫描范围±49.5°
地面分辨率 17km</td><td rowspan="3">大气温度、温度廓线、O_3 总含量、CO_2 浓度、气溶胶、云参数、极地冰雪、降水等</td></tr>
<tr><td>微波温度计(MWTS)</td><td>频段范围 50~57HZ
通道数 4
扫描范围±48.3°
地面分辨率 50~75km</td></tr>
<tr><td>微波湿度计(MWHS)</td><td>频段范围 10~89HZ
通道数 20
扫描范围±55.4°
地面分辨率 15km</td></tr>
<tr><td colspan="2">中分辨率光谱成像仪(MERSI)</td><td>光谱范围 0.4~12.5 μm
通道数 20
扫描范围±55.4°
地面分辨率 0.25~1km</td><td>海洋水色、气溶胶、水汽总量、云特征、植被、地表特征、表面温度、冰雪等</td></tr>
<tr><td colspan="2">微波成像仪(MWRI)</td><td>频段范围 10~89HZ
通道数 10
扫描范围±55.4°
地面分辨率 15~85 km</td><td>雨率、云量含水、水汽总量、土壤湿度、海冰、海温、冰雪覆盖等</td></tr>
<tr><td colspan="2">地球辐射探测仪(ERM)</td><td>光谱范围 0.2~0.5 μm，0.2~0.38 μm
通道数：窄视场 2，宽视场 2
扫描范围±5:0°(窄视场)
灵敏度 0.4Wm^2/sr^1</td><td>地球辐射</td></tr>
<tr><td colspan="2">太阳辐射监测仪(SIM)</td><td>光谱范围 0.2~50 μm
灵敏度 0.2Wm^2/sr</td><td>太阳辐射</td></tr>
<tr><td colspan="2">紫外臭氧垂直探测仪(SBUS)</td><td>光谱范围 0.16~0.4 μm
通道数 12
扫描范围垂直向下
地面分辨率 200 km</td><td>O_3 垂直分布</td></tr>
<tr><td colspan="2">紫外臭氧总量探测仪(SBUS)</td><td>光谱范围 0.3~0.36 μm
通道数 6
扫描范围±54°
星下点分辨率 50 km</td><td>O_3 总含量</td></tr>
<tr><td colspan="2">空间环境监测器(SEM)</td><td>测量空间重离子、高能质子、中高能电子、辐射剂量；监测卫星表面电位与单粒子翻转事件</td><td>卫星故障分析所需空间环境参数</td></tr>
</table>

表 16 各国静止气象卫星成像仪器性能比较

国家/地区		美国	日本		欧盟		中国	俄罗斯
时间		90 年代	90 年代	21 世纪	90 年代	21 世纪	90 年代	90 年代
卫星		GOESB	GMS-5	MTSAT	METEOSAT	MSG	FY-2	GOMS
姿态		三轴稳定	自旋稳定	三轴稳定	自旋稳定	自旋稳定	自旋稳定	三轴稳定
成像仪	扫描方式	二维扫描	扫描镜步进	二维扫描	镜筒步进	扫描镜步进	镜筒步进	二维扫描
	通道/μm 分辨率/m	0.55～0.75/1	0.55～0.9/125	0.55～0.8/1	0.55～0.9/2.5	0.5～0.9/1.4	0.5～1.05/1.25	0.46～0.7/1.25
		10.2～11.2/4	10.5～11.5/5	10.3～11.3/4	10.5～12.5/5	9.8～11.8/4.8	10.5～12.5/5	10.5～12.5/6.5
		11.5～12.5/4	6.5～7/5	11.5～12.5/4	5.7～7.1/5	11～13/4.8	6.3～7.6/5	6～7/6.5
		3.8～4.4/4		3.5～4/4				
		6.5～7/8		6.5～7/4		共 12 个通道		
	NEAT/K	0.2(300)	0.35(300)	IR10.2(300) IR30.35(300) W_v0.155(300)	IR<0.4(290) W_v<1(260)	IR0.25(300) W_v0.25(250)	IR0.65(300) W_v1(260)	
	量化/bit	VIS10 IR10	VIS6 IR8	VIS10 IR10	VIS10 IR10	VIS10 IR10	VIS6 IR10	VIS8 IR8
	成像区域时间	东西南北 可控圆盘图 25min 1000×1000km 41s	南北可控圆盘图 25min	东西南北 可控圆盘图 27.5min	南北可控圆盘图 25min	南北可控圆盘图 12.5min	南北可控圆盘图 25min	东西南北 可控圆盘图 15min
主探测仪	通道	19 个通道	无	无	无	无	无	无
	分辨率	8km	无	无	无	无	无	无
	探测时间	1000×1000km 5min	无	无	无	无	无	无

表 17 EOS 探测计划

卫星	发射时间	探测内容
地球观测系统上午平台	1999 年 12 月 18 日	云、气溶胶和辐射平衡，地球生态系统特征
地球观测系统下午平台	2002 年 5 月 4 日	云的形成、降水、辐射特性、大气温度、湿度、海水
冰、云和陆地地形卫星	2003 年 1 月 13 日	冰的形态、云的性质和陆地地形
太阳辐射和气候实验卫星	2003 年 1 月 25 日	太阳的总辐射率和谱辐射率
地球观测系统的化学计划	2004 年 7 月 15 日	大气化学成分和动力学过程、化学、气候交互作用、大气-海洋间化学和能量交换

表 18　Terra 和 Aqua 的基本参数

卫星	Terra	Aqua
降交点	上午 10:30	下午 1:30
星载传感器	MODIS、MISR、CERES、MOPITT、ASTER	CERES、MODIS、AIRS、AMSU-A、HSB、MSR-E
设计寿命/a	5	6
重量/kg	5190	2934
尺寸/m	3.5×3.5×6.8	2.68×2.49×6.49
轨道，高度，周期，重访周期	太阳同步，705 km，98.9 min，16 天	

表 19　ASTER 技术指标

仪器	ASTER		
名称	先进星载热发射/反射辐射计		
制造	美、日、法、澳(公司)		
卫星	EOS-AM1		
波段	VNIR	SWIR	TIR
	0.52~0.60μm	1.600~1.700μm	8.125~8.475μm
	0.63~0.69μm	2.145~2.185μm	8.475~8.825μm
	a：0.76~0.86μm(星下)	2.185~2.225μm	8.925~9.275μm
	b：0.76-0.86μm(后向)	2.235~2.285μm	10.25~10.9μm
		2.295~2.365μm	10.95~11.65μm
		2.360~2.430μm	
地面分辨率	15m	30m	90m
侧视角	±24°; ±318km	±8.55°;(116km)	±8.55°;(116km)
刈幅	60km	60km	60km
量化	8bit	8bit	12bit

表 20　SeaWiFS 传感器的主要参数与特性

仪器参数			
波段号	中心波长/nm	波段宽/nm	监测内容
1	412	20	黄色物质、水体污染
2	443	20	叶绿素
3	490	20	色素、水深
4	510	20	叶绿素、水深
5	555	20	黄色物质、泥沙
6	670	20	气溶胶、泥沙、水体污染
7	765	40	气溶胶、泥沙
8	865	40	气溶胶

传感器精度	
瞬时视场	1.6×1.6mrad
天底点	1100m×1100m
扫描角	±58.3°(LAC)，±45°(GAC)
瞬时角	1.58mrad

表 21 MODIS 波段分布和主要应用

波段号	空间分辨率/m	波段宽度/μm	频谱强度	主要应用	信噪比
1	250	0.620～0.670	21.8	植被叶绿素吸收	128
2	250	0.841～0.876	24.7	云和植被覆盖变换	201
3	500	0.459～0.479	35.3	土壤植被差异	243
4	500	0.545～0.565	29.0	绿色植被	228
5	500	1.230～1.250	5.4	叶面/树冠差异	74
6	500	1.628～1.652	7.3	雪/云差异	275
7	500	2.105～2.155	1.0	陆地和云的性质	110
8	1000	0.405～0.420	44.9	叶绿素	880
9	1000	0.438～0.448	41.9	叶绿素	838
10	1000	0.483～0.493	32.1	叶绿素	802
11	1000	0.526～0.536	27.9	叶绿素	754
12	1000	0.546～0.556	21.0	悬浮物	750
13	1000	0.662～0.672	9.5	悬浮物，大气层	910
14	1000	0.673～0.683	8.7	叶绿素荧光	1087
15	1000	0.743～0.753	10.2	气溶胶性质	586
16	1000	0.862～0.877	6.2	气溶胶/大气层性质	516
17	1000	0.890～0.920	10.0	云/大气层性质	167
18	1000	0.931～0.941	3.6	云/大气层性质	57
19	1000	0.915～0.965	15.0	云/大气层性质	250
20	1000	3.660～3.840	0.45	洋面温度	0.05
21	1000	3.929～3.989	2.38	森林火灾/火山	2.00
22	1000	3.929～3.989	0.67	云/地表温度	0.07
23	1000	4.020～4.080	0.79	云/地表温度	0.07
24	1000	4.433～4.498	0.17	对流层温度/云片	0.25
25	1000	4.482～4.549	0.59	对流层温度/云片	0.25
26	1000	1.360～1.390	6.00	红外云探测	150
27	1000	6.535～6.895	1.16	对流层中层湿度	0.25
28	1000	7.175～7.475	2.18	对流层中层湿度	0.25
29	1000	8.400～8.700	9.58	表面温度	0.05
30	1000	9.580～9.880	3.69	臭氧总量	0.25
31	1000	10.78～11.280	9.55	云/表面温度	0.05
32	1000	11.77～12.270	8.94	云高和表面温度	0.05
33	1000	13.18～13.485	4.52	云高和云片	0.25
34	1000	13.48～13.785	3.76	云高和云片	0.25
35	1000	13.78～14.085	3.11	云高和云片	0.25
36	1000	18.08～14.385	2.08	云高和云片	0.35

表 22　已发射的星载合成孔径雷达的主要性能

性能	Seasat SAR (美国)	SIR-A (美国)	SIR-B (美国)	SIR-C(美) X-SAR (德意)	AImaz-1 (前苏联)	ERS-1 (欧空局)	ERS-2 (欧空局)	JERS-1 (日本)	Radarsat (加拿大)
波段 (频率/GHz)	L(23.5)	L(23.5)	L(23.4)	L(23.9) C(5.7) X(3.1)	S(9.6)	C(5.7)	C(5.7)	L(23.5)	E(5.6)
方位向分辨率/m	40	40	25	25	10～15	30	30	18	10～100
距离向分辨率/m	25	40	17～58	10～60	10～15	26	26	18	10～100
测绘带宽/km	100	50	10～60	15～60	40	100	100	75	50～500
极化方式	HH	HH	HH	L，C，X	HH	VV	VV	HH	HH
视角/(°)	20	47	30～60	15～55	15～60	23	23	35	10～59
轨道高度/km	800	259	224	225	300	782	771×797	568	798
倾角/(°)	108	38	57	57	73	98.55	97.7	98.6	
空间载体	海洋 E 星	哥伦比亚号航天飞机	挑战者号航天飞机	航天飞机	钻石-1	ERS-1	ERS-2	JERS-1	Radarsat
发射时间 (年/月/日)	1978/10/10	1881/11/12	1984/10/05	1994/04/09	1991/03/31	1991/07/16	1995/04/21	1992/02/11	1995/11/04
结束时间 (年/月/日)	1978/10/10	1981/11/14	1984/10/13		1992/10/17	设计寿命 2～3 年	设计寿命 2 年	设计寿命 2 年	设计寿命 5 年
工作限期/天	100	24	8.3	11	约 548	在轨	在轨	在轨	在轨
数据处理类型	光学/数字	数字	数字	数字	数字	数字	数字	数字	数字

表 23　海洋卫星探测器的种类及用途

序号	1	2	3	4	5	6	7	8	9	10	11	12
探测器	合成孔径雷达	雷达高度计	微波散射计	微波辐射计	海洋水色仪	CCD 成像仪	可见光扫描辐射计	红外扫描辐射仪	中分辨成像光谱仪	激光雷达	激光高度计	激光荧光辐射仪
类型	微波	微波	微波	微波	光学	光学	光学	光学	光学	光学	光学	光学
海面风向	●		●									
风速	○	●	●	●								
有效波高	○	●	○									
波向	●		●									
波谱	●		○									
大洋环流	●	●	○									
海流		●			●	●	●	●	●			
内波	●					○	○					
海面拓扑		●										
海面高度		●										
冰面拓扑	●	●								●	●	

续表

序号	1	2	3	4	5	6	7	8	9	10	11	12
探测器	合成孔径雷达	雷达高度计	微波散射计	微波辐射计	海洋水色仪	CCD成像仪	可见光扫描辐射计	红外扫描辐射仪	中分辨成像光谱仪	激光雷达	激光高度计	激光荧光辐射仪
类型	微波	微波	微波	微波	光学	光学	光学	光学	光学	光学	光学	光学
海冰覆盖	●			●	●	●	●	●	●	●	●	
海冰厚度				●				○			●	
海冰温度				○	○			●	●			
冰面纹理	●									●	●	
水下地形	●	●			●	●				●	●	
水深					●	○	●		●	●	●	
海面温度				●	○			●	●			
海水叶绿素					●	○			●			●
泥沙					●		○		●			
海水热污染					○		○	●	●			
水质					○		○		●			●
溢油	●			●	●		○	●	○			○
岛礁调查	●				○		●		●	●		●
水陆分界	●				○				●	●	○	
岸线	●				○	○	●		●	●		
滩涂	●				○	●	●		●	●		
河口	○				○	●	●			●	●	
航道	●				○	●	○		○	●	●	
风暴监测	●		●	○								

注：● 表示该探测器是有贡献的，而贡献大小取决于该探测器的技术性能，如地面分辨率、信噪比、测量精度、波段配置、灵敏度、量化精度等；○ 表示可用与否取决于被测对象和探测器的技术性能。